苏韵薪传

江苏历史文化名镇名村风貌保护传承与创新设计研究

刘　佳◎主编

中国轻工业出版社

图书在版编目（CIP）数据

苏韵薪传：江苏历史文化名镇名村风貌保护传承与创新设计研究 / 刘佳主编 . — 北京：中国轻工业出版社，2024.5

ISBN 978-7-5184-4830-2

Ⅰ . ①苏…　Ⅱ . ①刘…　Ⅲ . ①乡镇—保护—研究—江苏　Ⅳ . ① TU982.295.3

中国国家版本馆 CIP 数据核字（2024）第 024561 号

责任编辑：毛旭林

文字编辑：梁若水　　责任终审：劳国强　　设计制作：锋尚设计

策划编辑：毛旭林　梁若水　　责任校对：晋　洁　　责任监印：张　可

出版发行：中国轻工业出版社（北京鲁谷东街5号，邮编：100040）

印　　刷：艺堂印刷（天津）有限公司

经　　销：各地新华书店

版　　次：2024年5月第1版第1次印刷

开　　本：787×1092　1/16　印张：16

字　　数：300千字

书　　号：ISBN 978-7-5184-4830-2　定价：69.80元

邮购电话：010-85119873

发行电话：010-85119832　010-85119912

网　　址：http://www.chlip.com.cn

Email：club@chlip.com.cn

221440W3X101ZBW

前　言

历史文化名镇名村承载着历史记忆、地域文脉，是中华文化生生不息的重要根基与源泉，是培育文化自信和文化认同的重要物质基础。具有地域特色的村镇传统风貌的保护、传承与发展是我国正在开展的新型城镇化建设、乡村振兴战略中的重要内容，亦是中国特色社会主义文化建设的重要组成部分。

在全球化和信息化的时代语境下，我国相关部门围绕历史文化名镇名村的风貌保护、传承与发展相继出台了一系列的政策与法规，学术界与相关行业从业者也开展了大量的研究与实践工作。人才培养是历史文化名镇名村保护工作者亟待开展的重要基础性工作，目前亟须培养一批具有家国视野与乡土情怀、人文素养与艺术眼光、创新精神与责任担当，能够根植地域且面向未来的从事传统村镇风貌保护传承与创新设计研究、实践的专门人才，以助力地域文化可持续发展和城乡建设。

江苏省是拥有中国历史文化名镇、名村最多的省份之一，村镇风貌的保护、传承与发展是村镇发展中的重要议题，其中也存在着许多问题、机遇与挑战。如历史村镇风貌塑造过程中如何处理新与旧的关系，历史文脉与信息的在地传承与创新表达，村镇风貌的独特性与差异化发展，如何避免村镇风貌模式化、工具化和同质化等。这些现实问题都需要相关从业者在理论与实践层面进行深入思考与探索。

本书编写的契机源于江南大学主办的江苏艺术基金2021年度艺术人才培养资助项目“江苏历史文化名镇名村风貌保护传承与创新设计人才培养”。该项目立足江苏区域优势，整合资源优势，围绕历史文化名镇名村的风貌保护传承和创新设计展开研究，以艺术创作和设计创新的力量助力“十四五”时期国家新型城镇化发展和乡村振兴战略，旨在通过专业人才培养弘扬中华优秀传统文化、延续江苏地域文脉、传承工匠精神、增强中华文化自信，为努力构建新时代、新江苏历史文化名镇名村人居环境做出贡献。

“江苏历史文化名镇名村风貌保护传承与创新设计人才培养”项目是一次具有地域特色的村镇传统风貌保护、传承与发展的探索与讨论。首先，项目有助于把脉江苏历史文化名镇名村建设，充实地域文化可持续差异发展的基础理论。江苏众多传统村镇发展面临着传统风貌丧失或认知不清、传统建造技艺失传或把握不准、风貌新旧失调与乡愁难寻等诸多问题，其根源在于缺乏理论基础的建构。其次，人才培养是江苏历史文化名镇名村建设的重要资源保障。项目通过理论和实践层面的立体式人才培养，培养出一批有视野、有信念、能担当、能创新的设计实践人才，助力地域文化可持续发展和城乡建设。另外，以艺术与设计的视野介入乡村风貌保护与传承创新，在当下具有重要的设计实践意义和价值。树立设计研究典范案例，不仅能“以点带面”地探索创意人才培养方法和模式，还能够有效改善村镇人民生活和人居环境，倡导文化回归，关注乡土价值。

项目的组织与开展具有以下特点：

1. 以环境设计为核心，注重多学科与多专业的交叉性。

项目邀请了来自全国各地高校、设计企业及相关政府部门的36位高水平专家联合授课，以历史为根基、以地域为支点、以文化为导向、以艺术为引领展开内容构架。主要从环境艺术的视角出发，充分协同城乡规划设计、风景园林设计、历史建筑保护、设计管理和设计传播等不同学科方向，研究村镇风貌的保护传承和创新设计的途径与方法，具有极强的专业性、科学性和交叉性。

2. 设计研究与设计实践兼顾，强调理论价值与实践探索的系统性。

在上篇中，“设计理论与设计方法”部分，从设计学理和设计基础方面，围绕开展艺术设计创作的工作方法和工作程序展开，注重理论素养的系统提升，旨在从设计理论与认知维度建立系统的设计观念；“设计研究与设计视角”部分，拓展设计学研究的思路、视角和方法，对村落文化、记忆传承的路径与方法等内容进行研究，旨在提供多维度的研究参考与实践路径；“设计创新与设计实践”部分，从诸多具体设计实践中总结经验和方法，强调设计方法的差异性、多元性与创新性，旨在为当下历史文化名镇名村的保护与传承工作提供具体而直观的指导和借鉴作用；“专业交叉与学科交叉”部分，从社会、文化、经济、传播、艺术等诸多层面，以整合创新的思维进行多维度的设计思考与研究；“团队教学与层次教学部分”，呈现了江南大学建筑艺术遗产保护与再生研究团队与浙江理工大学中国美丽乡村研究院的系统性研究成果。

在下篇中，学员们结合具体的设计场地，围绕具体设计课题开展创新设计实践。七组设计作品充分结合项目开展过程中集体采风调研的村镇，或是自身长期关注的具体场地的基本情况，从问题出发，深挖历史文化，关注人文情怀与社会发展，以设计师的使命感和责任感为动力展开具体创新创意设计。既强调风貌传承保护与创意过程中的物质性内容，也强调工匠技艺、生活方式等非物质层面生产生活风貌的保护与现代化发展。

3. 传承与创新并重，强调根植本土的在地性与创造性。

传承与创新是历史文化名镇名村风貌保护工作中的一体两面。任何一个乡村都是在特定的地域条件、自然条件、人文环境和社会背景下孕育形成的。从村镇发展的历时性角度看，地域文脉是村镇源源不断发展的根基，无论是物质性的要素还是非物质性的要素，在传承与创新过程中都需要对其文化基因进行挖掘与传承。从村镇发展的共时性角度看，江苏地区有着独特的自然资源与历史环境，众多村落的形成与发展既有地域的相似性，也存在个体的差异性，正是这种相似性与差异性的共同作用造就了每个村镇在未来都应该有不同的定位与发展。无论是在上篇的设计研究部分，还是在下篇的设计实践部分，都很好地体现了设计如何因地制宜地运用创新性思维解决在地性问题的观点。

在当前新型城镇化发展与乡村振兴战略背景下，项目的开展希望以艺术与设计为媒介，深入挖掘并传承风貌基因，在保护的基础上思考村镇风貌的传承与创新路径，培养设计理论与实践的高水平专门人才，展开关于乡村未来图景的多视角、系统性与创造性的思考与讨论。

江南大学　刘佳

2023年7月

目 录

上篇 理论与探索

第一部分

设计理论与设计方法

从概念到落地
——系统的设计思维和方法

史 明

在当前城市更新与乡村振兴正在开展的时代语境下，作为一名设计师需要以整体系统的设计思维与逻辑缜密的专业技能寻求今天中国城镇与乡村发展的出路。

1. 设计教育的时弊及破解

我们身处于一个全球信息互联共享、技术更迭飞速、文化包容多元的时代，快速城市化和乡村空心化，带来时空压缩、记忆消失、生态危机等诸多问题。因此，关注设计教育的时弊就显得极为重要。当下的设计教育普遍存在形式大于内容的现象，症结在于缺乏整体系统的设计思维的培养，设计教育脱离了社会和现实，缺乏对国家经济、政策和社会需求的关注。

面对上述现象和问题，破解之策在于培养顶天立地的“T”型人才，即设计师既要具备上到国家政策经济、下到百姓日常生活的整体视野，也要具有系统扎实、能够使设计落地的专业知识技能。设计最根本的目的是解决问题，设计教育应从培养问题意识入手，在广泛深入调查研究的基础上找到痛点，提出具有价值的解决对策，并能基于专业特性将策略落到实处。设计有界而思维无界，设计教育中还要选择合适的实践课题引入课堂，以培养具有创新、创意、创造能力的复合型人才。

2. 环境设计的工作内容与使命

快速城市化背景下，人居环境的建设呈现高速化、高密度及综合化的特点，且正向后高速化时期转型，这也是城市发展从增量建设向存量建设转型的过程。

设计的目的在于为人类提供更好的生存容器，通过改进人类的生存空间环境质量，从而提升人的生活品质，这正回应了德国哲学家海德格尔（Martin Heidegger）所说的“诗意的栖居”。“更好”可理解为优于既有的、适于使用的、绿色生态并且可持续的栖居地。

人居环境设计的工作内容是在特定的环境中，对应一定的人群及其生活方式及功能需求，运用专业化的手段，有目的有意识地组织安排和处理空间及其内容物的尺度、形态、色彩、质地及其相互间的连接关系，在满足人们使用及活动的功能需求的同时，作用于人们的感官，赋予其特定的体验，结合其自身的过往经验，产生某种联想，获得某种情绪共鸣，甚至产生某种新的认知和感悟，以增进场所感，打造宜居环境，提升人居品质。环境设计的本质是综合协调各种利益方之间的关系，依据一定的价值判断找到平衡点，寻求最优化的解决方案，营造诗意的人居环境。人居环境设计所涉及的人类身、心、社会、环境、工程科技的问题，相较于其他任何专业都更多更复杂，这要求设计者不断提升自己的艺术素养，在满足使用者基础需求、安全需求的基础上，更关注审美和体验的精神需求。

其中，可持续发展是人居环境设计的基本要求。可持续发展要求人类从与自然对立斗争转变为尊重自然、与自然和谐相处，从一味向自然索取转变为珍惜自然、爱护环境，从只顾自己的利益转变为关心人类命运、关心人类整体利益，从只考虑眼前利益转变为关心子孙后代、关心持续发展。其中既包括人居环境的自然可持续发展，也包括人文环境的地域文化可持续发展。

孔子在《论语·述而》中有云："志于道，据于德，依于仁，游于艺"，这很好地阐释了环境设计工作的使命：尊重自然、历史与环境，以正确的道德原则使用适当的专业科技手段，秉承关怀使用者的态度，在博学的基础上设计、创新以及创造。

此外还要注意，从设计系统观的层面看，建筑设计和景观设计具有系统性与互补性，建筑设计更多地服务于人的必要性活动，更偏私密性，实体闭合度较高；景观设计更多地关注人的精神层面，偏向公共性，空间开放度较高。因此，系统深刻地理解城镇乡村、理解建筑，是优秀景观设计师的必备素质；理解景观是衡量建筑师成熟与否的重要指标。

3. 设计的核心评价标准

在信息化多元化的时代，设计的评价标准也具有多元性，不同的价值观会产生不同的评价标准。当代设计的评价标准应回到设计的本源，从人居环境设计的使命中寻找答案。因此，把维护公众利益、符合可持续发展的要求作为判断设计的核心价值依据，是客观、动态、适时、适地的。

设计核心评价标准的表象特征应具有镶嵌性、生长性及活力性。镶嵌性即有机的整体性，是设计适合当地的与其融为一体的设计，它更侧重与外部环境的关系。生长性即动态的历时性，它体现了城市或乡村的过去与将来、发展与变化。活力性则体现了空间营造和使用过程中产生的场所活力。其中，塑造具有活力的空间又可以从空间的独特性、空间的易传播和易感知、空间的高效性以及空间承载的活动方式的创新性等方面进行设计。

首先，独特性是一种不可替代的存在理由，须有标志性景物、特殊的场景或代表性元素为记忆及传播载体。可以采用整体性的构图方式、母题元素的高频出现、独特的活动体验、典型化的特色场景等方法来呈现。其次，空间的易传播性和易感知性可通过打造品牌效应，即打造IP（Intellectual Property）的方法来实现。通过IP这一载体来追求价值和文化认同，使人们产生记忆、文化或者情感上的共鸣，收获“归属感消费”。IP提供给消费者的不仅是产品的功能属性，而是一种情感的寄托。因此，面向未来的设计仅满足功能远远不够，更需要有观点、有态度，能引起人们精神层面的共鸣。另外，空间的高效性主要包括合理的空间布局与动线、层次分明的空间秩序、舒适且高品质的环境等。在此基础上，空间所承载的具体活动形成的特定场所，活动的多元与创新，也能为空间带来意想不到的活力。

设计核心评价标准特征的内涵，首先，表现在功能层面的和谐，即满足当时、当地人们现在及不远将来的生活方式的需求，包括对传统生产生活方式的记录传承和对未来新生活方式的预见。其次，表现在物质层面的和谐，即与周边环境的相互融合，在视觉层面体现在形式、形态、体量（尺度）的融合。再者，是精神层面的和谐，包括地域文脉、氛围意境和场所气质之间的契合关系。最后，表现在艺术层面的趣味性，通过对空间各要素有效组合，创造出趣味盎然的人居环境，确保较高的使用频率。

4．人居环境设计的一般程序

设计方法是基于某一价值评价标准，运用恰当的规律和专业技术手段解决问题，达成设计目标的途径。其中恰当的规律指的是系统科学的工作程序与人居环境设计相关的规律。

一般来说，设计的工作程序分为发现问题、分析问题并寻找对策、解决问题和最后检验结果四个步骤。这一过程中首先要把握的重点就是准确定位，找到项目的核心问题。在此基础上进行功能分区、交通流线等要素的合理规划和布局，同时，明确主题，注重环境气质和氛围的准确把握和营造。最后，以具体的物质要素进行设计呈现。实际上，设计的过程即为逐步构建秩序的过程。

5．人居环境设计秩序的建立

人居环境设计的形式是有规律可循的，可以从设计的秩序、人在环境中的行为及感知规律、形式美的基本规律和视景的艺术化处理等方面进行探究。

秩序指的是在一定地区气候、资源、经济、政治、民俗和文化等经过长期的历史作用深深烙刻在人居环境空间结构中的印记和特征，是物质形式的生成依据，也是人们共同遵守的约定俗成的规则，涉及社会价值观、道德评价、审美和生活方式等诸多方面。秩序对于人居环境的意义在于它构建了人居环境的有机整体性，设计的核心评价标准正是促成并维护了这种秩序。秩序的具体作用在于自然、区域、社会、具体空间、人与环境以及人与人之间的关系。

从路径上看，人居环境设计秩序建立可分为两个层面：首先是由内而外的微观途径，着重处理内部的内生关系；另外是由外到内的宏观途径，具有更高层次的可持续性。从方法上看，秩序的建立可以具体通过以下内容进行构建：功能定位与运营模式、气质氛围定位及主题明确、总体布局与交通组织、空间边界与具体形态、空间模式与体量尺度、立面造型与风格样式、局部装饰与色彩质地。

一个设计项目并非一定要有主题，但对于气质和氛围的定位务必要明确。如果有了主题，则设计能够围绕主题展开，更具有针对性和集中性。主题可以从四个方面来寻找，包括：叙事或新的理念和知识、新的生活方式引导、某种情感或心理的体验或是某种事物或现象经提炼而典型化抽象化，从而引发观者的关注或思考。空间边界与具体形态设计则强调打造有机整体性环境，特别是尊重历史肌理和街道线性空间的连续，注重与周边既有边界的对话和嵌合，强调具有特殊意义的地标性场所形态，增强景观构图的自由性与整体性。

史明，教授，江南大学设计学院

主题设计

杨茂川

主题是一切文化艺术的灵魂，主题设计是空间设计中一种具有创新意识的设计探索。下面将从“主题设计、需求层次、设计素材、空间编排、设计实例”五大部分来阐述如何开展主题设计。

1．主题设计

主题原指文艺作品通过艺术形象的描绘、刻画所表现出来的中心思想。是作者通过对现实与历史的观察、体验、分析和研究而得出的思想结晶。它既包含了现实生活本身蕴含的客观意义，又集中体现了作者对客观事物的主观认识、理解和评价。主题构成了整个艺术形象体系的核心和灵魂，统率全局、贯穿始终，使之形成个性鲜明、寓意深刻的统一的整体。主题也可理解为“意”“主意”“立意”“旨”或“主旨”等。

主题源自创作者的心理感受与切身体验，是情感的凝练与升华，它来源于传统、地域文化，以及日常生活的各个方面，譬如一个神话故事、一段民间小调、一首凄婉诗词等。特殊的空间布局也是主题的重要表达方式，能够表现某种情感语言，比如宏大的轴线空间适宜于表达纪念、严肃的主题，灵动转折的空间适宜于表达轻松、趣味性的主题。此处需要引申解释传统文化与地域文化的区别与联系：传统是基于时间轴的概念，传统文化即从历史长河当中得到的理念或者凝练的文化；地域是具有限制性的地方或者区域。因此，在某一时间的某一个空间中，才能相对准确获取文化的概念。

具有立意的设计可以称作“主题设计”。这里的主题设计是一个“泛设计”的概念，可适用于大设计的范畴，也适用于建筑、室内、景观等空间类的设计。以下将以室内设计中的主题设计为例展开解析。室内设计的最终作品犹如一串完整的珍珠项链，主题是其中的“线”，而由主题确定的素材就好似“线”上的一颗颗“珍珠”。

2．需求层次

理想空间不是形态的千变万化，而是基于人们的本质需求和体验所营造的空间。这是美国社会心理学家马斯洛（Abraham H. Maslow）在《人类激励理论》一书中提出的人类需求层次理论，他将人类从低级到高级的需求分为五个层次：生理需求、安全需求、社交需求（归属与爱的需求）、尊重需求和自我实现需求。马斯洛认为："当一个人的生理需求与安全需求都得到了满足后，爱、感情和归属感的需求就会产生并且作为新的中心。"现代主义影响下的室内设计解决了安全与生理的基本需求，例如卧室满足了休息的需求，客厅满足了交流的需求等。如何让使用者获得更高层次的需求是摆在设计师面前的重要课题，主题设计作为一种重要设计思路和方法能够很好地回应这一问题。比如在怀旧的主题中，可以考虑运用有时间积淀的物料，或是手工制作的物料，或是具有历史意义的符号元素等蕴含情感或温度的载体来满足深层次的情感需求。

3．设计素材

由主题可确立素材选择的范围与方向，一般可由与主题相关的自然、人文，以及创作者的感受与体验等方面确定，选取其中最具代表性，同时有利于空间表现的要素。素材可以来源于现实生活与历史长河中，物质与非物质文化遗产及文化现象等，它应兼具美感与情感的双重价值。美国符号论美学家苏珊·朗格（Susanne K. Langer）在《情感与形式》一书中将能够引起人们联想与情感共鸣的一切外在表象，称为"有意味的形式"。在生活中寻找这种"有意味的形式"成为营造空间的主题，是开展空间设计重要的环节和基础工作。如城镇、民居、小桥、竹林、家具、稻田等生活场景，神话、传说、音乐、戏曲、历史事件等传统文化都能为设计带来不竭的灵感。不同种类的艺术超越空间、时间的限定，在设计过程中进行交叉与融合，让生活的空间充满艺术的想象与设计的创新。

由于时间刻度的变化，对于提取的素材需要进行转换，使其与时代相适应，融合于现代建筑空间的整体环境之中，同时更好地满足现代审美需要。素材转换可概括为以下方法：简化转化、位移转换、夸张转换、色彩转换和材质转换等。简化转换主要是针对形式繁复的元素所提出的，可通过提取原型、去掉附属部分的方法，通过符号化的处理，提炼出抽象、简洁的视觉形象特征。位移转换可以摆脱传统空间观念的束缚，运用现代技术手段，让不同的空间互相交错，打破原有空间观中"内与外""上与下"的秩序，进而呈现出视觉震撼与艺术美感。夸张转换是为强调事物本身特征而进行夸大、变形、扭曲，夸张的设计手法能打破常规的思维定式，产生较强的冲击力。色彩转换是在保留传统地域元素形态和材质的基础上，对设计对象的全部或局部进行色彩替换处理，容易带来一种视觉的冲击力。材质转换是指采用现代材质替换传统或地域材质，同样可达到既新颖时尚又饱含传统韵味的目的。

4．空间编排

有了主题，有了合理的转换之后的设计素材，需要通过空间编排将设计元素组织到空间里面去，主要有以下四个层面的路径：

首先，需要有恰当的名称，这个名称应该是独特的、新颖的、概括的、精练的。对于一个空间而言，空间名称就如同文章的标题，是对空间主题的直接表达。

其次，对于一个空间而言，其空间布局可类比文学作品的结构。如小说通常是通过故事叙述来反映生活、表达思想的，其结构往往以时间与空间为线索，故事情节有着起承转合的发展。而有别于小说编排所体现出的严密逻辑，散文写作不讲究音韵或排比，被称为最自由的文体。“形散而神不散”是散文体的主要特点，指的是自由的创作手法，但是字里行间却体现出与主题的紧密联系。空间设计中可充分借鉴文学作品的创作特点进行类比创作。

另外，如同文学作品中人物个性的描写，在空间设计中，设计师通过对“空间属性”的塑造，营造出与主题特征相符的氛围。决定空间属性的因素主要包括形态、光线、色彩、质感四类。

最后，空间中的陈设艺术，需要经过设计师的精心构思与布置。陈设艺术的最终确定虽然由空间环境中众多因素决定，但首先是对主题的呼应，是对主题细腻而深入的补充与完善。陈设艺术配置也是对空间的二次设计，是整体思路下的进一步完善与深化，受到空间文化背景与地域的限制，尺度与比例应该与所在空间的尺度协调，既要做到“悦目”，更要使人“赏心”，产生情感的共振，呼应主题，增强空间的体验感。

5．设计实例

两江水电技能实习基地位于吉林省延边州长白山麓，是服务两江电站实习基地的配套建设项目。设计围绕长白山地区特有的自然资源和人文历史进行主题萃取，通过“鸟巢”“林木”等自然要素，加上朝鲜族的长鼓等人文元素，确定“鸟鸣林更幽”为项目主题。设计运用树枝、栖鸟木桩、长鼓、山石、字画等视觉元素，加上鸟鸣、水溅之音，注重材质的对比与协调，营造出雅致、自然的空间环境（图1）。

竹编工艺线下实体店设计项目选址于四川射洪县某街道交界处的一处旧民居，设计定位为集文化休闲购物于一体的活动中心，以“竹艺—竹忆”为主题，前者点明竹制品工艺的特色以及竹编工艺文化交流场所，后者强调乡土感情的延续。建筑外表采用传统竹编技艺“一挑一编”的编织元素进行抽象简化，形成单元模块的构建形式，内部空间则充分运用各种传统材料进行设计。在这里，竹编工艺作为文化传承的媒介，使消费者感受到在地性的故事情感、乡土记忆与场所精神（图2、图3）。

图1 两江水电技能实习基地大堂设计

图2 竹编工艺线下实体店建筑设计

图3 竹编工艺线下实体店室内设计

杨茂川，教授，江南大学设计学院

建筑设计的传承与创新

范剑才

1. 传承与创新

创新的基础就是传承，没有基础的创新将是无根之木。传承即对传统文化的珍视与继承，更具生命力的传承则需要在继承的基础上进行延续与创新。对于建筑设计而言，所谓传承具体可表现为平面的协调性、风貌的整体性、空间的立体性以及文脉的延续性等方面；所谓创新具体可表现在功能需求改善、生活方式更新以及文化价值提升等方面。建筑的传承和创新在物化角度最终都会通过空间形态与建筑形式呈现在人们面前。在掌握了基本建筑设计原理和设计手法（包括不同类型的建筑对应的设计规范及原理）基础上，创作者可以建立一套“自己”的方法和技巧，并通过相关案例比较以及日常经验积累，坚持以问题为导向进行设计。

2. 建筑设计及其选题

建筑设计是指满足一定的建造目的（包括使用功能和视觉感受的要求）而进行的设计，它使具体的物质材料在技术、经济等方面可行的条件下形成能够成为审美对象的产物，其基本原则为“经济、适用、绿色、美观”。

实际建筑项目一般在设计内容基本确定的前提下，需要与甲方进行沟通，在系统调研和资料梳理的前提下，提出设计方案以满足其诉求。设计教学过程中的选题确定需要关注国家发展方向、社会发展需求，充分考虑课题的价值与创新。

3. 设计选题需关注我国城市空间发展

2020年10月，《中共中央关于制定国民经济和社会发展第十四个五年规划和二〇三五年远景目标的建议》审议通过，城市更新首次出现在国民经济和社会发展五年规划中。2021年的国务院政府工作报告则再提到“实施城市更新行动，完善住房市场体系和住房保障系统，提升城镇化发展质量”，城市更新的重要地位再次升级。政策升级的背后是大中城市面临的迫切更新需求。我国的城镇化进程已从过去的“粗放式发展”进入“精细化运营”时代，城镇化方向也将从外延扩张逐渐向内涵发展转变。

总体来看，可以将中国城市及建筑发展面临的问题总结为三个方面，即供需平衡性不足、系统协调性欠缺、城市永续性断裂。因此，构建天人合一的新中华价值体系就显得尤其重要。即构建群落和谐、系统协调及代际永续的人居环境，以达到生产空间集约高效、生活空间宜居适度、生态空间山清水秀的目的。

4．建筑设计方案的开展

一套完整的建筑方案设计包含前期调研、方案设计、方案分析以及效果图展示四大部分。其中，前期调研部分包括场地区位、周边环境、交通条件、场地现状、气候因素、历史文化以及人群需求等；方案设计包括概念思路、方案生成、体块形成、总体规划、功能布局以及各层平面等；方案分析包括功能流线、竖向分析、建筑特色分析、结构解析图、剖立面图以及剖透视图等；效果图展示包括鸟瞰图、主场景效果图、功能节点以及生活场景效果图等。

（1）前期调研阶段

建筑设计开始之前必须对项目的前期策划、后期运营管理进行统筹思考，通过场地调研分析得出符合项目的定位。充分的前期调研是做好一个设计的重要前提。

在场地分析方面，场地的先天特征，如区位、朝向、高差、道路、景观、风向、水文、不可拆除物等要素，对设计具有重要启发和指导作用。对场地的分析具体包括场地类型、发展状态、服务范围或交通可达性、服务受众或针对人群等，以及能够对设计产生影响的周边资源。设计用地可以分为新、旧、废三种类型，不同类型的设计用地有不同的应对方法。面对“新”的设计用地，要考虑自身地形、地貌、与周边环境的关系以及城市的文脉；面对“旧”的设计用地，需要提升品质，创造新的空间、功能与环境；对于“废”的设计用地，可以考虑转化利用及情怀的延续。

在人群分析方面，随着社会各个行业的迅速发展以及生活质量的不断提高，人们对于生活环境的要求也在不同程度地提高。设计者需要尽量从不同人群的共性和个性出发，确保建筑设计理念的与时俱进。在当前城市更新及新农村建设的背景下，从建筑的传承和创新设计的视角出发探讨建筑设计的可能性，就要明确场地的适用对象和人群类型，坚持以人为本的原则。特别当使用者为老人、婴幼儿、残障人士等特殊群体时，应从他们的行为特点及实际诉求出发进行深入剖析。

在交通分析方面，便捷的城市交通网络可以保证人们在更广的地域范围内有效聚集。在建筑传承与创新设计中，设计场地及周边的人行、非机动车、机动车等交通方式的分析尤为重要，分析得到的人流聚集点、机动车交通流线及道路规划等对于设计定位和方向具有重大影响。正是深谙交通对城市的决定性影响，勒·柯布西耶（Le Corbusier）在20世纪二三十年代针对巴黎及其他地方提出了“明日新城”“光辉城市”的建议，构思出了一种基于汽车通行的“高楼+大马路+大草坪”新城市模式，影响了现代城市建设。当下，随着信息网络技术的发展、出行方式的多样化等因素，交通出行方式带来颠覆性变革的同时也很大程度上影响到建筑设计，设计师也应努力探索兼具经济效益、社会效益的未来方案。

在历史文化分析方面，基于地域历史文化的解读与传承，探析现代建筑的创新与发展，必须强化场地的历史文化分析，这对于建筑的传承与创新设计有着重大的意义。地域性既包括历史文化背景，也包括社会文化背景，是一种从空间到时间维度的特性。还有一个词也被经常提起，为“在地性”，可理解为：在现场。就建筑领域而言，在地性指建筑物所在地的地理位置、空间特点、人文风貌等内容形成的属性，具有因地制宜的含义。无论是地域性还是在地性，历史文化与社会人文分析都是其中的重要内容，直接影响着设计的思路与策略，也往往是设计的灵感源泉。

（2）建筑方案设计阶段

首先，必须注重“解题”导向的设计思路，找到问题，提出策略。作为设计的切入点，从场地入手，是形成方案的合适途径。思路确定过程中，还需要注重艺术氛围营造及设计的多样性，需要在场地调研和过往的记忆中不断地搜寻相关的设计方向和可用元素。这一阶段要尽可能发现与目标设计相关联的事和物，以提供更多设计的可能性。随着问题的提出，逐步明确设计意图和设计愿景。

其次，提出设计策略和设计方法。设计策略为整体的设计方案定下主基调。策略的提出需要通过对场地、政策、历史沿革、文化传统、建筑形式、场地周边概况以及人群根本需求来综合考虑，考量限制城市发展的根本问题，选择恰当的策略为设计方向，实现建筑与社会的协调发展，实现建筑真正的在地性。从策略到方法，整体的方案设计应该是连贯的，由场地问题和设计需求，提出设计方向和策略，最后得到设计的方法和内容。

然后，进行方案的空间生成。在获得场地的框架和设计的意图后，需要根据场地的地形、周边交通状况、日照以及交通流线，利用好原有的地形、地貌，在此基础上根据场地关系进行空间生成的推演。不仅要注意建筑平面的关系，还要关注竖向空间的关系。这一过程中，空间的在地性、独特性显得尤为重要，所呈现的方案应该像是从场地上“长出来”的最合适的存在。

最后，在建筑节点设计中，应充分体现时代特点及建筑功能特色，如采用延续或转译文化符号、夸张或变形视觉元素、突出或消隐建筑结构、协调或对比材料色彩等方式。节点设计可以尝试“第一人称”视角的设计思路，将自己置身于建筑当中，感受空间环境的氛围，充分表现设计意图，从而确定建筑局部及空间细节。

5. 不同类型的建筑方案设计

历史街区建筑更新中，发展思路从“拆改建”转型为“留改建”，运用“策划、规划、设计、运营一体化”驱动模式，通过有机更新、功能置换、肌理织补、记忆延续等手法，有效实现历史街区的传承与创新。这个过程体现了文化和遗产在城市更新和可持续发展中赋予资产附加的机遇和价值，通过可持续设计发展来带动相关产业发展，实现城市环境和功能品质的综合提升，激发场地活力。

老旧社区建筑更新以安全性、便民性、宜居性为主要目标。对既有建筑评估后再重建改造或维护升级。对需要重建的建筑加强与居民的沟通交流，从需求出发，共同协商。考虑居民生活方式的延续，通过对生活方式的继承和创新，对生活场景的保留和营造，激发居民的集体记忆与能动性，打造更具人文关怀的社区模式。

工业遗产类建筑更新，重点是保留更新与文脉延续。建筑的老化、陈旧的问题可以通过翻新加固、表皮置换、结构显露、功能置换、色彩对比等方式进行改造，尽量保留建筑本身的历史感和独特性，唤起人们对于工业时代的记忆，延续场地记忆与历史文脉，还应充分考虑绿色可持续理念，充分挖掘现有建筑资源和价值。

城中村与社区类项目改造，需要考虑提升空间利用率，从而实现经济与建筑效益的最大化，其关键不在于“重建”，而在于“合理”。还需要关注空间功能的匹配度，实现人与人的紧密联系，其主要导向应为有序、更具活力的转型式复合空间形态，与居民的社会结构相匹配，而不是拆后按全新的小区规划建设。

乡村振兴背景下的乡村建筑更新，往往通过公共建筑重塑乡村身份标识，保持一种可持续的有机发展的社会模式。居住建筑的改造则需要充分考虑传统乡村社会生活与在地特性，进行适宜性的改造或新建。乡土材料的在地性营建，传统工匠手艺的传承与发展，低技术、低成本、可持续的思路都尤为重要。

此外，还有一些特殊城市建筑类型，如城市地下空间的拓展。随着城市化水平的不断提高，城市数量及城市人口不断增加，地下空间开发与利用显得尤为重要。按照功能类型，地下空间可分为地下交通、地下商业服务、地下市政、地下公管公服、地下仓储以及特殊功能；按照空间类型，地下空间可分为地上地下相贯通、利用下沉广场围合以及水平连接等类型。地下空间的开发利用具有下述优点：一是扩充城市空间容量，调节城市土地利用强度分布，是城市空间资源利用有序化的重要手段；二是建立现代化的城市综合交通体系以及城市防灾救灾空间体系的重要途径；三是城市基础设施现代化建设的最主要方法；四是对于处在城市地价峰值的CBD区域而言，具有缓解土地稀缺，提高单位土地收益和改善空间环境的意义。

范剑才，副教授，江南大学设计学院

第二部分

设计研究与设计视角

艺术介入乡村——实践与思考

朱　蓉

1. 艺术介入乡村的背景

当代设计师必须从国家的宏观层面上理解设计背景。我国是一个农业大国，随着现代化、城镇化进程的加快，乡村在从农业文明向工业文明转变的过程中，不可避免地产生了一系列问题。“在现代化变迁中如何积极探索乡村的有序发展?”“面向未来的中国特色社会主义乡村应该如何发展?”等都成为当下值得探讨的重点问题。回答这些问题，可以从与乡村发展阶段相对应的国家涉农政策演变历程中寻找思路。

中国乡村发展主要分为四个阶段：第一阶段是1949～1977年以人民公社为主体的城乡二元结构，这种微观经济组织形态具有高度的计划经济特色；第二阶段是1978～2001年以小农经济为主体的家庭联产承包责任制阶段，以农户生产积极性提升带来的红利支撑着城镇化、工业化发展，城乡差距日益扩大，“三农”问题成为社会普遍共识；第三阶段是2002～2012年城市反哺农村的城乡统筹发展阶段，乡村发展主体呈现老弱化、资产闲置化、环境污染、生产要素高速非农化和区域贫困化等“空心化”“乡村病”问题，“三农”问题成为区域发展首要解决的突出问题；第四阶段是2013年以来城乡融合发展与乡村振兴阶段，国家陆续实施了新型城镇化、美丽乡村建设、农业供给侧结构性改革、精准扶贫等系列政策措施，旨在重构农村“三生”空间。

从1982年到2022年，我国总共发布了24次关于“三农”问题的中央一号文件。从2004年开始关注农民增收，解决脱贫致富的问题，到后期逐步开始关注乡村物质层面的基础建设；从前期的社会主义新农村、城乡统筹到2017年以后开始出现“乡村振兴”，出现了由“农”村到“乡”村的变化，体现出国家对乡村的定义赋予了一种新的内涵。

党的十九大报告中，乡村振兴战略成为国家战略。此后中央经济工作会议、中央农村工作会议及中央一号文件都对于乡村振兴战略规划等相关意见做出了补充和推进，中国特色社会主义建设进入新时代。

2017年6月20日，江苏省政府颁布印发《江苏省特色田园乡村建设行动计划》，致力于打造特色田园乡村，如实施乡村环境整治、美丽乡村建设系列行动、特色田园乡村建设实践等。《江苏省特色田园乡村建设行动计划》中提到，坚持创新、协调、绿色、开放、共享的发展理念，立足江苏乡村实际，对现有农村建设发展相关项目进行整合升级，并与国家实施的有关重点工作相衔接，进一步优化山水、田园、村落等空间要素，统筹推进乡村经济建设、政治建设、文化建设、社会建设和生态文明建设，打造特色产业、特色生态、特色文化，塑造田园风光、田园建筑、田园生活，建设美丽乡村、宜居乡村、活力乡村，展现“生态优、村庄美、产业特、农民富、集体强、乡风好”的江苏特色田园乡村现实模样。

2. 艺术介入乡村的实践

（1）乡村工业遗产保护

乡村工业遗产是在乡村地区工业发展中遗留下的具有价值的工业文化遗存，包括改革开放前社队工业遗产、改革开放后乡镇工业遗产，以及三线建设时期位于乡村地域的工业文化遗存等。作为乡村工业文明记忆的遗存与载体，乡村工业遗产记录了乡村地缘社会发展变迁和改革开放的历史进程，是我国工业遗产的重要组成部分。但是，与城市工业遗产相比，由于地理位置偏远、规模较小、位置分散等原因，乡村工业遗产并未得到应有的重视，并随着快速城镇化进程的推进、乡村社会经济发展与产业结构转型面临着问题和挑战。

无锡乡村工业遗产特点为：第一，空间位置分散，主要分布在城市边缘与农村地区，临近水系但呈点状散落分布；第二，以轻工业为主的产业，主要为制造业、桑蚕业、缫丝业，与当时无锡的历史经济背景和社会需求相契合；第三，建筑风格较为朴素，早期具有折中主义风格倾向，后期以实用主义风格为主。

设计实例：江南蚕桑文化博览园暨无锡西漳蚕种场的保护规划。

无锡市西漳蚕种场位于惠山区锡澄北路91号，成立于1926年，前身是“三五馆”蚕种制造场。保护性建筑为砖木结构、坡屋顶。其中，办公楼运用了折中主义手法，中西方元素相融合；催青室属于现代框架结构建筑，其外立面铺设瓷砖，内部敞开便于蚕种存放；“三五馆”建于1927年，面阔六间，进深三间，空间较为开敞，二层和三层有相通的方洞，便于农忙时运送桑叶。

2017年西漳蚕种场更新为江南蚕桑文化博览园运营开放，未来博览园即将改造成为“天一新城湿地公园”的重要部分，是城市北部重要的文化、生态旅游节点。其规划目标和定位为延续人文风貌、保护空间肌理和建筑特色、展示和利用物质文化遗存和自然环境，协调保护与开发、保护与旅游的关系。将文化内涵导向、地域特色原真性保护、整体性保护和可持续发展作为设计原则进行设计。规划空间结构则围绕“一廊（时空廊道）、两片（历史人文区、自然生态区）、三点（水塔入口广场、新五馆内庭广场、朝阳桥老驳岸滨水景观广场）、四区（历史展示区、创意办公区、科教基地区、滨水休闲区）”展开。

在建筑保护模式上进行分级保护和适度更新的方式。价值较高的文保建筑严格遵守历史建筑维修原则，外观不改变，将建筑内部进行局部调整；相对一般的旧建筑根据建筑具体保存现状来进行维修改善，进行结构加固和风貌整治，并对室内外空间进行改造，使其满足新功能的要求；主体结构损毁严重的建筑则拆除或按照其历史原貌和原来的风格进行新建，留出相对多的户外公共空间，作新的用途。改造后的场地修复了"池上草堂"旁的"三葫芦池"，并依据历史传说在池边重建"三葫芦亭"，再现历史风貌，展现传统江南园林风情。再对水塔园的水塔塔身予以保护，在塔身底部加以蚕丝状的装饰，强化其蚕文化的寓意。水塔周边增加钢构架门头、宣传廊、文化铺地等，以记载这一重要的历史标志物。

（2）乡村公共空间景观环境设计

设计实例：无锡滨湖区董坞里新村景观改造提升。

该项目偏向于外部空间、户外空间的景观环境设计。董坞里新村的生态肌理保留较好，依山傍水，是锡城山水绝佳地、高端载体集聚地、最佳日落观赏地及品牌花果品赏地，周围交通便利，旅游资源丰富。

董坞里新村的现状问题主要有：村落区的中心果园存在各自为政建家园的现象，整体性不强；村落区的生活服务圈层缺乏调配，交通动线不畅，停车场缺乏规整，基础设施有待提升；入口区吸引力不足；公共绿地部分被侵占，硬化程度高，使用率低下。整个村落存在有路难行、有林不美、有景不透及有湖不显的问题。

基于以上问题，考虑未来乡村旅游景观的服务人群为居民、创业者和游客，提出三点设计策略：一是强调意向、营造多主题场景，分别对入口区、村落区、通道区和临湖区进行主题阐述；二是植入乡情，凸显乡野记忆，运用乡土材质、乡野植物等手法唤起人们情感记忆中的原乡时光；三是借势自然，借日落和外围之景，营造沉浸式场景体验。提出"乐享山水间，醉梦董坞里"的设计愿景，以果品采摘、农家乐为主导产业，以山水观光、个性体验和特色餐饮为主导功能进行人居环境提升设计。项目的远期构想是希望沿湖建设栈道，满足露营和观景需求，丰富相关的休闲娱乐活动，从而达到激活董坞里新村公共空间的目标。

3．艺术介入乡村的思考

作为设计研究者和实践者，需要思考什么样的乡村才是中国的乡村。乡村在物质层面上是自然环境和乡村居民活动的综合载体、农业生产基地和农民聚集地、经济社会文化生态的场所；在精神层面上则是中国人精神向往的理想家园，是寄托乡愁和故土追梦的地方。乡村作为中华传统文化的根基，代表着安居乐业的家园、独特的物质文明和精神文明，建设美丽中国也是建设美丽乡村。反观当下，农村的城市化与同质化、乡村聚落生态环境与特色景观风貌遭到破坏、乡土记忆认知与归属感缺失等问题亟须解决。

乡村振兴的目标是什么？即如何让村民过上幸福的生活。这种幸福生活源于经济层面的物质生活、环境层面的生存空间和文化层面的精神生活的满足。设计师可以从与设计紧密相连的乡村生活空间、乡村生产空间、乡土文化这三个层面介入乡村问题的思考，区别于城市生活方式，结合乡村特点围绕在地性问题进行设计。

乡村振兴的路径与方法有哪些？需要未来不同学科进行跨学科协作研究。可以简单归纳为：一要保护乡土地域特色。整体性保护乡村历史肌理、具有典型特征的乡村建筑群与聚落景观，以及乡村空间形态，依托地方自然与人文资源，充分运用乡土植物、低技术、地方材料等，积极探究适合本地区的乡村聚落景观规划设计模式与方法，塑造基于地域性的特色化乡村田园风貌。二是鼓励乡村社区参与。乡村振兴不仅是乡村物质环境的提升，也涉及新的乡村文化重构与社会系统修复。优化乡村环境需要依靠乡村社区的参与和支持，应充分发挥村民的主体作用，积极鼓励公众参与推动乡村规划建设，同时，挖掘本地文化资源进行特色产业驱动发展，使乡村文化在当代城市化进程中重新焕发活力。三要加强乡村教育培训。乡村振兴也需要政府、相关机构团体建立乡村振兴的区域性工作网络，实施保护工作者的教育培训计划，提升公众特别是青年人的乡村振兴意识，关注对于未来乡村设计师人才的培养，加强乡村振兴专业技术教育及本地人才培训，做接地气的乡村建设与规划。四是保证村镇协同发展。乡村振兴不仅是一个乡村生态环境修复与文化传承的自发展过程，同时也需要充分考虑与小城镇的协同发展，积极探索总结村镇协同创新与绿色生态规划发展路径及研究策略，构建乡村和小城镇联动发展机制，将乡村振兴与新型城镇化有机衔接起来，实现城乡融合的高质量发展。

朱蓉，教授，江南大学设计学院

中国村落文化景观

吴文治

我国拥有大量的传统村落，其自然资源、历史记忆、民族文化与生活方式是村落文化景观的来源地与储存地。随着城镇化更新与乡村振兴战略的推进，传统村落文化景观受到来自各方的影响与挑战，传统的乡村发展模式已与当下快速嬗变的经济发展与人文社会背景不再协调。如何在保护、传承与发展之间寻找平衡，是当下学界研究的热点与趋势。

1．何为中国

在漫长的历史中，中国的地域疆界、政区城邑、自然环境等不断变动。这些变动带来了人口的迁移，文化的交流、融合与重生，景观的重构等。以下将提取四个重要关键词来理解中国：疆域、地理、人口、文化。

疆域的理解可参考复旦大学教授谭其骧先生主编的《中国历史地图集》。从不同时期整个中国的历史地图来研究历史时期地理环境及其演变规律的学科即历史地理学，此学科对于设计领域的研究工作是非常重要的。从历史地理学的视角去研究这些不断变动的、各个朝代的疆域图，可以作为今天认识中国不同地区村落景观的历史知识储备。疆域自身变化叠加维持时间的不同，代表着人口的流动与迁移影像，反映了民族文化、经济、政治的变迁，最终通过中国村落文化景观的形态和状况得以表达。这些历史疆域图可以成为设计者直观视野的内在基础，能使其更深刻地理解中国村落文化景观的历史肌理和丰富层次。

地理的含义可参考谭其骧先生在《积极开展历史人文地理研究》中的论述："自然地理与人文地理就是地理学里面的两个分支，自然地理现象的发展，在不受到或者很少受到人类活动影响的情况下，复杂程度和变化发展的速度完全取决于自然本身，而人文地理现象则取决于人类的活动和人类社会的发展变化，速度较自然地理要迅速得多。"众所周知的"胡焕庸线"是1935年由著名地理学家胡焕庸先生提出来的。它代表了中国季节、气候、植被、民族分布、资源和地势等内容的集合。其两侧自然文化景观、民族生活习俗（包括文化内涵）都存在较显著的差异性，它既是农耕与游牧的突变线，也是中华民族文化艺术的差异线。

现代意义的"人口"概念来自日本，20世纪初才为中国学者通用。葛剑雄先生在《中国人口史·第一卷》中写道："人口的生存和发展、一切人口现象和人口活动固然都具有社会性，也离不开一定的社会环境，但同样离不开这些人口赖以生存的自然环境。特别是在生产力相当落后的时代，自然环境对人类生存和发展所起的作用往往大于社会环境，有时甚至起着决定性的作用。”因此，理解人口的变迁及其意义是村落文化景观研究的重要内容。

文化具有使人类行为明显且各有特色的有效力量。个体完成某个动作，观众解读这个动作并归纳该动作的特点和性质，然后再现这个动作：文化使这个过程成为可能。研究中国文化及其结构、规律和意义的学者众多，较为著名的如英国学者彼得·伯克（Peter Burke）在《文化杂交》一书中的研究，他从对象、定义、过程、反应和后果五个角度深入分析了“文化杂交”如何在人类历史中发生。在我国多民族融合的过程中，同质化与异质化、常态与变态交融杂交，建筑、图像、文学和语言等内容在不断模仿、吸纳、调适、混杂、借用、转译和迁移等过程中，形成了丰富多元的文化景观。

2. 村落意涵

村落，常用作现代意义上的人口集中分布的区域，包括自然村落（自然村）、村庄区域。2012年12月12日，住房和城乡建设部等部门印发的《关于加强传统村落保护发展工作的指导意见》中将“古村落”称谓正式改为“传统村落”，并指出：传统村落是指拥有物质形态和非物质形态文化遗产，具有较高的历史、文化、科学、艺术、社会、经济价值的村落。

村落由各种建筑物、构筑物、道路、绿地、水源地和田园等物质要素组成，存续有大量的历史记忆、宗族传衍、俚语方言、乡约乡规和生活生产方式等非物质文化要素。学者吴必虎认为村落的历史发展经历了原始型村落、古代型村落、近代型村落、现代型村落和未来型村落五个阶段。中国文化地理学者周尚意认为村落包括地方的真山真水、地方的建筑等文化景观、地方发生的历史事件、地方民居的意识形态等内容。

3. 文化景观

单霁翔先生认为“文化景观”主要指自然风光、田野、建筑、村落、城市、人物、服饰等共同构成的文化现象的复合体。吴必虎、刘筱娟在《中国景观史》中指出，任何一个有特定文化的民族都会通过建造房屋、开辟道路、耕种土地、修筑水利工程、繁衍或限制人口、传播宗教等活动改变其生存空间内的环境，这种人所创造的物质或精神劳动的综合成果，在地球表面的系统形态就被称为文化景观。联合国世界遗产中心对“文化景观”的定义是人与自然共同的作品，它在物质条件和自然环境的影响之下，在外部和内部的社会、经济和文化因素作用之下持续进化，并能充分解释特定区域的本质和独特文化要素。在美国，“文化景观”被定义为：“一个联系着历史事件、人物、活动或显示了传统的美学和文化价值，包含着文化和自然资源的地段或区域。”总之，文化景观是文化影响下的自然与人文、物质与非物质因素的综合呈现，且其概念与含义是动态发展的。

4．村落文化景观

传统村落是乡愁文化的重要载体。陆邵明教授认为乡愁拥有空间性、时间性、主体性三个特征，是对主体的情感、人与社会、人与自然环境的关注。乡愁作为村民集体的情感意象与共鸣是探究中国村落文化景观不可或缺的部分。乡愁也是一种价值表征，通过保护与延续村落的传统文化，使村民在乡村发展过程中精神上有依托，是增强认同感与归属感的问题，这是当下乡村振兴中的重要问题。

国外对于村落文化景观的研究，早年间，主要着眼于村落文化景观的演变与表现形式；2000年以后研究开始转向对于文化遗产的保护与乡村振兴背景下的村落文化景观研究；近五年来，研究领域开始向文化转型与生态遗产领域拓展。国外相关领域研究聚焦于两大类：一是关于生态与文化遗产保护的研究，注重对生态、气候、地理和景观环境保护的村落可持续发展；二是从传统村落空间角度出发，注重对实体空间的利用与价值问题。

我国对中国村落文化景观的研究可大致分为三个阶段：第一个阶段是1990～2006年，仅有部分学者关注，属于村落文化景观研究的萌芽阶段，研究主题主要围绕村落文化的本质与特征来展开；第二个阶段是2007～2014年，研究领域逐渐转向传统村落景观的空间演化、景观基因等方面；第三个阶段是2015～2022年，研究引入了“文化遗产”“旅游开发”等主题内容，将保护传承与发展作为首要任务，拓展了村落文化景观研究的广度与深度，研究侧重寻求适合保护传承、生活生产、经济发展的全方位路径。总体来看，国内对村落文化景观的研究内容主要有两条发展路径：一是基于历史文化保护与传承视角下的研究，如“遗产保护”“文化传承”等；二是关于空间建设与乡村转型发展的研究，如最早出现的“孤岛文化”以及“文化空间”“文化变迁”“乡村振兴”和“发展模式”等。

总体来看，中国村落文化景观的研究聚焦于“文化+人才”的双重空心化问题、地方化与全球化危机矛盾问题、现代化与过度商业化危机问题等。

5．总结

中国村落文化景观研究是追本溯源的研究。当前中国村落文化景观的多样性正在被前所未有、不可逆转地重塑，再生。我们应将中国村落文化景观放到历史的长时段中来审视与判断其发展方向与价值意义。中国村落文化景观根植于生生不息、极富生命力的中国文化，在这种极具厚度与弹性的文化当中，必将走向复兴与繁荣。

吴文治，副教授，上海工程技术大学艺术设计学院

文化自觉与乡村空间的构建与思考

邹　洲

云南艺术学院乡村实践工作群的成立源于对农业传统的忧虑和对过度城市化的反思。在田野调查过程中，许多古村落、古民居逐渐消失，随之消失的是当地的神话传说、音乐与故事等。工作群希望通过现代环境设计的原则和方法，有意识地设计与维护一个具有农业生产力的生态系统，重新赋予传统村落活力，再造农业故乡的构想。适度融入传统文化与现代科技，透过有意识地保留并管理自然与社会资源，减少能源物质及人力不必要的浪费，深入学习云南传统手工艺，使现代设计与传统智慧融合共生。注重对传统村落、乡土建筑、农园生活区的改造更新，邀请当地人合作激活与再生，提升乡村人居环境，有效推动乡村振兴。近年来，在教学与实践中，团队基于地域文化和地域资源，保护传统文化，延续传统智慧，以文化创意的方法与跨界设计的思维提出了诸多村落保护方案。

1．乡村实践工作群的早期认知

以云南省的阿者科村为例，3000多级台阶的梯田形成了壮观的自然循环系统，已成功申报世界农业遗产。森林、水系、村庄和梯田一起形成了一个活的系统生命体，村庄成为其中重要的人居干预自然循环的系统。如果村民消失，村庄也随即消失。如何让村民快速回归？乡村实践工作群通过深入的田野调查，依托传统编织工艺，引入品牌与节日，设计新生的、生态的礼品售卖等方式吸引游客，以旅游业的发展吸引乡民回归。再如，在丽江普济村，团队通过对民居环境、型制和形态的认知把握，以数字化建模的方式构建民居档案；在西双版纳曼扁村，面对已经被工业侵占的村落和健康受到影响的村民，团队与人类学和社会学的专家一起，把贝叶经元素作为地方记忆植入茶叶包装，结合当地妇女们的织锦工艺，促进村庄经济发展，一直延续至今，使乡村文化得以活态延续。

乡村实践工作群的早期实践，主要在传统民居不断消减的背景下展开。我国的乡村在1985年和1995年前后曾出现过两次建房热潮。1985年，伴随着改革开放成果的初步显现，兴起了第一次建房热潮，受到技术和经济条件的限制，民居建造以单层砖瓦建造为主。1995年，部分地区经济发展后出现了拆旧建新的现象，但乡村建筑的同质化和城市化现象开始显现。

研究团队最开始试图以图像学和传播学的方式，以还原论为基调，试图通过民居形式和构造的拆分，来静态地认知理解传统民居，随后逐步转入传统营造技艺和过程、营造者的动态研究中，如从建造“仪式”中能够感受到“精神文化”对于族群社交、聚落凝聚力和人居环境的意义。最终，实现对传统乡村“人居文化”的扩展关注。这些成果在《云南少数民族人文居住空间传统营造技艺特色研究》(2020，民族出版社)《苍麓遗珍·大涧古村》(2019，云南美术出版社)等著作中有所体现。

2. 乡村发展现状的反思

建筑的变化源于人的变化。这促使研究从物质与非物质的研究向人的研究层面拓展。人的研究超越于环境的研究，是对生活的研究，也是文化的研究，这为乡村景观实践的路径带来新的启示。

多年来，农村发展模式除了农业生产外，大致可分为两类：第一类是简单的城镇化，是一种比较单一的模式，农村某种意义上成为城市的低配版，忽略了生产方式、生活方式、经济水平和建设技术等方面的差异。第二类是旅游开发模式，在保护自然与文化原生态的基础上以“活古董”的方式发展乡村。在云南丽江、西双版纳等地有很多此类村庄。但交通不便、特色不显著、缺乏内生动力等问题成了乡村发展的绊脚石。

值得反思的是，“新农村”建设的动机是发自农民自身，还是城市视角对农村的定义？新农村建设应该从根本上改变农村传统经济结构，发展现代农村产业，提升农业经济竞争力。而“以工辅农”的思路没能从根本上确立起农业经济良性发展模式。农村产业引入的项目往往依附于城市经济，成为附庸。事实上，以工业和城市经济为主导的农村发展模式并不能解决城乡二元差异的问题。城市与乡村是具有差异性的系统，应构建各自的评价体系与发展方向。

3. 乡村发展模式的思考

新农村建设应该是找到一种符合当地生活模式、建造技术、经济水平的建造模式。

第一，要符合当地的生活模式，“新生活”是发展的核心。建筑空间的模式是人的生活模式的外化。如果农村的产业模式不发展改变，农民还维持着原有半手工状态的农业劳动模式，村镇改造就是脱离实际的纸上谈兵。现有的所谓比较好的农村大多是工商业比较发达的，因此可以适应城市的开发模式。而真正的以农业为主的村镇，如果不是把农业变成现代集约化农业，也无法改变其空间模式。第二，要符合当地的建造模式。回归到乡村建造自组织机制的研究。第三，要符合当地的经济水平，形成可持续的发展动力。

城市和乡村作为不同的生态系统，乡村与城市之间的关系不是迭代的关系，也不是发展与进化的前后关系，而是共生共融的关系。应以社会构成中的平等地位、社会思考中的平等视角来看待这一问题。要把乡村作为稀有资源，找到这两种生态系统的结合点，而不是用城市生态去改造乡村生态。

中国艺术研究院的方李莉老师提出一个观点：中国不能走从“乡土中国”到“城乡中国”之路，而要走“乡土中国”到“生态中国”之路。要努力地去恢复和建构自然生态和人文生态，通过乡村找到一种新的生活方式、新的生活态度。

4．艺术介入乡村

面对中国当代乡村建设领域的复杂性和矛盾性，单一的职业团体或固有的思维模式与设计工具无疑是失效的。不同职业的社会团体积极地投身于乡村建设，反映了多种不同的价值取向——乡愁排遣、文化责任、前卫姿态、公益情怀、社会理想、生态实验……其中，以画家、雕塑家、摄影师等为主体的艺术家们越来越成为乡村建设的倡导者和生力军。

艺术介入乡村，首先涉及的是乡村的主体性问题。乡村是谁的乡村？如何重建传统村落的信仰世界与生活空间？设计介入传统村落的方法论和价值观是什么？谁来主导建构乡村公共艺术？设计介入传统村落工作必须尊重村民主体性，厘清乡村文化的自觉关系。艺术介入乡村，要避免以欣赏者的偏好为引导的文化异质化而造成乡村空间的异质化，切勿以乡村文化拯救者的心态进行自我封闭的艺术创作，不能忽略村民营建的自组织机制。要在保持自然生态、农村传统习俗和鲜明地域特色的基础上进行设计。

以建筑营造为例，当代乡土建筑不应再是“没有建筑师的建筑”，乡村环境建设呼唤着建筑师、艺术家的投入，以扭转建筑更新中的城市化与同质化的现象。设计师更关注乡村的肌理质感与人文环境，让艺术回归生活，如同作物从土地里生长出来，形成有机的、农村的生活美学。立足于当地环境，接受乡土文化传播的启示，重塑“家园”意识，促进地方建筑良性发展，这是当代文化发展不应忽视的一个方面。以公共艺术介入乡村为例，作为异质植入，可通过涂鸦、装置艺术、大地艺术等方式，对乡村进行空间美化、性能提升、场所限定等，探索深层结构的场所精神。以文化旅游产业的蓬勃兴起介入乡村为例，可以通过活态博物馆、艺术村、艺术节和各种民俗体验活动等进行探索。

5．案例实践

在云南省昆明市呈贡区万溪冲村的“禾下图书馆”项目中，当文化介入后，形成了一种新的磁体和基核，不仅为当地居民提供了共享的文化空间，还为万溪冲村小学的教师们提供了举办艺术教育活动和艺术表演的空间，提供了充满活力的乡村空间（图1～图3）。

云南省曲靖市师宗县“岁月图书馆”为一个当代民居改造项目（图4）。业主为返乡的高级知识分子，对建筑风格的定位相对开放。业主将“乡愁”体现在“知识分享”方面，因此愿意将住宅的一层、二层作为公益空间分享。在乡村动态发展中，设计师应尊重乡村多元的风貌与自发的演化，尽可能地提供知识服务，助力乡村向着更高的“稳定态”去发展。

图1 “禾下图书馆”建筑改造前

图2 “禾下图书馆”建筑改造后

图3 万溪冲村小学的教师们在图书馆举办艺术教育活动

图4 “岁月图书馆”改造前后对比

艺术介入乡村，其焦点不是艺术本身，也无关艺术审美范畴，而是以艺术为载体，重建人与人、人与自然的关联，修复乡村的礼俗秩序和伦理精神，激发不同实践个体的主体性和参与感、积极性和创造力。

无论任何团体或设计者，都应更加深入地思考民众的声音，创造出一种能与时代同步的，既能改善乡村居住环境、提高村民生活水平，又能保护历史文化遗存和拥抱现代生活的最佳模式。

邹洲，教授，云南艺术学院设计学院

传统村落记忆场所的挖掘与活化

霍　珺

1. 研究背景与概念

（1）乡愁

2013年12月中央城镇工作会议中提出“让居民望得见山，看得见水，记得住乡愁”的新型城镇化要求，到2018年1月《关于实施中华优秀传统文化传承发展工程的意见》文件中再一次强调“融入生产生活，加强‘美丽乡村’文化建设，挖掘和保护乡土文化资源，让子孙后代记得住乡愁”。乡愁问题已经成为城镇化背景下贯彻以人为本理念、获取地方文化认同、树立文化自信、传承传统文化的重要问题。

乡愁一词最早出现在一些文学作品中，形容远离故乡的人对家乡的想念，后来衍生为人们对遥远事物的渴望。其主体首先是远在异乡的精英人士或知识分子，改革开放后，随着城镇化建设发展，普通大众也成为乡愁的主体，这体现了新型城镇化从关注物的建设向关注人的情感转变的趋势。认同并传承乡村文化，留住乡愁，树立文化自信，已经成为社会共识。

（2）记忆场所

记忆场所是乡愁的重要载体。记忆场所理论最早是在《论集体记忆》一书中提及，论述了记忆与场所的关联性。记忆场所的概念是法国历史学家皮埃尔·诺拉（Pierre Nora）1978年在其编写的《新史学》一书中最早明确提出的，该著作围绕记忆与场所进行了深入研究。他认为记忆场所通常是指由于人们的意愿或者经过时间的洗礼而保留和繁衍集体记忆的地方，包括历史文化建筑、具有纪念性和群体记忆的场所等，历史遗留的地方空间对于地域文化认同的建构有非常大的贡献。

记忆场所理论产生的背景是20世纪60年代在城市规划领域出现了一批人文主义思想理论，如《场所精神》《城市意象》《拼贴城市》以及《恋地情结》等专著与之紧密相关。目前在国外历史学和社会学等领域已形成研究体系，并成为文化遗产、城市科学领域的热点，对转变传统文化遗产保护思想与观念具有开拓性意义。记忆场所逐渐成为一种普遍存在的文化遗产现象。陆邵明教授提出：“记忆场所往往是保留和繁衍集体记忆的地方，由于人们的意愿或者时间的洗礼而变成一个群体记忆中代表性的场所，是介于日常普遍性场所与历史性的纪念场所两者之间的集体话语体系中大量与大众生活习惯、集体记忆相关的历史性场所。除了地方遗产保护名录中的建筑或遗址，需重点关注保护名录之外现存的、蕴含集体记忆的历史场所，是普通市民赖以生活、工作、休闲之处。”他提出的记忆场所的定义更具有普遍性、多样性和亲民性，这种具有普遍价值的场所更能建立起普通群众的文化认同。他认为时间维度记忆研究与空间维度场所研究，两者密不可分。

（3）江南传统村落

传统村落，又称古村落，是指村落形成较早，拥有较丰富的传统资源，具有一定历史、文化、科学、艺术、社会和经济价值，应予以保护的村落。2012年9月，国家召开第一次传统村落保护和发展专家委员会会议，会上明确提出了“古村落”文化价值和传承的意义，将“古村落”这一习惯名称正式更名为“传统村落”。同年12月首次在《中共中央国务院关于加快发展现代农业活力的若干意见》中提到传统村落的概念。传统村落包括三个方面的文化内涵：一是现存传统建筑风貌完整；二是村落选址和村落布局保持传统特色；三是非物质文化遗产活态传承。

江南地区主要指江苏南部及浙江北部杭州、湖州、绍兴等地。江南地区土壤肥沃，水网密集，为农业生产创造了适宜的条件，根据我国公布的四批中国传统村落名录，这一区域传统村落数量近80个。其中以苏州、杭州数量最多且最具代表性和影响力。苏南地区一共有26个村落处于名录内，其中以苏州最多，其次是镇江、常州、无锡以及南京。苏南地区传统村落的空间布局有着非常明显的特征，主要与长江、运河以及太湖这三个水系密切相连，从地理环境上进行分类可以分为平原型、丘陵型以及山地型传统村落，从类型上可分为建筑遗产型、农业景观型、商贸交通型以及传统文化型传统村落。

2. 记忆场所的挖掘与活化

研究从记忆场所的识别和记忆场所构成要素两方面挖掘记忆场所，并基于以上分析提出相应的活化策略，并付诸实践应用。

记忆场所的传统挖掘方法主要是采用大量问卷、访谈等调查和绘制认知地图的方法，但在样本数量、数据代表性等方面具有局限性。社交媒体数据是一种依托于互联网的新方法，具有实时性强、数据量大等优势，已应用于城市意象研究、城市记忆工程建设研究。国内外学者从地理学、旅游学角度，利用Facebook、微博、旅游网站等社交媒体的开放数据例如地理照片、文本等，提取对城市意象的普遍感知，为城市意象研究提供前所未有的新途径。用户在社交媒体中自由地表达并与人分享自身的经历、感受、记忆，在与他人的互动中促成记忆的延续，并以各种形式的数据储存、传承与发展，社交媒体的数据已经成为用户记忆的新载体，通过数据可探测人们的乡愁情感和记忆。

社交媒体的数据分析运用的方法叫做内容分析法，从数据的类型上可以分为图片数据分析、文本数据分析以及其他数据分析。根据分析的不同数据可以得到社交媒体数据分析技术的侧重性总结。记忆场所要获得的数据包括人、场所及记忆。在分析人的时候主要使用其他数据分析，分析场所时主要用到图片数据分析，在分析记忆时图片数据分析也是具有很大优势的，同时会有文本数据对其进行补充。具体到后面的研究选用哪一种数据源进行分析也是依据场所记忆挖掘的方法。

记忆场所的活化方法可总结为：基于记忆载体场所的视角，提出“物—场—事”的活化方法；基于记忆信息的视角提出“叙事”的方法。

3．案例研究

杨湾村和明月湾古村均位于苏州，类型与地理位置相近。前者并未经过系统改造，而后者经过了分级分层的重新规划、保护和更新。杨湾村运用了传统方法挖掘记忆场所，从物质空间与时间记忆两个维度对“物—场—事”三者进行构成要素的特征分析。在明月湾古村中则基于微博这一社交媒体数据进行空间维度及时间维度的记忆场所挖掘分析，并结合“场所叙事”理论提出记忆场所活化策略。

（1）苏州杨湾古村记忆场所的挖掘与活化

杨湾村位于苏州东山半岛西北部，早名为阳湾，南宋时更名为杨湾。地理位置与周边整体格局呈现出“扶山而居，扼水而行”之势。村落处于山脉中间的山坞地带，长马蹄形布局，南北两侧有两山对称布局，演武墩与湖沙山，一南一北如两条出水蛟龙，使村落呈现出“双龙戏珠”之态。杨湾村历史悠久，文化遗存众多，是全国为数不多的明清古建筑中数量最多、质量最高、保存最完整的古村落之一，同时也是国家文物保护单位最多的古村落之一，以“古街、古建、古寺”三古闻名。

研究首先运用传统问卷与访谈调研方法得出40处记忆场所，对其进行物质空间维度和时间记忆维度的分析。从物质空间维度来看，杨湾村记忆场所包含了：建筑场所，包括历史遗存建筑和普通建筑，可分为商业建筑、传统民居建筑、宗教文化建筑和公共遗存建筑四种；人工开放空间场地，可分为交通空间、广场公共空间和其他公共环境设施；自然场所，可分为山体绿地、水体空间和绿化景观等，从而对以上要素进行空间分布、功能和形态肌理的分析。从时间记忆维度来看，记忆场所包括了历时性记忆和共时性记忆两类。历时性记忆包括历史事件、典故传说和历史人物信息，具体内容为历史遗迹修建、村址选取、村落发展、名人游览、作词作诗、民间流传事件、人物信息、相关的事件与场所；共时性记忆包括生产生活、社交休闲、商业与传统民俗的相关记忆，具体内容为耕种、采摘、劳作、浣衣、取水、餐饮、休憩、闲聊、售卖商品、民宿、餐饮、婚丧嫁娶、宗教祭祀、节日礼节和非物质文化遗产等。

40个场所中，有29个场所是有对应记忆的，其中仅承载历时性记忆的有3个，仅承载共时性记忆的有7个，同时承载历时性与共时性记忆的场所共有19个。杨湾村记忆场所的问题主要有：以“物”为主的建筑要素中，传统民居建筑单元之间缺乏联系沟通；商业建筑业态结构功能性单一，缺乏特色与引导；一般性历史建筑功能停滞化、形态肌理破坏严重，缺乏宣传保护。以“场”为主的开放空间要素中，街巷空间缺乏连贯性，记忆场所可达性较低，街巷界面肌理混乱，缺少驻足停留空间，认知体验感较弱；广场活动空间小而分散，基础设施差，功能单一，缺少联系；生态景观破坏严重，水体生态保护性较差，码头功能性单一，景观要素无序发展，利用率低。以“事”为主的记忆事件要素中，历时性记忆影响深刻，村庄早期的民间故事与明清时期的历史故事和名人事迹被人熟知，仅有宗教文化类建筑场所对周边要素具有一定影响力，传承性较弱；共时性记忆分类多、范围广，相对杂糅模糊，以日周期和季节周期为主的短时性记忆较为集中，但活动单一，以年周期为主的长时间记忆较为分散，以生命周期为主的记忆类型丰富。因此，杨湾村记忆场所活化中需要重点增强共时性记忆的整合串联，同时对历时性记忆进行感知和强化。

因此，杨湾村记忆场所活化策略为“物、场、事、情境整合”。“物”指的就是建筑的保护与再利用，提出缝合修补和叠加营造两个策略；“场”指的是开放空间场所的连接塑造，将公共空间之间以及公共空间与建筑串联起来形成一个记忆整体；“事”就是事件的再现体验；“情境整合”就是以空间序列节点的塑造，让体验者在有目的的路径中获取设计者试图传达的精神意境，实现情境主体的整合再现。

最后设计提出“一轴四街四情境三节点，物场空间多要素串联”的空间结构，梳理出四种情境主题单元：商业生活单元、宗祠古宅单元、生产采摘单元和影视休闲文化单元，以达到活化杨湾村记忆的目的（图1）。

（2）苏州明月湾古村记忆场所的挖掘与活化

苏州明月湾古村入选了中国第一批传统村落名录，是江南水乡、农耕文明古村落的典型代表，地区特色鲜明，较高的知名度使其在微博平台具有较高的热度。因此其记忆场所可基于微博这一社交媒体的数据来挖掘，其中分为空间维度的分析和时间维度的分析。空间维度的场所数据主要依托图片进行设计学分析。时间维度的记忆数据采用文本及人工统计与ROST Content Mining数据挖掘软件技术分析。

首先，运用Python的Scrapy框架以明月湾这个关键词扒取了从2010年1月1号到2019年2月28号期间的微博，经过筛选得到有效微博3468条。发布者主要有游客、居民和官方用户。通过记忆场所的识别分布分析，得到记忆场所43处。

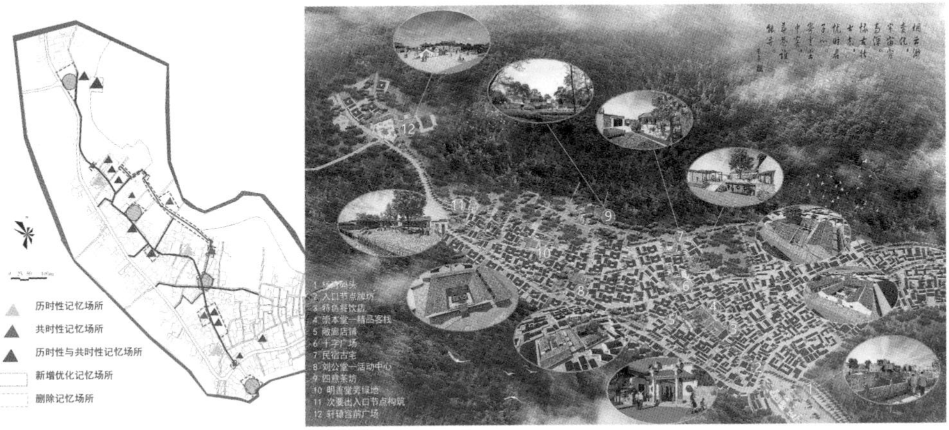

图1　苏州杨湾古村记忆场所的挖掘与活化

对物质空间维度的要素分析采用人工与Web软件相结合的方式。基于Web的分类界面，两名研究人员根据辨识指南就可以快速地将图片分类。并结合实地调研，对古村各记忆场所的位置、功能和形式等方面现状进行分析，然后归纳每个场所的现状特征。对时间维度记忆的研究，相关微博共633条。共提及历时性与共时性记忆频次874次，其中历时性记忆343次，共识性记忆531次。历时性记忆部分，记忆主体都对春秋时期、唐朝、清朝三个阶段的记忆程度明显高于其他阶段，反映出浓厚的历史底蕴、文化传承及游客与居民情感。共时性部分，记忆主体微博文本记录的共识性记忆以当下日周期记忆为主，对于其他周期较长记忆记录较少。用数据挖掘软件ROST Content Mining 6.0对微博文本词频进行统计，与人工统计基本相符。

分析认为，微博的记忆主体突破时空限制变得更为广泛，不同于传统研究中固守村落的中老年主体，以年轻化和外来游客为主。微博平台中海量的图片为构建较为完整的空间维度的场所信息提供了丰富的数据。通过对场所与记忆进行关联性分析，可看出由交通空间、节点广场、构筑物和历史建筑等形成的标志物构成的历史轴线是明月湾古村最重要的记忆场所；绿化、水体等边界构成的生产、休闲场所，主要承载日周期和季节周期记忆；由商业建筑群和民居区域形成的商业和生活场所，多为当下分散的记忆。

因此，对明月湾记忆场所的活化运用可采用场所叙事的策略，从场所与记忆信息关联整合的角度来进行记忆场所的叙事，提出活化策略。首先是主题设定，包括采集场所信息、体验精神内涵；接下来是情节编排，包括场景还原、事件再现以及民俗演绎（图2）；然后整合串联，包括路径规划记忆以及空间组织；最后是氛围营造，包括场景氛围和感知氛围的营造。在路径的规划上根据时间轴线运用了倒叙

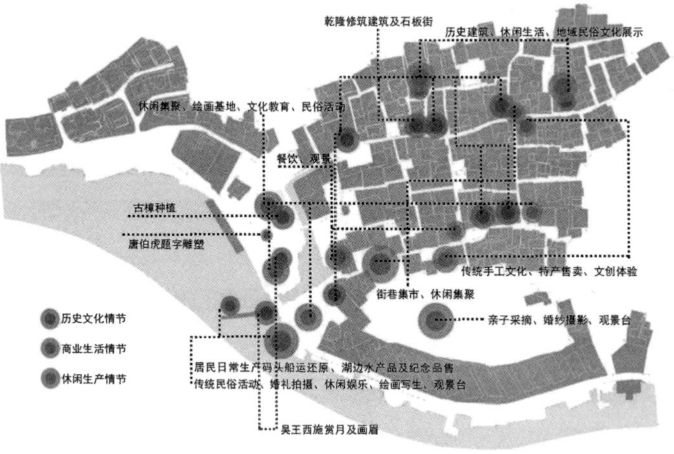

图2 苏州明月湾古村的情节编排设计

的手法进行串联。以江南乡居为主题，以“一轴三单元八要素”的结构，塑造历史文化单元、商业生活单元和休闲生产单元，再分别提炼核心概念，最后落实到场所中。

研究初步验证了基于微博数据进行传统村落记忆场所研究的可行性，这一新数据为客观认识、评价传统村落现状及保护活化提供了客观、量化的依据。当然，其局限性在于人群以年轻人为主，实效性强但信息具有碎片化、快餐化、过载化和失真性等特点，也给信息的完整性和准确度带来了冲击。相信未来将传统研究与数据研究相结合，能为记忆场所的挖掘与活化带来更好的思路与启发。

霍珺，副教授，江苏大学艺术学院

乡村振兴的思考与实践

杜守帅

1．实施乡村振兴战略的重要意义

实施乡村振兴战略是党的十九大做出的重大决策部署；是决胜全面建成小康社会，全面建设社会主义现代化国家的重大历史任务；是新时代“三农”工作的总抓手；是解决人民日益增长的美好生活需要和不平衡不充分的发展之间矛盾的必然要求；是实现全体人民共同富裕的必然要求。

随着乡村振兴战略的提出，不论是我国高校内的设计院校、建筑院校，还是城市之中的设计院都在紧跟政策的步伐，致力于乡村振兴的伟大事业中。

2．乡村振兴背景下的设计论坛

在2019年中国建筑学会学术年会分论坛“乡村振兴背景下的田园设计”中，高校学者以及各地一线设计师分享了他们的设计思考与实践。

其中，中国科学院院士、同济大学建筑与城市规划学院教授常青在会上作了题为《乡遗出路何处觅——乡建中的风土建成遗产问题及应对策略》的演讲。常青院士通过对当下乡村振兴运动中风土建成遗产的现状考察，认为乡村风土建成遗产的保护有三层含义：一是保护遗产本体，二是活化场所风习，三是再现传统意象。在总结问题的基础上，提出从文化地景、传统聚落和营造记忆三方面入手，保护与活化乡村风土建成遗产的模式、对策和方法。

中央美术学院副院长吕品晶教授在《见人见物见生活的乡村改造实践》中提出传统村落的改造实践，要在物质性的空间存续上做足文章，保护、修复、回归传统聚落形态，强化乡村风貌特色；更要在精神性的文化传承上下功夫，发展、织补、延续传统乡村文脉，为乡村可持续发展注入现代文明的同时，兼顾区域文化的保护。

香港大学建筑系教授王维仁作了题为《不只是地域主义：一种城乡策略》的演讲，以浙江松阳平田、界首村和香港菜园村等设计为例，讨论在中国乡村建设的语境下，建筑师的多种角色，明确关键的设计议题，以针灸式的方法建构村落空间的公共叙事，倡导一种重建尺度与自然关系的城乡设计策略。

浙江大学建筑工程学院王竹教授在《乡建：经营与永居》中针对当前乡村建设中出现的混沌现象与问题进行思考，将视野从“建造本体”延展到“营建本体”。对“乡建真实”

进行了解读与诠释，明确了乡村多重形态“异质同构”的本质，提出乡建的目标与策略。

3．对乡村建设的解读

相对于城镇，乡村是以从事农业为主要生活来源，人口较分散的地方。在《词源》一书中，乡村被解释为主要从事农业、人口分布较城镇分散的地方，亦作“乡邨”，对应于城市的称谓，指农业区，有集镇、村落，以农业产业（自然经济和第一产业）为主，包括各种农场（包括畜牧和水产养殖场）、林场（林业生产区）、园艺和蔬菜生产等。

从地域范围来看，泛指城市以外的景观，包括城郊、乡村原生地貌等景观。从景观构成来看包括乡村聚落、农耕田园、民俗文化以及自然环境等。从景观特征来看，乡村是人为景观与自然景观的复合体，人为的干扰程度较低，景观的自然属性较强，自然环境在景观中占主体，农业景观和田园化的生活方式为最大特征。

乡村是一个有机的生命体，乡村振兴也应是多要素的“协同共创”，既要协同居民、游客、村委、设计师以及职能管理部门等利益相关者，也要与城市、近郊、城镇等进行协调。

4．相关案例解析及思考

日本岐阜县白川乡山麓合掌村从20世纪五六十年代开始，以其独特资源和文化传承的保护性开发为理念，入选世界遗产名录。合掌村以其合掌造与茅屋顶为显著的建筑特色，产业特色有浊酒、养蚕和插秧，被称为“日本传统风味十足的美丽乡村”。

“合掌造”房屋建造于约300年前的江户至昭和时期，现有113栋，其中109栋被指名保护。屋顶为防积雪而建构成60度的急斜面，形状有如双手合掌，因此得名。目前村里依然保留着古老的合作营造方式，渐渐发展起观光旅游业，民宿、餐厅与工艺品店多了起来。

合掌村的成功可以归纳为五个方面：一是村民自发成立了“白川乡合掌村集落自然保护协会”，制定景观保护与开发规则；二是旅游景观与农业发展相结合，农副产品以及加工的健康食品与旅游直接挂钩；三是开发传统文化资源，如传统节日“浊酒节”，传统民俗劳作成为观光项目，供游客参与体验；四是配套建设与本地结合的具有乡土特色的商业街；五是民宿与旅游的结合，对合掌屋室内进行更新而保持建筑特色风貌。

乡村振兴需要结合乡村特色，进行因地制宜的差异化规划；完善共同缔造的规划和实施机制，鼓励村民参与其中进行长期有效的建设和维护；研究适合新形势、新技术的乡村管理模式；强调体验式文化旅游和文化浸润，“乡村振兴”的路径也应是“文化振兴”的路径。

5．无锡市和平社区村庄规划设计

（1）项目背景

2018年《无锡市乡村振兴战略实施规划（2018～2022年）》对实施乡村振兴战略做出阶段性谋划，明确目标任务，细化工作重点，落实重点工程，部署行动计划，强化政策保障，引领乡村振兴在无锡全面有效地实施。另外还推出了《滨湖区农村住房建设管理试点方案》。

在镇统筹基础上，根据各个自然村特色，形成最终村庄分类方案，包括了马山街道、胡埭镇以及雪浪街道的重点村和特色村。本项目位于无锡马山街道和平社区，属于重点特色村。

（2）现状概况

和平村位于太湖风景区马山半岛西侧，西临太湖，背靠三面群山，近临无锡灵山大佛、拈花湾等知名景点，具有得天独厚的发展乡村旅游的区位优势，并获得“无锡首批美丽乡村示范村”“江苏省乡村振兴富民先进村”“江苏省旅游百佳村”等荣誉。和平社区包括牛塘、雁门、北边三个自然村，占地面积约3.57平方公里，现有328户居民，人口1286名。和平社区是一个具有丰富历史文化的千年古村，包括了马灯舞、宣卷等非物质文化遗产以及战鼓墩和东汉龙窑遗址。村内建筑风格多元，路网交通完整，景观环境优美，属于山林型生态村庄，保留了村庄的自然肌理，且村民保留了江南乡村的生活习俗。但村内缺少公共活动场地，产业缺乏特色，自然资源未得到合理的开发利用，人口流失严重。

（3）规划定位与景观设计

和平社区具有山水田园、乡村人文资源及门户交通区位优势，结合马山地区的旅游发展规划，其发展方向为结合农业体验、休闲、餐饮、度假为一体的复合式田园旅游区，总体定位为构筑主客关系一体化的，“宜居宜业、文化品牌、乡村旅游”共生模式的田园社区综合体。

在规划策略方面，提出塑造慢生活体验基地，缔造旅游生态休闲结合地，刻画乡村人与美景的悠闲图景。延续村庄肌理，注重村容村貌保护，考虑村民的生活需求，完善村庄基础设施，重视村庄整体环境的提升，对景观节点进行设计。

在产业发展方面，以现代农业种植、农业采摘、民宿、有机农产品为主导产业，以拈花湾旅游业、非遗文化体验、乡村休闲旅游为辅助产业，以社区养老产业、儿童学习乐园、茶窑文化体验旅游为机会产业。将服务设施、宜居宜业与文化品牌、乡村旅游结合，构建和平社区产业体系，打造“和平特色”乡村体验。

在功能定位上，三个自然村寻求差异化发展。雁门、北边主要发展创意农业，利用良好环境打造风光轴，运用大地艺术（向日葵、油菜花）等建立标志性打卡点吸引游客，从而发展特色民宿产业。业态上，以体验式农业为主，结合四季采摘园，依托乡村文化打造品牌效应，以农事体验作为住客娱乐活动。牛塘村采用“六点、三线、三面，全域联动发展”。“六点”以村内现存的文化遗产为节点，包括“迎客点”战鼓墩、“祈福点”百年银杏、“记忆点”牛塘浴、“体验点”猪舍谷仓、“历史点”龙窑遗址、“打卡点”观太湖。“三线”为景点串联的主要旅游路线：500米田园风光带、牛塘特色民居体验线和田园觅径。“三面”指牛塘村“林、宅、田”特色的空间格局。结合龙窑遗址、银杏古树等文化记忆点规划旅游路线，发展文化体验产品，利用山林空间，发展户外密林探险活动，增加就业机会。

（4）户型设计

根据宅基地占地面积的不同可以分为五种不同类型的户型，满足村民不同的生活需求（图1）。分别是250平方米户型、278平方米户型、296平方米户型、315平方米户型以及 333平方米户型，其中250平方米户型又分为了三种类型可供选择：宅基地面积为135平方米，3层，顶层有露台，南面有庭院，两户拼合后背面能形成后院；宅基地面积为134.9平方米，3层，顶层有露台，侧面有大庭院，两户拼合后各自互不干扰；宅基地面积为132.8平方米，共3层，顶层有露台，一层为公共空间，二层、三层为居住空间，南面有庭院。

各种户型设计的研究，既要从居民生活需求出发，尊重其传统生活方式与习惯，又要满足当代新生活的需求。

图1　不同类型的户型设计效果图

杜守帅，教授，上海大学上海美术学院

规划和设计在乡村振兴中的作用
——以中美实践为例

丁　路

本文通过中美两国相关设计案例对比研究，证明社区振兴对城市与乡村的经济、文化和社会福祉的重要性。

1．美国社区设计中心简介

社区设计中心（Community Design Center，简称“CDC”）创建于2018年，以快速反应设计团队和弹性社区中心两个实践实验室为基础开展设计研究与实践。在设计理念方面契合习近平总书记提出的“产业振兴、人才振兴、文化振兴、生态振兴、组织振兴”的乡村振兴战略，并应用启发式分解方法将“五个振兴”分解成核心设计策略。

美国社区设计中心的工作开展基于五个要素：

第一，产业。村庄现有产业或以技术为基础的新产业是什么？有什么独特潜力？产业发展如何在可持续路径中培养韧性？关键词包括：技术、生产力、轻型制造业、服务业、农业实践、新兴产业。

第二，人才。村庄是否有传统的、独特的或新兴的人才基础，特别是留住有才华和有技能的年轻人十分重要，他们是加强村庄经济和文化的主要力量。关键词包括：传统乡村人才、创新、青年参与、领导力。

第三，文化。村庄独特的文化事件、传说、名人等文化资源，显著的村庄文化特征体现在村庄文化是否有新兴的文化形式可以吸引游客、艺术家和其他人。关键词包括：文化活动、历史传统、工艺美术、旅游、历史传说和故事。

第四，生态与环境。村庄生态环境现状及潜力有多大？山水林田湖草等生态资源与污染情况如何？关键词：环境质量、生态意识、农业最佳实践、雨水管理、湿地保护。

第五，组织机构。社区领导层的谋划布局，是否有创新的举措或项目，是否有证据表明公民广泛参与村庄倡议？关键词：有效的村组织领导、积极的村民参与、新举措的证据。

另外，CDC还依托于大学机构“鼓励跨学科的创造性活动、创新师生互动关系、重视和促进‘设计思维’在解决复杂的社会和环境问题方面的独特作用”等理念作为丰富补充。

2. 美国爱达荷大学的案例研究

（1）爱达荷州卡斯卡德项目（Cascade，Idaho）

该案例为美国爱达荷州中部的一个旅游型社区。这里拥有丰富的地热资源和良好的景观资源，但目前经济衰落，发展趋于停滞，当地人收入非常低，社区领导有急迫改变村庄面貌的愿望。设计组在当地社区负责人的帮助下进行了调研，听取了居民建议，绘制行为地图，拍摄影像资料，数据可视化分析。通过对于商业体系和游客的行为地图的研究，规划了一条符合游人动线的核心商业街区。新建的社区中心具有表演、训练、聚集等多种复合功能。在项目建成3～5年，获批了国家认可的皮划艇旅游休闲度假中心项目。该项目成为一个典型的设计和规划来解决社区没落的项目。这个项目在设计组入驻三年之后，陆续有年轻人和其他设计师跟进了其他设计，在规划的基础上去落地，有源源不断的外部资源输入共同打造社区环境。

该项目成功之处在于：第一，保护并且发掘了当地的自然资源。第二，建立以自然资源为基础的新型经济触发点，包括水上运动中心项目、滨水风光带和湿地公园游览、计划性青年基地等。第三，收获了额外的适老性养老中心。第四，社会层面的参与度提高，一个由当地人自发形成的管理委员会成立，起到社区领导作用，一旦有这种规划或项目引进时，他们就能起到引导其他居民和负责对外谈判工作的作用，新领导层的出现和高度投入的社会群体的赋权为项目带来活力。当然，如何更好利用地热资源，如何借助资源形成湿地公园等还有待未来实现。

（2）爱达荷州阿尔比恩项目（Albion，Idaho）

阿尔比恩拥有丰厚的自然资源与历史文化底蕴，1900年这里就曾建过一所师范学院，19世纪曾为中国移民的聚居地，20世纪初建立的邮局也有将近100年的历史，两公里范围之内有“石头城”国家公园，这里是攀岩爱好者的天堂。

社区里面的利益相关者包括老居民、新居民、投资人、管理者等。研究者将相关人群分为三类：α人群是工作的领导，愿意投入资源，同时愿意深度参与建设，甚至最后要持有股份；β人群是有意愿在α这一类人的引导下跟进，不愿意投入过多时间精力，也可能会投钱；γ人群是一种独立人群，仿佛所有事情跟自身没有关系，这类人群基数最大，却也是设计当中需要争取的人群。项目完成后，可检验通过设计是否可以把γ人群转到β人群，β人群转到α人群，影响人群认知的改变。

设计的过程以手绘草图的方式充分与居民互动，有想法的群众会主动参与规划设计。团队在这一互动过程中征集到十几份草图，然后再用专业性的语言整理绘制，再次与居民沟通。最后，校址改造为区域的会议中心，同时将城区的废弃商业街进行重新梳理和打造，引入了很多的社会资源。

设计驱动的社区开发过程带来重要的启示：当地出现了一个具有明确目标和优先事项的新老居民组成的有组织、协作的社区领导层，参与式社区开发能够提高对当地人才和社区服务的认可度和价值。原计划将一个中国人开设的洗衣店置换为一个区域性博物馆，彰显中国劳工在历史上对地区的贡献，但由于资金的缺乏并未建成。

（3）爱达荷州考德威尔项目（Caldwell，Idaho）

考德威尔是一个典型的衰落的美国城市，有大量的年轻劳动力，教育水平较低，工作机会较少，犯罪率较高。城市基础设施因为没有税收逐渐破败。一条河流贯穿城市，河岸淤积严重，垃圾成堆，一到洪水季就会泛滥成灾。CDC团队介入设计后，联合建筑学、工程学等专业人士，经过5年时间的沟通规划，最后获得了城市的投资人以及政府的支持。

设计通过点亮既有河流从而激活整个社区。拓宽河岸，配以当地的湿地植物恢复生态，河道和湿地系统能够承载前半小时的暴雨量，给排水系统赢得了时间，有效地避免了洪涝的发生。河道上的桥梁由两侧拆除的工业厂房的材料重新熔炼再利用建造而成。

该城市的中央公园原来界面封闭，设计团队打开界面，将其设计为一个社区聚集的场地。公园还具有使用的弹性，夏季是宜人的公园，到了冬季，成为溜冰场。通过设计的介入，降低了当地的犯罪率。两年后，爱达荷大学对外拓展中心和当地的政府签约，成立了科研中心，建立了人类学实验中心，使不同种族的人们通过社区文化中心进行分享和交流活动，逐渐弥合种族之间的隔阂。在这个项目建成后的三四年内，就为这个区域带来了约2500万美金的直接和间接收入。

3．国内的乡村振兴实践案例

江苏省镇江市上党镇汤岭村项目，以微小尺度的景观设计作为更新策略。采用创新的定量视频分析方法和定性研究方法，结合空间规划理论，寻找农村社区用户的行为模式与空间特征之间的关系。从乡村振兴现代化中的治理能力研究、乡村开放空间系统热舒适度变化及其影响机理研究等方面寻找切入点。

杭州市建德市甘溪村项目，通过慢城理论的介入进行更新，旨在打造一个充满活力的乡村新社区。慢城理论主要目标是：让生活在城市环境中的每个人生活得更好，改善城市的生活质量，抵制全球各地城镇的同质化，保护环境，促进各个城市的文化多样性和独特性，为更健康的生活方式提供灵感。

江苏省南通市海门东布洲科学城项目，以艺术介入乡村振兴的思路进行实践。该地区位于城乡接合部，保留有10栋农居，政府要求开发商引入艺术家打造艺术家街区。这10栋民居是一个城乡结合的先行试验田，设计团队提出了数字化、融合化、共享化和生态化的概念，组织了以艺术为名的系列活动。选取了其中两栋建筑重点改造为艺术工作室，以艺术化的手段介入当地人的生活，产生社会凝聚力。策划的艺术活动分为：访谈、故事收集、设计、策划、策展、布展和邀请专家及居民前来参与活动等环节，项目探讨了城乡融合背景下各类人群在乡村中的认同感与归属感，并积极鼓励周边居民主动参与到项目建设中。

丁路，副研究员，爱达荷大学弹性社区中心（CRC）

民宿的发展与现状

郭晓阳

我国民宿的大规模发展主要始于2014年8月国务院发布的《国务院关于促进旅游业改革发展的若干意见》，意见中提出要大力发展乡村旅游，依托当地区位优势，突出乡村特点，开发一批形式多样、特色鲜明的乡村旅游产品。该《意见》表达了将乡村旅游与乡村建设相结合的指导思想。2016年1月中央“一号文件”第15条中明确提到“依据各地具体条件，有规划地开发休闲农庄、乡村酒店、特色民宿、自驾露营、户外运动等乡村休闲度假产品”。在相关政策的积极推动和乡村旅游需求的双重导向下，民宿得到了快速、规模化发展，但乡村民宿大量兴建的背后仍然存在同质化、酒店化和管理无序等问题。

1．全球各地民宿发展情况

追本溯源，民宿可以算是酒店业的鼻祖。在公元前5世纪的古希腊，大量的宗教信徒常常前往宗教圣地进行朝圣或参加庆典，大量旅客留宿于当地寺庙或居民家中以解决饮食和住宿问题，这被认为是民宿的雏形。而乡村民宿最早见于18世纪的欧洲，达官显贵们到乡村中度假，租用农家房屋避暑。民宿作为一种用以经营的行业，大致从二战后才开始。

英国的现代民宿起源于二战后，在英国的美军回国前在英国游览，但因战后酒店等基础设施破坏严重，很多英国家庭便用自家空房来接待他们，并为其烹饪，充当导游，收取相应的报酬。美军撤离后，仍有很多人前来旅游，延续了民宿的发展。由于民宿的经营主要提供的是住宿和早餐，因此得到了B&B（Bed & Breakfast）的名称。英国民宿的特点主要有：一是等级制度，民宿与酒店业类似，有等级制度，共分为四级，依次为列入（listed）、一冠（1crown）、二冠（2crown）和三冠（3crown）；二是法律健全，政府制定了如消防、室内改造许可、食品安全等法规规范民宿行业；三是政府会主动为农户提供经营方面的咨询和训练课程。

美国民宿的发展比欧洲晚一些。20世纪70年代后，美国人的旅游方式发生了很大的改变，对原真自然的追求和对历史文化的探讨使得乡村农庄民宿大量发展。在美国，民宿被称为“homestay”，强调了其家庭属性。据统计，美国加州地区在1982年约有1200处民宿，到了1993年，这一数字就增长为9500处，可谓发展迅速。近年来，美国民宿发展借助预订网站爱彼迎（Airbnb）有了长足发展。网站使用方便，效率高，设计精美，服务好，大大提高了空置房屋的利用率，吸引了大量的出租者和租房者，使民宿的概念风靡全球。

日本的民宿业是由租借民居歇脚或暂住而兴起的行业。它是由一些登山、滑雪、游泳等爱好者租借民居而衍生并发展起来的，多位于山水奇险之地。这些地区逐渐发展为旅游观光胜地，民宿的受众也扩大为普通旅游者。日本民宿的发展，是日本经济腾飞背景下商业经济的产物，富裕的物质条件使得普通民众开始关注休闲旅游，民宿业迅猛发展。据昭文社1997年《全国民宿》记载，1970年前后的全盛时期，全日本民宿曾达到2万余家。根据经营方式的不同又可分为“洋式民宿”和“农舍民宿”两种。洋式民宿由日本旅游部门主管，西式建筑风格，经营者大多是白领阶层转行投资专业经营，且多为家族经营模式。农舍民宿由日本农业部门主管，借观光住宿提供额外收入来弥补农业收入的不足。农家民宿的经营有公营、农民经营、农会经营和第三部门经营等形式。日本民宿管理规范，营业必须先获得营业执照，有各种法律条款约束经营。同时，还充分结合当地的农作活动、手工技艺、环境资源等提供特色体验服务。日本乡村建设可复制的经验在于：一是明确乡村建设的长期性和持续性；二是以人为本、关心本地人的生活状态、生活品质；三是对生态环境高度重视，环保理念在各个细节一以贯之；四是重视非营利组织（NPO）、高校在乡村建设中的作用。

总结以上地区的经验，民宿的发展需要规范管理与良性竞争，在未来的发展中对专业性、特色性、品质性和体验性等都提出了更高的要求。

2. 民宿在我国的形成和发展

我国台湾地区民宿的发展最早可追溯到20世纪80年代，出现在垦丁、阿里山等景区。由于酒店住宿不能满足大量游客需求，因此当地人家以家屋招揽游客，提供基本的住宿功能。1981年还订立规则辅导居民利用空屋与当地特有环境经营民宿以增加收入。“传统农业”逐步转型为“观光农业”，民宿成为台湾地区的新产业。2001年，推出《民宿管理办法》为民宿的选址、规模、设计、设施、申请登记要件、管理监督及经营者应遵守事项制定了规范，将民宿业定义为农林渔牧业的附属产业。台湾地区早期民宿大多以家庭副业的方式经营，随着旅游业的发展和商机的扩大，逐渐发展为家庭主业，甚至地产投资者、城市白领等都纷纷加入进来，促成台湾地区民宿在品质、服务等方面的精品化。各县市也分别成立自己的民宿协会，便于规范管理，促进民宿的整体发展。

我国大陆地区的民宿主要指利用合法的民房、农村宅基地、集体用房等民居资源，结合当地自然人文景观与生态环境、社区生产生活特色，基于合理的设计、修缮和改造，以家庭副业或旅游经营的方式，为游客提供的小型住宿场所。

改革开放以后，民宿首先在一些著名风景区发展起来，如在浙江杭州西湖附近，云南大理、丽江等地，出现了由当地居民利用自家住宅剩余空间为游客提供住宿和餐饮服务的民营客栈和农家乐等。随着近年来生态、环保、乡土记忆、深度旅游等议题成为热门话题，我国休闲旅游业的发展方向也有返璞归真的趋势，乡村民宿成为城市居民舒展身心的度假优先选择。各地纷纷因地制宜开发乡村旅游活动，创造了在乡村中建造度假酒店的土壤。而建于风景区和乡村环境中的度假酒店通常价格高昂，各种设计和服务又不够“接地气”，难以给人提供真实的当地生活体验，这为精品乡村民宿的产生和发展创造了空间，如在浙江德清莫干山地区，以“洋家乐”为代表的精品乡村民宿逐渐发展成了一个品牌。政府还专门出台了德清县民宿管理办法和等级划分标准，无论实践还是政策都走在了全国前列。

不管是传统的农家乐，还是现代语义下的民宿，作为一种有别于城市酒店、宾馆的接待设施和经营行当，在快速发展的同时需要深入认识民宿发展的经济与社会作用，理性分析民宿的资源特性、产品特点和多样化的经营方式，需要清晰地界定民宿行业发展的边界与特征，从而便于行业定位与管理，并指导民宿相关政策的制定，科学促进民宿业的健康、持续发展。

某种意义上讲，乡村民宿和文艺客栈从乡村旅游的接待设施变成了风景本身。作为风景的乡村民宿是建筑与乡村环境的结合，是风格化的观看对象。乡村民宿的发展与地方旅游产业的发展密切相关，政府能够通过旅游开发、旅游促销等方式为民宿创造更多的客源，并能够提供相应的咨询及帮助。并且民宿的发展为乡村提供了高质量的旅游产品，随着民宿与农业、文化、康养等产业的深度融合，能够有力推动乡村旅游产业的转型升级。

目前，民宿按开发模式可分为局部改造和整体改造；按经营模式可分为传统型乡村民宿和专营型乡村民宿；按照空间完整性可分为具有独立功能的单体建筑和功能分散的组合建筑；按照建造方式可分为新建型和改造型；按照环境类型可分为传统型（以历史建筑或保护区内建筑为依托）、风景体验型（以自然风景为依托）和农业休闲型。

民宿需要标准化与特色化建设。政府应加强标准化管理，出台相关政策和制度，同时推动民宿经营者与游客积极参与，并通过科学系统的培训提高从业人员的整体职业水平和经营服务能力。同时，强调民宿的特色化建设，具有地方风格和当地人文情怀是民宿的最大特色，是民宿与其他酒店或宾馆的重要区别，也是招揽客源的重要因素。

民宿发展的共识与行业特征主要表现为：首先，民宿提供的是一种个性化、精细化的非标准住宿体验产品，不在于规模、档次，而在于居住体验；其次，民宿应能够融合当地文化、农业和创意等诸多要素，形成“民宿+”这一复合化的综合消费链条；另外，民宿业应扎根民间，依托于民居、民宿，强调社区整体营造和生活性。

3．我国民宿发展的价值、问题与机遇

首先，民宿是撬动当前旅游供给侧结构性改革、乡村振兴发展的重要支点。正因为民宿投资小、经营轻、追求美，反而更容易吸引大量的社会中小资本、众多的高知高收入人群，通过盘活闲置的房地资源，创造独特的民宿体验产品，营建宜居、宜游、宜业的新聚落、新社区，活化本土文化，延续乡村生活，增强了乡村文化自信，从而真正振兴了乡村经济、文化与生活，让城市与乡村良性互动、融合或协同发展。

其次，民宿的乡土文化内涵丰富，包括其自然地理条件决定的天然乡土性、民宿物质和精神形态的乡土韵味和民宿业主的乡土情结。发展民宿，有助于保护与传承中国传统乡土文化，从而推动乡村旅游业、增加农民收入，而非简单的“文化搭台，经济唱戏”。

另外，应该充分意识到在乡村建设的实践中，以民宿发展助力乡村振兴的具体路径主要有：一是以产带链，促进乡村旅游链延伸发展；二是以小见大，促进乡土文化的回归和构建；三是以产引人，吸引“新居民”以及乡建人才回流；四是以点带面，促进乡村全域更新改造。

从当前的实际现状来看，数量庞大的“农家乐”队伍仍然占据了乡村住宿建筑的主导地位，其“品位低端、产品单一、缺乏互动、消费力弱、体验性差”等弊端已经凸显。同时也要看到，我国各地特色民宿有很大的发展潜力，特别需要深度挖掘各地独特的乡土文化，重组碎片化的物质文化要素，凸显农耕文化；传承非物质文化，实现乡土精神回归；吸引农村原住民的回归，引发乡土文化自觉。

郭晓阳，教授，苏州科技大学建筑与城市规划学院

乡村风貌基础研究

刘　佳

1．风貌的概念及内涵

“风貌”一词在《辞海》中释义为“风格和面貌、风采相貌或景象”。环境设计领域，风貌可理解为是基于人居环境建设中关于人文特征和物质环境规划层面上的外在表现。风貌最终通过视觉表征给人形成印象并被人感知。2005年7月建设部颁布的《历史文化名城保护规划规范》中将“风貌”定义为“反映历史文化特征的城镇景观和自然、人文环境的整体面貌”。

村镇风貌是随着历史的变迁，在村镇自然环境和人类长期生产生活中逐渐形成的、具有代表性的乡村物质空间与非物质空间的总和。村镇风貌是衡量当地人居环境、自然生态景观和传统历史文化的载体，在某种程度上能够反映所属地域和城镇区域的特征。“风”是“内涵”，属于人文历史的隐性特征，更多表露社会气息，主要指的是村镇承载的一种乡村社会的非物质文化内涵，是村镇的灵魂，表现在人的精神内涵中；“貌”是“外显”，是具体的表现方式，是村镇的物质空间，是村镇的自然、文化和社会的综合和集中表现。“风”在一定的范围内属于“貌”，同时以“貌”为框架，“貌”是“风”的集中表现，二者相互依存，共同传达村镇生活的精神取向和环境特质。

在《辞海》中“传统”一词为“从历史上沿传下来的思想、文化、道德、风尚、艺术、制度以及行为方式等”。由此，传统风貌的概念可以理解为：历史村镇经过长期发展而形成的独特风格与面貌；由展现历史村镇传统文化特征的建筑空间要素（如传统建筑、街巷空间等）、包含特有文化内容的自然环境要素（如山水格局、自然植被等）及具有传统文化内涵的人文环境要素（如传统艺术表演、节日庆典等）等共同组成的综合表征；反映和表现了历史村镇某个特定历史时期的文化底蕴、精神面貌及物质空间特征。

不同地区的历史城镇乡村由于建筑特征、自然景观与人文风情的不同，受地域的影响，形成了各自特色鲜明的整体风貌。

2．风貌研究的意义

历史文化名村名镇风貌大都是一种非规划式、自组织的内生环境适应型空间秩序，与新建城镇和乡村规划中的理性秩序具有逻辑上的不同。因此，对历史文化名镇名村风貌的研究具有重要的意义。

首先，通过研究历史文化、空间尺度、生态机制、人文情感等方面的特征，能够凸显历史文化名镇名村传承与创新的意义和价值。其次，对风貌的研究，在生态环境可持续性、人居环境的适应性、时空共融性、情感归属性等方面都具有突出的优势和价值，对新的村镇建设亦是重要参考。第三，村镇风貌是一种宝贵资源，将这种独特的文化与记忆资源最大化利用，是促进并实现乡村振兴的重要途径。

3．苏南古镇风貌研究的对象

苏南地区有着独特的自然地理环境，以茅山山脉为界，其东部为太湖平原，西部为宁镇丘陵，太湖平原河网纵横，湖泊棋布，京杭大运河以及长江纵贯其中，便利了交通运输、商贸活动的交流。各村镇依水成市、因水成街是苏南历史村镇一大特色，尤其是以太湖流域作为便利的灌溉通道，从而使得古镇的分布多呈沿湖、沿河集聚布局。

风貌主要由自然景观和人文景观构成。具体来看，苏南古镇的自然景观主要指其独特的山水格局和地质风貌，包括山峦湖泊、地形地貌、农田植被、河道沟渠等。人文景观包括物质景观和非物质景观。物质景观又包括了乡村的整体聚落空间格局、街巷肌理与公共空间、民居建筑、园林建筑、寺庙及祠堂建筑、书院建筑、古井古桥、古树名木等。非物质层面景观包括传统建造技艺与流派、居民的生活习惯、地域民族特色、乡村历史和民俗文化等。

4．风貌的研究历程

关于风貌的研究历程，最早始于对城市风貌的研究，而后发展为对城乡人居环境风貌的整体研究。

（1）老城区的风貌研究

改革开放后，粗犷的城市建设模式带来城市面貌及结构同质化的问题，城市老城区面临着物质环境老化、产业结构衰退、社会结构衰败、历史风貌损毁等各种问题。由此，有关“城市特色”的研究首先被学者所关注。20世纪90年代以后，保护历史文化名城、历史街区和历史建筑等工作成为城市风貌保护的起点，青岛、上海、天津等城市均纷纷出台了城市风貌保护规划。2000年以后，随着城市历史风貌保护区的确定，老城区风貌保护研究进入繁盛阶段，主要在城市规划领域形成了以风貌规划编制为主的保护性控制研究、风貌保护的基础性认知研究、多视角的老城区风貌保护研究等专项探究。2015年以后，随着中央“城市双修”等系列政策的提出，研究更加多元。研究方法上，在整体性的保护框架内，强调历史风貌的微保护、微更新和参与式设计，并将理论与实践相结合；研究内容上更加具体，如针对居住密集型老城区、生活型老城街道、色彩规划保护等研究。

总的来说，国内对老城区历史风貌的研究呈现从“古城”到“老城”、从“城市特色”到“城市风貌”、从“旧城整治”到“老城更新”、从“整体保护”到“微观修补”、从“物质更新”到“多元复兴”的大趋势，在研究概念和范畴、方式和方法上都在不断拓展完善。

国外相关研究在城市保护的基础上经历了城市更新、城市再生到城市复兴的不同阶段，其过程反映了社会文化转型、经济社会结构转向以及社会价值观念变化等内容。20世纪60年代，城市更新的重点在于对旧城衰败地区物质形态的重建改造。20世纪70年代，以振兴城市经济、增强城市影响力为导向的城市再生运动，由于资本介入及对人的漠视，产生了系列问题。这一时期，人本主义思想、系统论及可持续保护思想对城市规划、老城保护、建筑遗产保护等领域都产生了重要的影响。20世纪90年代的城市复兴重点转向塑造人文城市及培育社区等内容，追求城市的综合发展。进入21世纪，在设计行动主义、设计正义等观念的带动下，参与式规划、协同式城市设计等理念不断涌现，为我国老城复兴研究带来了新的观点。

值得强调的是，国外将老城风貌视为一种公共资源，风貌的引导和控制在法定规划中得到体现。各城市以城市设计导则（指南）、城乡规划法、保护区设计导则等方式，详细地对老城区风貌的构成要素进行规定，有效地引导与控制了城市保护与更新工作。

（2）村镇风貌研究综述

2007～2015年间的村镇风貌研究，主要集中于村镇风貌特征价值、形成演变、保护与发展等方面，强调历史延续性和文化传承性，深度和系统性还有待加强，但早期的研究为村镇风貌的深入研究提供了广泛的基础资料与参考。

2016至今，相关研究更加科学、分类更加具体、研究视角和研究方法更加交叉多元。从村镇“文物保护”走向村镇“文化遗产保护”；旅游研究、风貌的资源普查和鉴定、定量数理评价、非物质文化遗产以及学科之间交叉融合等开始增多；逐渐注重民俗节场和特色营造的研究，从而实现文化价值的提升；注重对风貌新旧关系的深入研究；研究的方法也从以定性研究为主，转向定性、定量研究相结合的方式。

自20世纪80年代以来，西方各国乡村风貌的相关研究内容多样且深入。如乡村风貌的景观溯源与变迁研究，乡村景观和人类活动对乡村风貌演化的影响研究，农耕方式的变化对乡村景观格局的影响研究，城镇的聚集作用对乡村风貌的影响研究等。还有从生物多样性保护、生态规划理论和方法体系构建、生态网络体系构建等方面进行的多元视角的研究等。

5. 我国村镇风貌的演变历程

我国乡村的风貌演进可以分为原始乡村风貌、农村公社乡村风貌、改革开放后混杂乡村风貌、十六届五中全会以来社会主义新农村风貌、新时代乡村振兴背景下的乡村风貌等几个主要阶段。

自然原始的乡村风貌时期，主要是新中国成立前的传统乡村，乡村以传统聚落自组织的形式出现。乡村风貌在物质空间层面依托自然环境，表现为环境稳定、结构简单、形态自然的状态。计划经济时期农村公社乡村风貌，主要是1950～1978年间，在集体经济干预下的，具有强政治性和集体性的“特殊”乡村风貌，许多乡村风貌要素与特征并非村民自发形成，同时一些地方风俗、宗教建筑等传统要素也在体制整合中被削弱。改革开放后的乡村风貌，指1979～2002年间呈现的自由混杂的风貌。随着20世纪80年代末乡镇企业的崛起，以及20世纪末盲目的现代风貌思潮，传统乡村风貌在一定程度上遭到破坏，建筑更新与特色同步缺失，自由与混杂并存，呈现“不城不乡”的状态。社会主义新农村风貌时期，指2003～2013年，在社会主义新农村建设开展的背景下，随着改革的深化、人地矛盾冲突和变化加剧，在环境改善的同时，物质空间繁荣与人文社会的削弱同步发生。

乡村振兴新时代，指2014年以来，特别是党的十九大报告中提出乡村振兴战略以后乡村风貌进入到战略性、系统性、多元性建设时期。乡村风貌的营造在政府的主导下，更加重视村民主体与社会力量的发挥，地方乡贤与社会各界资本、科研院所、高校等力量共同参与到乡村建设中，也激发了乡村的内生发展动力，极大地改善了乡村的人居环境品质。

刘佳，副教授，江南大学设计学院

第三部分

设计创新与设计实践

大地的情愫——乡土景观思考与实践

孙 翀

风景园林是大地的学科，承载了各地独特的自然条件和风土人文。如何理解乡土景观？一种理解是具有地域性和本土性的景观，另一种理解是使用轻触的设计手法和具有本土传统手艺的、低技术的景观做法。下面以“生土”“赤土”“红土”“褐土”相关的四个实践项目为例，对乡土景观的设计展开思考。

1．“生土的传承”——昆明滇池古村

（1）设计调研与分析

云南省昆明市乌龙村拥有丰厚的文化资源。这里自古就有“山居宛卧龙，海近乃曰浦”之说。“浦”字是水边或河流入海的地区。历史上乌龙村就是一个被滇池环绕的村落，入夜，渔船灯火与天空星月交相辉映，是为“渔浦星灯”。长久以来，形成了农田种植的生产、生活方式以及耕读传家的文化。生态资源方面，乌龙村“靠山”“濒湖”“水绕”，自然条件优美，周边资源条件丰厚，为农业和渔业发展具备了良好条件，但是场地内缺乏可持续生态系统。滇池古村集平地、山地、湖湾为一体的农耕渔猎文化的多样性是其独特之处。场地地形方面，整个古村的空间格局为西面陡峭直接临湖，西高东低，因此西南风强劲，秋冬寒冷，北面是湖湾，也是河流入口，并且七星山和山下建筑相互关联，但场地过于平整单一，一眼望穿。水文条件方面，场地内水来源于滇池抽水和山体径流，虽然周边滇池有丰富的水资源，但是现有的水质不能为灌溉使用。抽水站位于山脉最低点，可将滇池水引进，进行净化后引到村庄，滇池水也能通过周边湿地系统净化后引进村庄。

（2）设计定位

乌龙村拥有独特的资源和环境，虽然文保建筑仅9栋，但它具有滇池流域传统村落的独特性，见证了昆明城市和地区的发展，承载着深厚的文化积淀，规划建设成效可作为一个古村建设发展的典范，为更多同类型的古村提供参考借鉴。

整个古村发展的核心价值应以农业为主、渔业为辅，兼具商品集市贸易，将古村的农耕文化、建筑文化、宗教文化、乌龙山滇池（山水文化）及民俗文化作为核心文化进行发展。因此，整体项目主要围绕“山、林、湖、田、舍”展开设计，综合运营思维、历史文化保护及自然资源保护，综合效果、经济和时间的考量，修订概念规划和织补逻辑。

为保证乌龙古村持久的生命力，通过“梳理村落肌理演变，修复村落街巷风貌，修补塑造空间格局，经营业态分类分布”的设计方针来重塑村落风貌。

（3）整体空间规划

整个乌龙村以历史文化价值为判断依据，规划理念将“有”与“无”的图底历史轮回作为重点，其中“有”指房屋，实体空间，即图；“无”指街巷，虚体空间，即底，通过“图”与“底”之间的关系织补整体空间。一方面，做到引水灌溉，内村外田。将乌龙村内的垂恩寺、关帝庙和郭刘宗祠等从水口方向逐渐向东部扩散，依托内村外田的传统村落特征，借助灌溉沟渠划分村落空间，沟通整体村落南北格局，排水渠串联街巷。另一方面，修复村落街巷连续度，进行风貌保护、修复。针对村落的肌理缺失、尺度失衡、街巷空间与公共空间缺乏关联的现状，通过设计规划使村落肌理完整紧密，串联恢复街巷空间与公共空间的节奏感（图1）。

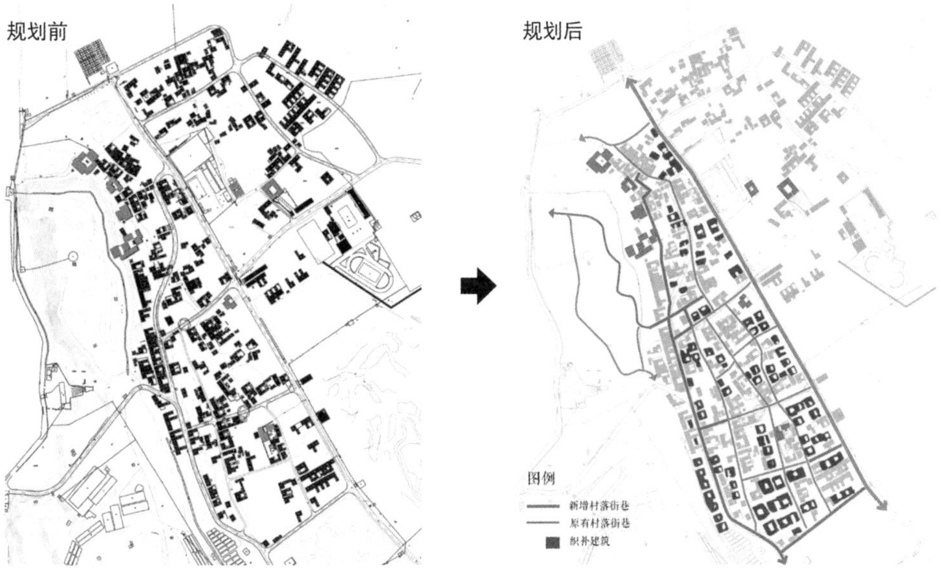

图1　村落肌理修复前后的对比

（4）景观空间规划

从乌龙村聚落结构的形成入手，尊重村落肌理演变，因形就势分布聚落格局，注重不同层次的空间尺度，形成有层次的网状格局。将乌龙村内部的公共空间划分为公共绿化空间、公共模糊空间、半公共模糊空间和私密模糊空间，公共绿化空间尺度较大，作为公共绿化节点；公共模糊空间是几个聚落间的共用公共空间，也是分隔聚落的“间隙”；而半公共模糊空间是利用聚落与聚落、建筑与建筑之间形成的局部异形空间，也是建筑与巷道间的过渡空间，形成连续而不重复的场景特色，可用作建筑的前场陈设、外摆、休闲空间等；私密模糊空间归属感更强，可作为建筑的前院、侧院、后院，提高建筑的空间品相。最终，整个乌龙村景观规划经历“拆前原始未破坏的图底关系——拆后拆除适当的建筑体量，图底关系丧失——规划后图底关系的恢复”三个循序渐进的步骤。

（5）风貌控制策略

根据乌龙村风貌特点进行风貌控制，70%属于风貌复原，即原样修复，使用传统材料、传统工艺与传统设计进行复原（图2）；20%属于风貌协调，将源于传统、传统材料、传统工艺与现代设计有机结合；10%则是现代协调，通过现代演绎的手法，运用现代材料、现代工艺和现代设计融入古村风貌，体现乌龙村当代化的传承和变化（图3）。

图2　修复后的乌龙村风貌

图3　具有传统意蕴的新建公共建筑

因此，设计团队运用产品思维进行设计思考。从保护维度看，要充分考虑风貌和制式的原真性、肌理的完整性；从运营维度看，需要适度标准化、功能多元化、高溢价赠送。将风貌分为五种类型：一是文保建筑依据保护法进行严格保护，做到风貌保真；二是存量建筑的局部修缮，延续传统外观风貌，做到风貌复原；三是增量建筑原址新建，延续传统外观风貌，做到风貌保持；四是存量建筑落架重建，风格在传统风貌上微创新，做到风貌协调；五是原址新建的增量建筑，现代风格与传统风格协调并存，做到风貌和谐。

从产品运营分类的角度看，打造多种产品模式：模式一是文创办公，属于自持并以公益性功能作为主营的经营模式；模式二是文创商业，属于自持并以商业性功能作为主要的经营模式；模式三是销售内向，以内向业态（度假居住、民宿客栈、酒店、旅居办公、工作室等）为主要的经营模式；模式四为销售外向，以外向业态

（餐厅、酒吧、咖啡、茶室、零售、作坊、书吧、瑜伽、SPA等）为主要的经营模式。

（6）产品策划原则

第一，力争价值潜力。力争创造具有可持续发展的价值潜力，避免短视，即短时间快速释放“古村”的商业价值，吸取“周庄、大研、双廊”等古镇的发展经验，使乌龙村保持长久的吸引力和价值递增。

第二，保持原真性及多元性。在利用和活化的同时，仍保持原真的质朴和真诚。采用多元化的保护手段，处理和营造多元丰富的场景。场景适度、适合、适用，该旧则旧，该新则新，可新可旧，可热闹可安静，可高雅可大众。

第三，坚持价值平衡。业态源于项目资源特色，并且要和市场需求相结合，业态组合总体效益达到平衡，公益性、半公益、经营性项目合理配比。同时，既要主动控制符合项目定位的核心业态，也要主动地“留白”，促进吸引优质的民间资源和经营困难的业态进驻。在项目整体定位的基础上，各开发阶段能各自成篇，各有主题，相得益彰。

（7）总结

乌龙村项目结合了“物态+文态+业态”的文化保护方式和“古法复原+当代生活”的设计方式进行整体规划。“物态”包括修缮重建、古法重建、文保建筑和自然基底，即从整体风貌立面街区的空间中感受原有村落的状态和尺度的延续。“文态”包括渔浦星灯、耕读传家、儒商文化和民俗文化，承载乌龙村历史文化的深厚底蕴。“业态”包括耕读书院、博物展馆、原乡茶室、大师工坊和原野民宿等，激发乌龙村后续发展活力。综合社会、经济、文化和空间等多维度，基于运营思维整体考量，将古村进行分段修复和景观空间的重构，规划、建筑、景观等多专业并行，并且研发出土坯墙的保护办法、土坯砖的制作工艺、木构架的做旧工艺等，以古法制作与保护对古村落进行修缮，最大程度呈现乌龙村的历史文化气质。未来的乌龙古村，必将“望得见山、看得见水、记得住乡愁”。

2.“地理的馈赠”——普洱康养小镇

普洱康养小镇位于云南省普洱市南部，当地的土壤和水土环境造就了种植、制作普洱茶的生产和生活方式，其普洱茶是以地理标志保护范围内的云南大叶种青茶为原料，并采用特定的加工工艺制成具有独特品质的茶叶。

小镇规划通过当代文旅结合产业的形式进行升级变化，定位为“康旅+茶咖+地产”的复合型康养旅游小镇，打造成全产业链体验的项目，实现多元复合、文化灵魂、产业创新、环境导向的发展成效。设计构思则围绕“内省外延，全方位六感之体验”为主题，以“心之行旅，六感研习”为概念核心。六感研习即沉浸式普洱文化体验，将嗅、味、触、视、听、心六种感觉融入整个场地空间与体验流程中。

在景观规划方面，整个茶文化体验可分为自然而然、融合自然和体味自然三大板块。自然而然板块包括问泉声、松间径、净心亭与花之径；融合自然板块包括云林间和云顶之境；体味自然板块包括品茶台、采茶间、茶嬉谷和归心亭。在空间体验方面，提出建筑室外业态串联、业态复合的设计策略，即在物理空间上由户外到室内移步体验中心，使普洱的“味道”萦绕游客左右（图4）。

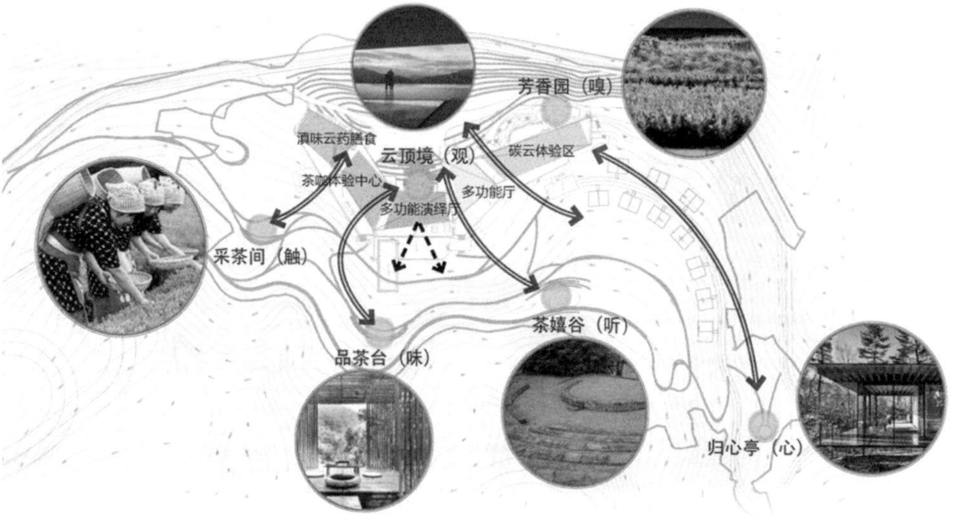

图4 普洱康养小镇空间体验示意图

3.“红土的链接”——南昌红土公园

图5 南昌红土公园

红土公园位于江西省南昌市近郊，靠近安义古村落和梅岭旅游区，是以红土为主要特色的自然公园（图5）。这片红土的地质学名称是网纹红土，是第四纪冰川期及后续的鄱阳亚冰期的冰喷物经湿热气候条件下淋溶和风化的产物，其断面特征为不同年代的红色土层中夹杂着蠕状白斑状红泥，所以又称蠕虫状红土。

红土是酸性土，能在其中生长的植物品种非常有限，多是马尾松等先锋类树种，整个基地面临生态环境脆弱敏感、水土流失冲刷和动植物多样性失衡三大问题。因此，在最大程度尊重现状地质和植被的基础上，确立“低造价、低维护、低介入”的设计原则，提出“面状修复，生态修复保护；带状串联，建立交通廊道；

点状塑造，创造活动体验”的策略。

生态修复层面上，采用林相更替和水源涵养的策略。林相更替策略的时间跨度为3年、10年和30年，其中3年主要培育一层至二层群落，以“乔木+亚乔木+地被”的层次进行搭配，并引入先锋物种。10年主要培育二至三层群落，同样以“乔木+亚乔木+地被”的层次进行搭配，形成常绿针叶阔叶混交林。30年主要培育四层群落，属于常绿阔叶林，以“乔木+亚乔木+地被+草本”的层次进行搭配。通过自然更迭的方式使各植物品种相互竞争与成长，达到低维护的成效，改善红土公园土壤问题，恢复多生物栖息环境。水源涵养策略将场地从竖向上划分为四块区域，在红土区域的低洼冲沟处选择喜湿的旱生植物，固结土壤，涵养水源，降低水土冲刷影响。中间马尾松林区域的植物通过呼吸作用，将有机物氧化成水和二氧化碳，植物根系蓄水固土，改善土壤持水能力。地被植物区域选用依靠自然降水就能生长的籽播宿根类植物，降低土壤黏度，增加土壤吸水性。边缘大片马尾松林区域保留原有植被，增加先锋类物种演替，逐步改良红壤的营养与酸碱度，群落结构逐步更替至稳定植物群落。

交通串联上采用慢行栈道体系，将观景平台、观景栈道、驻足栈道、松林栈道等分散在内部的节点和空间，在保证场地雨水径流通畅的情况下以低介入的方式形成栈道体系，串联公园各处自然景点，并通过不同朝向和尺度的观景平台给予游客极佳的赏景视野，结合生态树林让游客在公园中感受大自然的魅力。另外，为突出乡村自然风景的拙朴之美，现场取土，先粗筛后细筛，并区分红土、黄土分层，加混凝土纤维骨料搅拌增加密度和强度，再用人工和机器的方式把土夯实，夹板固结保护，以夯土建造这一种低造价、回归传统的方式回应场地网纹红土的地质构造，塑造公园入口处的夯土挡墙。

4.“酸土的给养”——安吉小杭坑露营地

安吉小杭坑露营地位于中国竹乡——浙江省安吉县夏阳村。夏阳村依山而建，气候四季润泽，自然资源优越，盛产适应酸性黄褐土的毛竹，是一处绝佳的自然观景地。村内建筑质朴，现保留花灯和竹编两项民间艺术，具有多元交融的地域特色文化。随着当下生态露营现象逐渐火热，安吉小杭坑露营地设计规划以互联网结合乡村休闲游为切入点，打造安吉小杭坑露营地这一品牌，原生态自然化地呈现安吉小杭坑的秀丽乡村景色。

营地设计上，贯穿“自然永续+质朴原乡”的风格调性，整体设计策略从低碳环保、在地融合、动线梳理、水系梳理四个方面出发。其中，低碳环保采取低介入和低维护、挖掘可再生资源、雨水净化与自然水体净化、生物降解等系列措施，来保护原生自然环境；在地融合即提取当地原木、河卵石、砾石、原生竹等在地材料和自然元素进行设计；动线梳理是对小杭坑露营地进行流线优化和静态交通整合；水系梳理则针对露营地滨河区域种植生态草沟，维护水系生态条件。

小杭坑露营地的核心区主要包括中央露营区、帐篷公共服务区以及拎包入住区，增加了如餐饮外摆、自然教育外摆、篝火草坪等体验式活动业态和内容。同时，结合不同的区域特点，利用原生水文环境打造融入自然的泡池，形成更独特的观景体验。在提倡“碳中和”与“生态文明建设”的时代背景下，营地建造了生态厕所，保留原生植被，使用低碳和原乡材料，并从雨洪管理和水体净化等方面构建生态零废营地。

品牌效应上，通过“互联网+聚集变现”的方式把品牌流量和影响力引入安吉小杭坑露营项目中，以小红书平台的“品牌和影响力+流量优势+合作伙伴”的专业能力，流量赋能乡村，文化旅游振兴乡村。通过特色市集、农产品推荐、乡村创业、家庭农场等多元活动，吸引目标受众体验田园美学、乡村生活方式，重新认识乡村，给乡村带来活力，这也是乡村文旅开发模式和逻辑的创新探索。

5. 总结

以上项目中，乌龙村基于历史文脉进行更新设计，普洱康养小镇基于特色产业规划方向，红土公园基于自然资源修复场地，安吉小杭坑露营地基于城乡空间的开发逻辑发展业态，各具特色。可以看出，一个项目的开展不只是基于单一的空间维度，而应当基于收益的财务模型逻辑、历史文脉的价值逻辑、自然资源的价值逻辑和城乡空间的价值逻辑来开展。如何挖掘多元价值并建立与场地的连接，如何回归人与土地的情感与体验，是值得不断探索的重要课题。

孙翀，奥雅设计上海公司总经理

乡村振兴实施路径设计实例分享

倪大为

设计作为新时代乡村振兴发展道路上的强劲推动力之一，需要越来越多的设计师走进乡村，对乡村振兴战略、“多规合一”实用性村庄规划编制及美丽乡村、特色田园乡村工作要求深入理解，致力于用设计让乡村生活更加美好。

1．乡村振兴的政策背景

首先，国家层面上，乡村振兴战略开启了新时代中国农村发展新篇章。2017年，十九大提出实施乡村振兴战略，按照产业兴旺、生态宜居、乡风文明、治理有效、生活富裕的总要求，建立健全城乡融合发展体制机制和政策体系，加快推进农业农村现代化。2018年，中共中央印发《国家乡村振兴战略规划（2018～2022年）》。2020年，十九届五中全会提出优先发展农业农村、全面推进乡村振兴的战略目标。2021年，中央一号文件持续聚焦“三农”问题，全面推进乡村振兴战略，加快农业农村现代化。并制定总体任务，力争2025年脱贫攻坚成果持续稳固，农业农村现代化规划启动实施，乡村建设行动全面启动，到2035年使农业农村现代化取得重要进展，粮食和重要农产品供应保障更加有力，现代乡村产业体系基本形成，乡村建设行动取得明显成效。同时大力实施乡村建设行动，包括加快推进村庄规划工作、实施农村人居环境整治提升五年行动、加强乡村公共基础设施建设、提升农村基本公共服务水平、加快县域内城乡融合发展等相关政策措施。

其次，省市层面上，各地紧跟中央步伐，部署乡村振兴战略实施规划。以江苏省为例，2018年，江苏省省委省政府印发了《江苏省乡村振兴战略实施规划（2018～2022年）》。2018年，中共无锡市委无锡市人民政府印发《无锡市乡村振兴战略实施规划（2018～2022年）》。2021年2月，江苏省委、省政府发布一号文件《关于全面推进乡村振兴加快农业农村现代化建设的实施意见》，文件中列出4个方面31条举措，在产业业态、农民住房、环境整治方面做出重大部署。而在土地政策方面，十三届全国人民代表大会常务委员会第十二次会议表决通过修改后的《中华人民共和国土地管理法》，修改主要集中在土地征收、农村宅基地管理制度改革和集体经营性土地入市三大方面，加强对农民合理土地权益的保护，体现出对农民土地权利的尊重和保护。2021年1月，江苏省第十三届人民代表大会常务委员会第二十次会议修订《江苏省土地管理条例》。这些都为村庄发展提供了政策支持。

另外，针对“多规合一”背景下的实用性村庄规划编制的新探索，2019年5月，自然资源部发布《自然资源部办公厅关于加强村庄规划促进乡村振兴的通知》，明确了八个统筹、一个明确。2019年6月，自然资源部印发《关于全面开展国土空间规划工作的通知》，明确集中力量编制好“多规合一”的实用性村庄规划。2023年，江苏省自然资源厅印发《江苏省村庄规划编制指南》（2023年版）。

江苏省积极推进美丽乡村和特色田园乡村建设，积极探索自身发展路径。2017年6月20日，江苏省委、省政府印发《江苏省特色田园乡村建设行动计划》，打造特色产业、特色生态、特色文化，展现“生态优、村庄美、产业特、农民富、集体强、乡风好”的江苏特色田园乡村现实模样。2017年9月，无锡市市政府常务会议审议通过了《无锡市特色田园乡村建设实施方案》，明确将在“十三五”期间，以自然村为单元，重点培育30个左右市级特色田园乡村，其中10个拟创建为省级特色田园乡村。2020年8月，江苏省委、省政府印发《关于深入推进美丽江苏建设的意见》，提出立足特色产业、特色生态、特色文化，分类推进乡村建设。创新特色田园乡村建设机制，全面开展创建，到2025年建成1000个特色田园乡村、10000个美丽宜居乡村。

2. 当前项目建设中的常见问题

自乡村振兴战略提出以来，全国各地兴起村庄建设规划的热潮，但在长期实践探索中，乡村振兴建设中的问题也日渐突出。

西安市蓝田县白鹿原民俗文化村项目按照关中民居特色，依地势修建了一系列建筑、广场、设施等。2016年5月，白鹿原民俗文化村试营业时，以“一夜爆红”的姿态成为当年西安旅游市场上的“顶流”，日接待游客量一度达到15万人次。然而只过了一年半后，游客数量锐减，商铺纷纷关门。如今已停业的民俗村基本荒废。因为仅仅200多平方公里的白鹿原上，分布了至少6家以“白鹿原”为主题的特色乡村旅游项目，分别是白鹿仓景区、白鹿原生态文化观光园、白鹿原影视城、白鹿原民俗村、簸箕掌民俗村、白鹿古镇。其失败原因在于以白鹿原作为品牌宣传点的同质化项目太多，导致该项目缺乏标志性景观、特色化产品、核心吸引力和产业链的带动力，也就无法长久性地发展运营。

龙潭水乡风景区位于成都市成华区龙潭总部经济城核心区域，占地面积220亩，总投资约20亿元，历经4年时间打造，规模相当于周庄古镇，是成都龙潭总部经济城最大的配套项目，也是成都中心城区唯一利用活水资源打造的特色街区，旨在打造成都市的一张文化旅游名片。2013年4开放试营业期间三天时间吸引了超过13万游客参观游览。但在开业运营4年后，最初招商的50多户商家也几近全部关门。

从以上两个案例中可以看出，简单的“复制”和“粘贴”，缺乏准确设计定位与游客分流、产品线单一、缺少文化内涵、业态上的空白、游客在园时间太短等都成为项目失败的重要因素。因此，在乡村振兴的实践中，所有项目都需要在立足于本土特色文化的同时挖掘自身的亮点，具有可识别性和独特性，才具有持久的生命力。

3. 江阴长泾中国历史文化名镇更新

该项目为江苏省首批省级重点及特色镇发展示范项目。长泾镇地处江苏省江阴市东南部，位于长江三角洲苏、锡、常经济区的几何中心，南与无锡接壤，介于沪宁高速与沿江高速公路之间，地理位置十分优越，交通便捷、环境优美、经济繁荣、商贸兴旺。

长泾镇为中国历史文化名镇，传统江南水上贸易网中的枢纽市镇，具有典型江南水乡风貌，古老的泾水河穿越街区，长泾老街因河而生。整个城镇“因水而生、因水而兴”，是古代先进水利思想的集中体现，其“一河两街、河街相依”的建构形式为江南水乡空间特色风貌的典型代表及民族资本主义经济发展的历史缩影，也是本地士绅主导的自下而上有机建设城镇范例。

长泾镇的历史文化资源较为丰富。历史文化核心保护区共69.7公顷，拥有国家级文物保护单位1处，市级文物保护单位6处，文物保护控制单位17处，长泾镇河北石板街两侧有56处明清建筑，其中重点建筑13处。并且长泾镇还保留有红色文化遗址，当地的江南丝竹和长泾月饼都属于江阴市非物质文化遗产。

长泾镇的总体规划打造“两轴、两廊、三心、三区”的空间结构。“两轴”指沿人民路、虹桥路打造的公共服务设施轴；“两廊”指沿长泾浜、西泾河—凤凰浜打造的生态绿廊；“三心”指老镇公共中心、新区公共中心和泾南居住区服务中心；“三区”指泾南居住区、泾东居住区和北部产业聚集区。

长泾镇的核心问题为城市历史肌理延续有待改善，地域性文化发展活力不足，镇区沿街风貌整体性偏弱。更新设计从问题出发，旨在通过系统改造将长泾打造成一个绿色生态、宜居宜业的文化古镇。

具体改造策略包括：

第一，传承历史文脉、延续城市肌理。传承延续“首东尾西、腾云欲飞之势”的城镇肌理，形成以历史文化保护为主核心、以多位一体绿核为副核心的整体城市格局。第二，激活人文气息，彰显地域文化。以传承利用、功能置换和老街新生的方式进行文化激活（图1）。一方面，将以上官云珠为典型人物的影视文化以及长泾月饼、江南丝竹等为代表的民俗文化运用到日常娱乐生活体验中，寓教于乐。另一方面，工业用地植入都市型产业，打造百年工业文明长廊和现代都市创意河岸。积极引导老建筑活化利用，引入文化、商业、创意产业等业态，逐步焕发老城区活力。在老街中引进文创产业，以及一些手作体验馆、茶室、书局、杂货铺，吸引游客前来打卡体验。第三，重塑街区风貌，承接城市历史。对镇区内商业、文化街区、滨水空间等特色风貌地段进行重塑、改善与提升，建设改造百姓生活密切相关的公共服务设施（如文体活动中心、便民服务中心、集贸市场等）。将长泾镇根据不同的功能定位划分成传统人文风貌区、水乡古镇风貌区、乐活小镇风貌区、生活宜居风貌区和泾水溯源风貌带五个区块。其中传统人文风貌区延续历史风貌特征，体现传统韵味。对不符合风貌保护要求的建筑进行分类改造与提升。水乡古镇风貌区通过有机更新逐步针灸式改造提升现有建筑面貌，注重传统街道、街巷空间、界面空间的打造，保护历史文物古迹。乐活小镇风貌区形成丰富的、各具特色的休闲娱乐区，重点体现文化活力与滨河风貌，整理部分民房提供餐饮、民宿服务。生活宜居风貌区对于具有传统风格的建筑进行保护和修复，新建建筑从传统建筑中提取设计要素并与现代材质相结合，对城市界面进行肌理织补及过渡。泾水溯源风貌带在泾河的肌理上，打造多级别、连贯的滨水公园、滨水空间，串联自然人文要素，充分融入历史文化，形成泾水溯源风貌带。

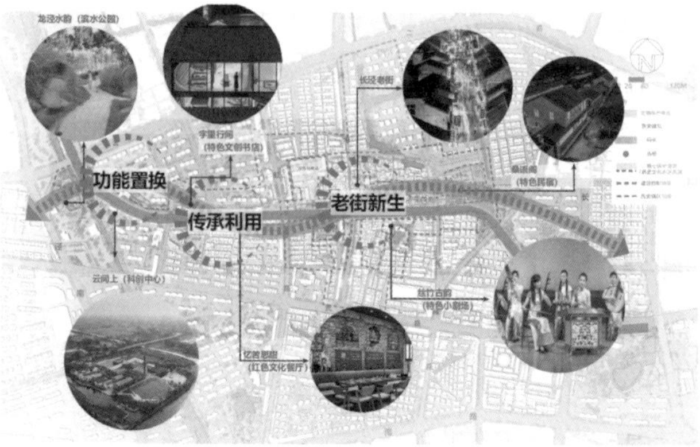

图1　场地文化激活策略

另外，整体建设优化引入“多方参与下的小规模渐进式更新”作为保护更新理念，具体表现在六个方面：一是小规模渐进式更新模式。因地制宜探索适应古城历史与现状的新方法，鼓励、帮助居民自主改造。二是合理多样的业态构成。符合宜游宜业宜居定位，功能业态多元复合，满足不同人群需求。三是分区分类的建筑改造方式。建筑改造充分尊重历史和现状，不搞一刀切，并对建筑进行分类整治与改造。四是健康多元的社会网络。通过古城功能改善、建筑功能调整来调节人口结构，形成健康多元的人口结构和社区网络。五是客观科学的更新时序。尊重城市发展规律，有序推进更新，不急于求成。采取科学、审慎、循序渐进的更新发展时序。六是全局整体的研究视野。从区域视野审视古城，积极与新区、景区互补，为古城保护和城市未来发展创造良好格局。

4．无锡新吴区鸿山街道七房桥村规划及农房设计

该项目属于无锡市首批农房建设试点之一，规划可建设用地面积约为2公顷。地块西侧为飞凤路，北侧为规划道路，南面临伯渎港，现状为废弃的厂房。首先，对七房桥村的地理环境、文化底蕴、产业结构及乡土人情等方面进行考察，梳理项目脉络。其次，需要考虑由于参与建设主体的复杂性，规划阶段面临回迁户、政府和建筑师三方诉求的问题，以回迁户为代表的村民希望低造价实现品质提升，政府考虑建设的先行示范性及日后可推广性，建筑师则注重还原乡村的原真性。设计师在规划过程中需要在回迁户、政府、建筑师三方诉求和规划条件之间寻找平衡点，以求三方共赢。最后，在尊重环境和各方需求的情况下进行创新设计，村庄整体改造以苏南民居传统院落的形式和现代化的设计语汇体现村庄的丰富性、多样性、整体性、场所感，从规划到建筑，从交通组织到景观打造，采用全方位视角进行风貌提升，打造出具有乡土性的“新江南人家”风貌。

整个片区空间规划结构包括一个求学许愿广场、琴韵广场、晨练广场串联起的景观轴线，由植物科普、户外研习、林间散步道和垂钓平台串联起的村庄景观，还有养生菜园、葡萄文化展、鸿山文化展、鸿山学院、民俗表演等功能空间。村庄建筑多展现为江南宅院的风格，比如院落空间层次方面属于典型的由入园到入庭再到入户的“三进式”空间层次。建筑造型既体现了江南地域文化的特质，又呈现出当代新型建筑的审美与风格特征（图2）。

图2　七房桥村建筑空间

倪大为，高级建筑师，启迪设计集团股份有限公司高级副总裁、无锡公司总经理

乡村文旅项目中亲子类产品体系建设与设计研发

唐 敏

1．针对市场需求及发展趋势的背景研究

从整体旅游市场来看，根据《中国居民家庭亲子游消费报告2021》和《中国家庭旅游市场需求报告》，中国已经进入优质家庭旅游强需求时代，亲子游比例持续增长。近年来，市区内及近郊区游逐渐受到关注。另一方面是现象级IP（知识产权）的不断火爆，从迪士尼的玲娜贝儿到冬奥会的吉祥物冰墩墩，这些“吉祥物”使得消费品市场衍生出了一系列火爆的商业现象，拉动了二次消费，扩大了产业链。

从亲子旅游市场来看，“80后”和“90后”父母已经成为旅游及各个市场业态的消费主力。亲子市场逐渐呈现高端化、多元化和品质化的现象。亲子游客已经不单纯停留在乐园型产品层面，群众越来越关注产品的独特性、功能性和教育性，具有寓教于乐功能的旅游产品越来越受欢迎，如文化科普类、研学体验类、农耕休闲类、主题风景类等。

当前，亲子类的旅游产品也出现了一些问题：其一，国内的亲子旅游项目缺乏鲜明特色，同质化严重，亲子游的教育性和启发性价值不足，文化主题发展不够重视，在亲子互动、亲子情感交流方面还有较大空间。其二，产品层次划分、出行时间分布不合理，内容设计不平衡，仅停留在“应季游”阶段。没有针对出行家庭的特点、年龄细分、游玩的情绪贡献等进行系统的考虑。其三，亲子配套设施相对滞后，安全保障不足，没有考虑儿童尺度和需求的设施细节等，严重影响亲子游的出行体验。

从亲子客群特征来看，亲子客群的出游特点决定了亲子游产品在用户覆盖率、出游频率、市场增长率三方面，都有突出表现，具有潜力发展成为高频率大众主流旅游产品类型。母亲常常作为家庭出行的决策人，而孩子成为到达目的地后的决策中心。家长的分时陪伴、互动参与等成为重要需求。

2．相关理论及政策解读

美国作家理查德·洛夫（Richard Louv）曾提到过“自然缺失症”，即儿童如果没有与自然的接触，没有在自然中学习、探索、体验的经历，孩子的感觉和知觉都

会受到影响，容易变得孤独、焦躁、易怒，在道德、审美、情感、智力成长中有所缺失。儿童发展心理学也表明，孩子的发育，来自触觉、听觉、视觉、嗅觉和味觉等感官的综合发动，全天候无死角地接受外界刺激，才有孩子的不断生长发育。因此，“自然教育”即“以自然环境为背景，以人类为媒介，利用科学有效的方法，使儿童融入大自然，实现儿童对自然信息的有效采集、整理、编织，形成社会生活有效逻辑思维的教育过程”显得尤为重要。

心理学家维果斯基（LevS. Vygotsky）提出的社会文化论“鹰驾理论”指出：“父母在孩子的成长阶段扮演着重要角色，父母为孩子着想并且在实际行动上达到符合子女身心需求的目标，才能帮助子女茁壮成长，成为一个独立的个体”。美国心理学家班杜拉（Albert Bandura）的社会学习论也认为“父母与孩子观察学习的互动过程，是人类社会化的最重要历程，所以父母是提供孩子良好示范与正确行为的重要对象”。可见，加强亲子旅游产品的亲子互动是非常重要的。

同时，国家宏观政策为以文化科普、研学体系为主导的亲子娱乐产品市场带来了重大战略机遇。如三胎政策对于亲子游市场的长远发展将是一个重大的利好；再如“双减”政策给予孩子更健康的儿童游乐空间和时间；国家对乡村振兴、传统文化传承等方面的持续推动都为亲子旅游带来契机。其中，研学旅行是教育的重要内容，也是综合实践育人的有效路径。

3．不同类型产品的体系构建

传统亲子类业态类型主要有：室内亲子游乐中心、家庭成长中心、主题公园、无动力设施乐园、动物和植物园、水族馆、科技馆、博物馆、室内外水上乐园等。新型业态类型丰富多样，如儿童职业体验馆、农场乐园、农耕研学基地等。

案例一：卡尔斯草莓农庄位于德国北部城市罗斯托克附近，占地120亩，是一个传统的草莓种植基地和草莓农庄，主要客群为亲子家庭客群。主要设计特点：强化主题，园区处处皆草莓，以草莓熊作为IP，拥有丰富的游乐设施和游玩项目，集合商业零售、制作展示、餐饮和室内小剧场、室内游乐于一体，是个合家欢乐的场所，成为知名的国际文旅的农场休闲项目。

案例二：英国的玛丽雅顿都铎农场有很深厚的文化底蕴，还原比较早期的中世纪的农场风貌，重塑传统乡村生活，主打沉浸式的乡村生活方式体验。游客可以选择换装，可扮演为农场员工，或是农场主的朋友，通过角色设定增强代入感。农场主则会带领游客体验中世纪农场的用餐、洗衣等乡村生活方式和农事体验，将其渗透到亲子游乐体验中。

根据前期对市场、客群、发展趋势的研究及对亲子娱乐产品案例的综合研究，可总结出亲子乐园产品的五大特性：共融性、主题性、融合性、生态性和灵活性。共融性要考虑家长和孩子能够共游同乐；主题性主要通过主题故事线与游玩方式的深度结合，深化文化特色，在IP打造、营销衍生品等方面加深体验维度；融合性即能很好地融合各类型业态和产业，并成为引流要素之一，具有较强的产业和业态联动力；生态性即能够将游玩与自然、生态空间高度融合，并结合自然体验活动及研学教程开发亲子活动；灵活性即根据不同类型的项目特征及规模、体量，可灵活适配，进行模块化组合。

构建产业体系的六大要素包括：安全共建、亲子共游、多元共生、体验共通、IP共建、寓学共乐。同时，可总结出四个关键词：主题化营造、品质化打造、沉浸式体验、产业化发展。另外，要考虑产品的生命周期，考虑产品迭代更新的可能性，能否随着市场发展而更新变化，为产品预留可能的发展空间。

4．项目实践中的验证和完善

案例一：自主研发IP乐园——蜜桃猪的田野乐园二期。

蜜桃猪的田野乐园，是一个自主研发的IP乐园共创项目，将设计思维真正融入乐园共创中。该乐园为无锡阳山镇田园东方二期项目。阳山盛产水蜜桃，有万亩桃林，项目将田园主题与无动力乐园进行结合。以乐园中的小花猪作为IP基础，将其与蜜桃结合形成“蜜桃猪”的概念。设定阳山脚下的一只蜜桃猪和六个桃子的故事，把不同的桃子进行故事串联。

设计过程中运用用户画像、用户研究图、信息排序工具图等设计思维工具，让不同年龄段、不同职业背景的人参与共创。从兴趣爱好、出游频率和选择偏好进行一轮适量客群研究的市场调研，把社交信息进行一次完整的整理与汇总。调研表明，家长与小朋友不仅能够亲近自然，还能增长知识，获得多种形式的社交。痛点和期望在安全、排队、卫生、审美等方面。

设计基于对用户的期待、痛点的梳理、收益点的梳理，基于蜜桃猪的故事背景，用故事去串联功能和痛点，形成不同的主题分区，最后再将主题分区以简单模型的形式进行展现。在模型中，大家提出场地需要认知标志物，并将所有故事推演的板块内容和尺度，真正落到平面图上，以此指导后面的设备选型、游玩场景打造、二销挖掘及商业化的展示等（图1）。

案例二：合作引入IP乐园——植物大战僵尸主题农场乐园。

植物大战僵尸这个游戏在全球有6亿玩家，是一个成熟的全球化品牌IP方，在主题活动、出版物、快消品、促销、主题乐园等方面都能够提供相应服务，提升品牌影响力，把阳山无动力乐园打造出知名度。

图1　用故事版与模型进行设计推敲

在故事中，农场主戴夫作为发明家，能够将各种材料变为神奇的机器，然后运用到探险和冒险中。鼓励孩子或家庭以无限的创造力不断去发现和创造，分成红线和蓝线对抗和挑战完成通关，实现整个游戏的体验。比如潘妮时光机是一种象征着探索的载体，是一个“百宝箱”，也是一辆奇妙的“车”，更是故事里的“时光机”，它去到的地方都会展开一段奇妙的旅行。“不要放弃你的幻想与探索，很多故事都来源于你自己”代表着一种创造力、对未来的探索和冒险精神。

成熟的IP公司对IP化的东西有详细的审核，包含比例、颜色、包装、广播、音乐，包括广告和用词均要采用戴夫农场主的口吻，这种高要求的赋能让整个乐园更加专业化。

在景观打造上，与果蔬等农作物相结合，让亲子家庭在玩耍的过程中可以更直观地看到果蔬等农作物的生长情况，引导孩子们认知自然、感受自然，在自然的氛围中玩耍和成长。

唐敏，无锡拈花湾文化投资发展有限公司开发策略总监

探索“三农 + 市民”模式的乡村振兴发展之路

罗玉军

1．“三农”问题相关探讨

“农”是人与土地的第一次系统性连接，是人类文明发展的原点，为文明传承创造了条件；“业”是人动念的现实表达；“农业”指的是人类在土地上的作业。固定的住所、稳定的食材、适当的气候，这三者为农村的可持续发展和自组织提供了基本条件。农村是人类文明的第一个成果，它围绕着人们的衣食住行发展前行。农村的发展需要学习自然，遵循可持续发展的基本理念，农村也是城市化演变的起点。从某种意义上说，农民是用最全面、最朴实的办法解决问题的能手，他们具有务实、勤劳、去繁的品质。他们的思维与行为模式遵循实践是检验真理的唯一标准，逻辑思维多为从需求出发，善于归纳总结。

随着社会的发展与分工，农民失去了实践的场景与内在驱动力，很大一部分农民表现出思想的固化与创新能力的下降。首先，在实践的场景中，农民被限定在种植或养殖的范围内，精神上高度依赖更先进的技术与装备，只进行劳动力的输出。其次，在内在驱动力层面上，传统的逻辑思维跟不上时代的发展，现代的哲学思维缺乏理念基础。

中华文明的发展，广义上“农民”所创造的文化内涵与精神品质值得我们继承与发扬。我们需要追寻祖辈的足迹，从土地上找回这些宝贵的财富，因此，我们需要重新建立与土地的连接。

2．建立与土地的连接

首先，传承与弘扬农耕文化是人类文明的重要部分，我们有义务和责任将其传承、发扬下去。其次，一切精神文明需要现实的支撑点，如今依托互联网，出现了大量基于农耕文化的自媒体IP，包括生态圈里的绿色主义群体等，都在寻找自己的方式来表达农耕文化。在现代社会与土地建立连接是给农耕文化找到出口的重要途径。

当建立与土地的连接时，不可回避的问题是距离。随着社会的发展，农民的住所和田园的距离越来越大。这个距离因科技的发展而生，同时也因科技的发展反向得到改善。首先通过传承农耕文化的方式，一方面建立人与土地的内在联系。同时通过远程灌溉系统、远程气象系统信息技术的搭建等建立人与土地的外在连接。

3. 万家田园的实践

图1　无锡万家军嶂田园社区

万家田园是一个基于土地可持续发展的健康生活品牌。项目通过让城市家庭有地种、会种地、种好地的方法，构建人与土地的连接，以模式加盟的方式为中国400万家庭农场提供社区参与农业运营服务。无锡万家军嶂田园社区占地60亩，共享田园35亩，家庭菜园320个，园主家庭420户，家庭平均菜园55平方米（图1）。

万家田园项目的管理模式总共有三个板块，田园认领、田园社区与田园APP、童心花园（图2）。第一，田园认领板块，通过打造一个共享平台，进行市场推广，最终实现任务覆盖，解决用户量增加的问题。通过田园认领，为用户选择最近的农场，完成田园社区构建。其主要盈利点在于菜园的租金。第二，田园社区运营与田园APP板块，帮助用户实现从不会种到种好地的转变，让田园社区活动融入家庭生活中，形成家庭生活习惯，解决用户存量的问题。田园社区的运营效果越好，用户黏性越高，主要表现在入园率上。田园APP实现了用户城市社区与田园社区的融合，其主要盈利点在于用户增值业务。第三，童心花园的授权运营，以劳动教育内涵发展项目，旨在给孩子一个农场，伴随孩子成长。其盈利点在于教育产品的构建，解决了放大边际受益的问题。童心花园在劳动教育方面，包括核心化的课程体系，一直在追求耕读的目标，在耕耘的过程中来实现知识行为的统一。

图2　万家田园的商业模式

同时，万家田园社区还推进了许多校园工程，一方面将童心花园课程体系带进校园，另一方面把校园的资源带回到童心花园。童心花园的课程涉及初、中、高三个层次。初级课程以认知为主，主要针对幼儿园阶段到小学二年级，强调在自然逻辑里面去读懂自然的语言并参与进去。初级课程共30个课时，分成了耕读课堂、田间课堂、食欲课堂和创新课堂4个板块；中级课程以劳动实践为主；高级课程主要是项目化的研究问题。

通过该模式的经营和管理，许多城市居民以家庭田园为基地成为自媒体园主，也让更多的城市居民与土地产生了新的、长久的、可持续的连接。

罗玉军，万家田园品牌董事长兼总经理

项目从设计到落地
——乡村环境建设实操经验分享

丁兴勇

1. 对乡村振兴的理解

北宋王安石在《书湖阴先生壁》中写道："茅檐长扫净无苔，花木成畦手自栽。一水护田将绿绕，两山排闼送青来。"诗歌描述了一幅中国传统乡村的闲适意象。在当今时代语境下思考乡村振兴，必须理解其实质是创造一种符合居民生活方式和更高需求的过程，特有的乡村生活、适宜的在地功能、全方位的品质和自然的基底美感是其中的关键词。从环境设计的角度看，好的乡村景观，不仅应体现田园之美，更要将乡愁、乡韵和乡风融为一体。

江苏省的乡村振兴建设发展也经历了必然的历程，从最早的整洁村、宜居村，到美丽乡村、美丽农居、打造新江南人家，再到特色田园乡村建设等，整体来说在全国是走在前列的。乡村振兴的建设过程中强调人与自然的和谐共生，生态宜居，注重挖掘乡村特色，实现产业振兴、人才振兴、文化振兴、生态振兴和组织振兴，最终实现共同富裕。

2. 设计项目开展的全流程

一个完整的乡村设计项目开展大致可分为六个步骤。

（1）资料收集。首先要了解设计任务书，上位规划、建设位置及范围、规模、项目资金来源、服务人群、当地民俗风情等。其次，要收集场地水文气象、地形地貌、土壤特性、地质条件、水系及水质、地下水位、地下管线（强弱电、雨污管、天然气管）等信息。

（2）实地踏勘。通过实地调研、全程现状拍照及高清航拍、实地测绘和访谈询问等方法，详细了解项目位置、水系、交通体系（路径）、停车、乔木植被、电力设施、管网和环卫设施等情况，还要了解居民实际需求，如停车和消防需求、休闲健身娱乐需求、生产生活需求、安全防护需求、消除积水等问题需求、村党群办公和集会的需求、文化展示需求等。从而明确独特的地脉风水、文脉风情、财脉风物，结合独特的自然禀赋建设，打造重要节点景观。

（3）方案设计。方案构思需要依据资料和现场踏勘情况，并核对国土部门规定的用地性质后方能开展。乡村方案设计需要在尊重原有生态系统的基础上，因地制宜地进行设计，方案要符合乡村的功能、气质和氛围，兼顾实用性与视觉美感，对建筑形态、色彩、尺度等总体风貌进行把控。

（4）方案公示。公示设计方案，并及时请业主组织召开居民座谈会，就方案与居民代表充分沟通，听取居民意见，及时落实到方案中。设计方案在完成和公示前，最好能够提前与多方对接，达到公示方案的效率最高化。并结合公示后的意见进行优化，同时注意控制成本。

（5）扩初设计和施工图设计。初步设计后与业主进一步沟通，综合各方意见及时调整图纸，进行扩初设计，尽量细致地完善设计。接着进入施工图绘制阶段。

（6）施工指导服务。图纸技术交底，详细向施工方及监理交代设计理念、项目注意事项，及时回复答疑，确保信息对称畅通。做到定期去现场和特殊情况及时到场的沟通机制，有时甚至需要驻场把控整个施工过程。设计对施工过程管控到位，确保项目的设计还原度和落地性。最后，参与竣工验收，提出优化建议。

由此可见，作为一名设计师，在乡村设计的过程中需要全程把关，既是决策“建议人”，又是技术“把关人”，还是实施“协调人”，实现实践决策共谋、发展共建、建设共管、效果共评、成果共享的陪伴式服务。

3. 宜兴市张渚镇东龙村鱼桥村更新设计

乡村振兴背景下，无锡宜兴市西南部张渚镇正在由工矿型城镇向旅游型城镇转型发展，其发展目标为长三角世界级城市群以优质生态环境著称的宜游、宜业、宜居新市镇。张渚镇东龙村拥有良好的生态环境与文化底蕴，按照“产业兴旺、生态宜居、乡风文明、治理有效、生活富裕”的总要求，以建设成“干净清洁、美丽宜居、精品特色”乡村为目标。鱼桥村是张渚镇东龙村西北部的一个自然村，交通便利，土地资源充足，周边有网红花茶湖、桃花水库等，旅游资源丰富。村内土地肥沃，水资源丰富，风景秀丽。石材产业、果蔬产业为村庄主要产业。村庄内建筑风格混乱，基础设施配套不足，公共服务设施缺乏，道路破旧狭窄，水质较差，村内环境质量不高，果园及大棚等资源没有得到很好利用。通过详细的调研，将设计理念总结为：四水归田，“石”在有趣。以鱼桥居民点为载体划分民宅民俗区、综合服务区、产业资源区、田园观光区和果树采摘区，依托居民点周边田园、水系、景观，结合周边景区资源，打造集游湖、田园风光、网红景点、休闲健身等功能于一体的具有鱼桥特色的乡村旅游综合体。合理调整交通流线，打造特色民宿、运动场、村史馆、议事馆、健身广场、生态步道、观光果园、观光塔、景观廊桥、叠水景观等节点（图1、图2）。规划垃圾收集点、布置村内照明、标识设计、植物设计等，提高乡村人居环境品质。同时，注重产业升级，通过统筹整合各个石材厂，形成完整产业链，以产业带动乡村发展；通过智慧温室、农耕体验、观光果园、共享农庄等方式，吸引游客体验参与；通过特色民宿的打造，为游客提供住宿、娱乐、休闲、乡村文化传播等多元功能。

图1　鱼桥村景观栈道设计效果图

图2　鱼桥村河道更新设计

4．无锡南街地块景观更新设计

南街位于无锡市惠山区，是一个以居住为主的规模不大的城中村，面积约25845平方米，沿街为部分商业。场地道路破损严重，缺乏停车空间和公共空间，建筑破损老旧，垃圾乱堆乱放，绿化景观较差。面对复杂多元的风貌现状，设计思路从尊重原始原貌出发，通过对场地畅通街巷、清洁街巷、人文街巷、品质街巷四方面的塑造，有机保留年代的文化积淀和历史记忆。

针对所有楼栋和弄堂进行现场踏勘，根据楼栋的现状风貌、结构状况和街区位置综合评判。建筑表达强调新旧材料、新旧元素的对话，营造老街区氛围，在近人尺度以传统材料和元素为主，使得街区整体风貌不仅具有历史文化风韵，适度保留了城中村鲜活多样的历史记忆，同时带来面向未来的独特体验。

设计保留了场地的水塔，以彩绘的方式打造网红打卡点，并在附近增加了停车空间（图3）。对建筑立面进行重点、分类更新，公共空间中注意保留城中村的历史记忆和生长肌理，强化标识性，打造微型雨水花园，进行雨水收集、处理和再利用，并对整个街区的导视系统、设施系统、铺装系统进行系统更新。整个设计以微更新的方式，在老街巷中缝缝补补，旨在打造具有场地记忆和人性化的空间场所（图4）。

图3　保留场地水塔，增强场地记忆

图4　街巷空间微更新设计效果图

丁兴勇，高级工程师，无锡轻大建筑设计研究院

保护与创新交织下的苏南水乡风貌提升实践

吴　杰

1. 概念解读与政策

（1）苏南水乡

苏南水乡，一般意义上理解包括苏州、无锡、常州三个地区，属于以平原为主的太湖农业区，具有吴越文化为底蕴的江南文化精神，造就了园林文化、丝绸文化、刺绣文化、戏曲文化、书画文化、饮食文化、稻米文化、竹文化和茶文化等丰富多元的文化内容，蕴含着强大的精神积淀和文化支撑。改革开放以后，出现了由集体经济主导的“苏南模式”，现代化演变带来城市空间结构和地域文化的变化。随之也产生了苏南水乡传承主体流失、城乡二元关系紧张、地域文化生存土壤逐渐微弱等问题。风貌是反映城镇历史文化特征的自然环境与人工环境的整体面貌和景观。苏南水乡风貌主要特点包括依水而居的聚落选址布局和“小桥、流水、人家”的典型空间形态与风貌特色。苏州作为国家六大名城示范区之一，文脉千年延续，是吴地文化发祥地，核心传承地；也是著名的鱼米水乡，具有典型江南水乡文化景观的综合体现地；还是明清时期重要的经济文化中心和工商业都会，具有非常独特的风貌特征。

（2）保护与创新

在城市规划与建设层面的创新，首先是思想观念的转变，城市规划思想转变的核心就是打破过去落实计划的工作方法，要预见到城市空间发展的可能性，并在空间上给予预留；探讨市场经济下土地价值的回归；城乡统筹发展，打破城乡二元结构分割的局面，加强农村基础设施建设，实现城乡公共服务均等化，农民工全面融入城市生活；意识到生态文明建设与高质量发展意义重大。其次，是管理方式的创新，要由单一视角转变为多维视角，由各司其职转变为多规合一。另外，需要技术手段的创新，以发展为主题，以实施有效管理为目标，以发挥区域政府宏观调控能力为指向，以提高城市竞争力为目标，探索可持续发展道路。保护与创新的交织，就是要做到两个层面，在横向维度上做到蓝绿自然交织，在纵向维度上做到古今辉映。

（3）政策解读

《中华人民共和国文物保护法》中明确指出：“在中华人民共和国境内，下列文物受国家保护：（一）具有历史、艺术、科学价值的古文化遗址、古墓葬、古建筑、石窟寺和石刻、壁画；（二）与重大历史事件、革命运动或者著名人物有关的以及具有重要纪念意义、教育意义或者史料价值的近现代重要史迹、实物、代表性建筑……”文物分为可移动文物和不可移动文物，手稿、文献、艺术品等为可移动文物，古文化遗址、古墓葬、古建筑等均属于不可移动文物。其中，不可移动文物保护体系，根据聚落保护类型，又可分为历史文化名城、历史文化街区、村镇。

从文物保护到历史街区保护，尤其是大运河申报世界遗产成功之后，国家倡导文化遗产保护的体系构建，这对当下历史文化的保护与传承工作起到了重要的纲领性作用。风貌管控体系中，国家在2016年的《进一步加强城市规划建设管理工作的若干意见》里明确强调要转变城市发展方式，着力塑造城市特色风貌。2019年出台《中共中央国务院关于建立国土空间规划体系并监督实施的若干意见》中提出“延续历史文脉，加强风貌管控，突出地域特色”。2021年中共中央办公厅国务院办公厅印发《关于在城乡建设中加强历史文化保护传承的意见》中指出，到2025年，多层级多要素的城乡历史文化保护传承体系初步构建，历史文化保护传承工作融入城乡建设的格局基本形成。到2035年，系统完整的城乡历史文化保护传承体系全面建成。

江苏省出台了《江苏省历史文化名城名镇保护条例》（2001）《江苏省历史文化名村（保护）规划编制导则》（2014）《江苏省传统村落保护办法》（2017）《关于在城乡建设中加强历史文化保护传承的实施意见》（2022）等一系列的法律法规，推动了地方性历史风貌的保护与传承创新。

2. 相关理论及政策解读

（1）规划编制

传统的规划聚焦于中心城区，容易“就城论城”脱离了与城市相依存的自然空间，导致城市物质风貌与自然风貌不协调等问题，也是城市“千城一面”问题难以缓解的重要因素。因此，坚持“以人定地，人地和谐”的原则，实现“人、水、地、城、产”共生共融的城乡格局是规划编制的重中之重。

在规划工作中，针对风貌要素多元、全域覆盖的特点，应从四个维度转变传统风貌规划思路：从重视城镇中心区风貌管控向全域风貌管控发展；从重增量、重扩张风貌建设向增、存风貌建设并重发展；从粗放式风貌建设向高质量、高品质风貌建设发展；从“蓝图式”风貌管控向空间治理辅助工具发展。针对风貌精细化管控和可实施性，从“有系统、有重点、有层次、能落地”四方面构建技术框架和方法；针对风貌的完整性，提出全域风貌总体格局的目标，作为全域风貌控制的统领；针对风貌要素特点，判断风貌管控的重点，识别风貌管控的核心区域，针对核心区域提出更为严格的管控手段和要求；保证规划成果可实施性，针对风貌体系，重点区域形成不同形式和深度的成果，以应对规划管理者面对国土风貌管理的多元诉求。

以苏州城市保护规划工作为例，工作中遵循了基于底线划定本地风貌管控的思路。第一，一体化生态功能提升的底线划定，对环太湖地区生态保育进行体制统筹和体系构建，进行全域河湖水系的自净系统重构；第二，全域内建设行为的底线划定，在建设规模上限定建设组团尺度，在建筑高度上进行管控，对水乡城景高度和空间逻辑进行传承和延续；第三，对街区尺度进行划定，重塑水乡人文和空间特色。从《苏州市国土空间总体规划（2021～2035）》《苏州历史文化名城保护专项规划（2035）》《姑苏区及周边区域控制性详细规划》及地段涉及街坊控制规划，再到地段城市设计，在纵向维度规划层面层层传导、逐步细化，在横向维度各项专项规划及城市设计之间无缝衔接。

（2）设计方法

城市双修指“城市修补、生态修复”，是针对城市建设粗放开发、野蛮生长和平庸空间等问题提出的具有中国特色的城市建设方式，对城市快速发展过程中留下的问题加以弥补，是内外兼修、长远结合的一种治疗城市病的方式。要求城市发展模式从粗放到精细、从机械到人文、从破坏到修复进行转变，观念上要实现生态思维重于景观思维，系统整体重于片段局部，民生取向重于形象取向，地方特色重于国际风尚等方面转变，具体的方法如生态修补、针灸行动、织补行动等。

城市更新要树立“全生命周期管理”意识，通过城市有机更新，在城市发展中创新城市存量资源价值及更新途径，实现城市的健康、可持续发展。2021年城市更新被写入政府工作报告，在《中华人民共和国国民经济和社会发展第十四个五年规划和2023年远景目标纲要》中提出，将实施城市更新行动，推动城市空间结构优化和品质提升，城市更新已经升级为国家战略。城市更新中，应充分注重渐进式更新、精细化管理，注重城市长期运营；关注老城核心区风貌的保护与协调控制区、新城区风貌的提升；注重传统建筑活化利用等。

总之，以“切除病灶、更换器官”为途径的“西医大手术疗法”已经不能适应当代城市发展，以“针灸疗法、循序渐进”为途径的“中医慢调理”方式将在城市更新当中发挥越来越重要的作用。

3. 提升实践与探索

城市风貌保护的项目实践在苏州已经有广泛开展。在大运河文化带“精彩苏州段”建设中，以“运河十景”打造标志项目，加强运河“活保护”；在苏州古城河道水网规划中，从河道水网的历史变迁着手，传承了“三横四直一环”的历史格局进行更新设计；在苏州中张家巷历史河道恢复工程中，多部门协调共识、统一规划，注重文化挖掘和历史溯源，使城市历史记忆仍然鲜明；通过姑苏区水岸同治，提出“岸上建筑与河里水质同步改善、硬件环境和软件设施同步改善、人文环境和长效管理同步改善”的理念，极大地提升了古城风貌。

在无锡市古运河清名桥沿河历史文化街区项目中，以保护古运河历史文化遗产和建筑风貌为核心，开发新的国际知名产品，使南长街古运河历史文化街区经过包装后，能够吸引大量海内外旅游者，同时为南长街古运河历史文化街区的可持续发展提供科学合理，具有创新性、前瞻性和可操作性的发展方向、思路和概念。

4．未来趋势与思考

“城市更新”已经由单维度向多维度转变，向政策、经济、社会、空间四方伙伴关系转变。城市更新不是被动地应对城市问题，而是积极地促进城市发展，对城市发展在促进经济、提质增效、激发活力、服务民生、传播魅力等方面都有重要意义。应理解到，城市更新不仅是对现代化城市社会生活的地区观念必要性、计划性的改建，也不仅是建筑形态的更新，而是人们生活方式的改变。城市更新的重点任务在于构建国家城市更新的新制度与城市建设的新体系。

在城市更新过程中，城市安全与卫生、社区和社会问题、经济转型和就业机会、环境提升和功能更替、社会进步和城市治理、资源约束和可持续发展等都成为城市更新中的重要议题。其中，风貌提升是重要的内容，需要坚持“以人为本，人民至上”的理念，坚定历史文化保护、公共利益优先的原则，加强统筹谋划，坚持高定位理念、高起点规划、高品质建设、高水平管理，彰显城市文化底蕴，塑造特色城市风貌，促进传统文化与现代文明交相辉映。

吴杰，副研究员、高级工程师，苏州科技大学

乡村振兴规划及其设计探索——以别桥镇乡规划为例

刘继东

1．乡村振兴的本质和途径

乡村振兴的本质是乡村现代化。乡村现代化是一个综合性的课题，是乡村社会整体的、全面的、系统的、深刻的社会经济变迁过程，必须实现产业现代化、生活现代化、治理现代化和文化现代化。

（1）产业融合和产居融合

乡村振兴的落脚点在于产业融合和产居融合。农民不可能全部进城，乡村产业也不可能只发展农业。某种意义上看，乡村振兴的过程就是乡村就地城镇化的过程。因此“创新产业化+就地城镇化”的问题就显得尤为重要。如何实现产居融合和产业融合？产业融合是乡村振兴的基础。其关键在于，以现代农业的有效发展为基础，跳出“农”的限制，引导和推动更多的资本、技术、人才等要素向农业农村流动。

产居融合是乡村生活方式的代表。与集约化的城市发展、工业发展不同，产居融合的发展使第三产业的需求与第一、二产业融合起来。乡村产居融合目前受限于规划中土地详细的划分（宅基地、集体建设用地、产业用地与国有建设用地、林地、草地等）和区别，使得土地利用价值和要素利用价值很难有效实现优化。经济学的核心就是实现资源的优化，资源要素无法实现优化，产业融合和产居融合发展就会受到很大的障碍。

多产业发展带来乡村人口的重塑，由此带来了旅居、养老居住、休闲居住、创业者居住等多样化的居住方式。民宿、农家乐、民俗接待村、市民农庄、休闲农场、养生养老庄园、运动庄园、创意农业庄园、田园综合体、旅游小镇、旅游小城镇等类型，都是产居融合代表。

（2）分清楚“三个不等于”

产居融合和产业融合是乡村发展的主导方向，融合的思路和途径探索就是中国乡村振兴发展的思路和方向。融合的前提是要分清楚“三个不等于”。乡村产业不等于农业，乡村不仅要实施农业现代化，更要推进一、二、三产业融合，形成产业创新融合、产居创新融合，重构乡村产业结构。乡村居民不等于农民，回乡创业者、城市里的乡村创客、流动乡村产业职工、城市乡居客、养老养生客，将重构乡村人口结构，新农人才是乡村发展的栋梁。乡村不等于农村，乡村不等于行政村庄和自然村庄，乡村社会不同于农村社会，乡村社区不同于农村村庄；产业融合、产居融合的新型乡村社区，将重构乡村社会及其治理模式。

2. 乡村振兴规划

乡村振兴规划要系统解决乡村振兴中“人、地、钱”的问题。“人”的问题，即通过相应人才政策让人才实现“城乡自由流动”。人才下乡，乡村人才培养，是同步推进的双轮，关键是实现产业留人，事业留人。“地”的问题，即“改革土地政策”，农村建设用地的自由交易流通，实现资源转化为资产，资产转化为资本；非建设用地的自由交易流通，实现产业资源的优化利用和整合效应。“资金”问题，即要“广开投融资渠道”，健全多元投入保障机制，加大金融支农力度。关键在于形成市场化的产业负债能力，形成资本追逐效应。

布局是乡村规划中的重要问题，比如建设的就地城镇化、乡村的拆并改建、公共服务设施布局、优化的乡村结构等。规划布局需要根据每个村庄在整体规划中的合理位置和资源条件，进行集约化、融合化的发展结构预判，指明未来5年、10年、20年的发展方向，形成蓝图。集聚提升类村庄、城郊融合类村庄、特色保护类村庄、搬迁撤并类村庄，要分类推进乡村规划，不搞“一刀切”。

产业振兴是乡村振兴的核心和关键。其中，全域旅游与乡村振兴的关系是非常密切的。每个人都有一个城市的桃源乡居梦想，乡村是最宝贵的资源，城市人的乡村需求在很大程度上影响乡村发展。全域旅游与乡村振兴同时涉及区域的经济、文化、生态、基础设施与公共服务设施等各方面的建设，通过“旅游+”建设模式，全域旅游在解决“三农”问题、拓展农业产业链、助力脱贫攻坚等方面发挥重要作用。同等空间覆盖、共用基础设施、导入消费能力、促进宜居生活、形成乡居新人、共享乡村价值等全域旅游的要求，能有效满足乡村升级和城市人下乡的需求。

乡村振兴规划可分为五个层级：第一，县域乡村振兴战略规划包括乡村振兴总体定位、生态保护与建设、产业发展、空间布局、居住社区布局、基础设施建设、公共服务设施建设等；第二，县域乡村振兴总体规划与城镇体系规划衔接，是在战略规划指导下，落地到土地利用、基础设施、公共服务设施、空间布局与重大项目，而进行的一定期限的综合部署和具体安排；第三，乡、镇、聚集区规划指聚集区（综合体）为跨村庄的区域发展结构，包括田园综合体、现代农业产业园区、一、二、三产业融合先导区、产居融合发展区等；第四，村庄规划是以县、乡规划为指导，对村庄发展提出总体思路，并具体到建设项目的一种建设性规划；第五，乡村振兴重点项目规划是对乡村振兴中具有引导与带动作用的产业项目、产业融合项目、产居融合项目、现代居住项目的统一称呼，功能类型包括现代农业园、农业科技园、休闲农场、乡村旅游景区等，规划类型包括总体规划与详细规划，具体内容包括改革与治理、文化保护与传承、人才培训与创业孵化等十大内容，从方向与目标上进行总体决策，不涉及细节指标。

在乡村规划编制过程中，应充分重视以需求为导向，突出以下几方面：乡村产业在空间的落地和建设指引，农村人居环境作为规划重点，加强空间和土地的精细化管理，乡村建设要有针对性、实效性和实用性，规划的编制要能指导具体的设计和建设。还要加强中微观的规划管控，诸如村庄周边森林和生态修复，村内水渠河道与水利设施，周边景观与垃圾处理，乡村风貌的定位、风格与材料，基础设施选型选线等。

3．别桥镇村庄规划

别桥镇是江苏省溧阳市的“北大门”，地处“沪宁杭都市圈”中心地带，水陆交通便捷。规划任务是落实上级国土空间规划和相关部门对乡村发展的要求，根据村庄分类和国土空间开发保护、居民点建设、乡村治理等实际需要，因地制宜明确村庄发展目标、土地利用优化布局、耕地和永久基本农田保护、国土空间综合整治和生态修复、产业发展布局、农村居民点规划设计、历史文化保护与传承、公共服务设施和公用设施布局、近期实施计划等规划内容，并合理确定规划编制重点和内容深度。

规划原则为多规合一，助力乡村振兴；保护优先，节约集约利用；按需编制，做到能用、管用、好用；塑造特色，彰显乡村风貌；开门编制，尊重农民意愿；特别强调产业空间的规划引导。规划总体策略是，以别桥镇特色产业、乡村旅游业、现代服务业及后端产业链，共同搭建新型乡镇产业体系，三产融合，互动发展。

产业发展空间上分为三大板块。第一板块形成“两轴、一园、一核、六区、一环”的产业空间布局结构。其中，“两轴”为溧阳1号公路外环线发展轴和玉华山村新建公路发展轴；“一园”为别桥原乡统一规划为统筹农旅主题公园；“一核”为以后周游客服务中心、深加工中心为统筹乡镇发展核心区；“六区”为特色产业、现代农旅、养生康养、党建基地、农业创新、水库创意打造区；“一环”为依托现状道路，形成六区统筹环线。第二板块，形成以“北山、别桥、合星、镇东、前程、马家”为片区，打造镇区一体化。第三板块，立足现状基础，打造现代化农业、渔业基地，延伸产业链，形成整体合力。

在产业融合方面，有许多独特的做法。如提升农业发展质量，构建全产业链；强化“链群”思维，构建融合发展的大农业体系，注重打造高效生态农业、休闲观光农业、农业服务支撑、农业加工体系；经营现代农业物流，采用“预定制+全程冷链+冷柜自提+营养膳食+农旅康养”的运营模式，通过大规模的基地直采和集约化的冷链配送等方式，打通优质农副产品从田间到餐桌“最后一公里”；强化数字乡村建设，形成“互联网+农业”的现代农业发展模式，利用人工智能、云计算等发展智慧农业，同时形成现代化农业服务品牌；打造别桥无人机小镇，实现“宜业、宜居、宜游”的目标，深耕并延伸工业级无人机全产业链，提升价值链、创新供应链。

别桥镇在不同乡村设立特色板块（图1～图4），如村落旅游板块（黄金山），休闲观光旅居康养为产业定位；乡村田园板块（玉华山），主打体验旅游、休闲教育农园；农旅引导板块（小石桥），以科技农业和特色农业打造“石斛之乡、生态之乡”；农旅引导板块（塘马），打造青少年体验旅游馆、冷链物流中心；荷塘文化板块（西庄），围绕荷花产业，建立荷塘产业深加工中心；旅游集散板块（后周），农旅引导打造游客服务中心与聚集型民宿。

通过系统规划，第一、二、三产业达到联动融合，共同推进乡村绿色发展，打造别桥镇人与自然和谐共生发展新格局。

图1　黄金山村游客服务中心效果图

图2　黄金山村民居环境效果图

图3　塘马村居民点效果图

图4　西庄村环境提升效果图

刘继东，无锡东方新格环境设计装饰工程有限公司设计总监

田园综合体的多维结构打造

徐心怡

1．田园综合体概述

田园城市理论，是英国的埃比尼泽·霍华德（Ebenezer Howard）提出的一种将人类社区包围于田地或花园的区域之中，平衡住宅、工业和农业区域比例的一种城市规划理论。该理论所设想的城市与乡村的关系、人与物的关系、规划与社会的关系对后世产生了很大影响。

田园综合体是一种在生态、人居、产业之间寻求共融的持续发展的方式，是一种乡村活化的途径，是一种设计思维方式，也是一种操盘模式。

第一，田园综合体是生态综合规划区，以生态农业为引领，依托自然风光，发展田园城镇，建立生态人居环境。形成农园市集、有机农场和教育园，为向往生态田园生活的大众提供一片乐土。形成以农业、旅游与居住三大板块联动发展的综合规划区。其活动可包括农业生产交易、乡村旅游休闲度假、田园娱乐体验、田园生态享乐居住等。

第二，田园综合体是一种新型的经济组织模式，能够整合三产、发展复合产业链，打造田园城镇核心竞争力。在有一定资源条件的城乡接合部，把第一产业（新型的农、林、牧、渔）、第二产业（特色手工业、环保产业）和第三产业（旅游业、房地产业、服务业、文化产业）的各种分散资源进行整合，统一开发、综合利用、长期管理，各产业间相互促进，发挥系统优势。一方面，田园综合体包括了农业种植区、农业产业区、农文旅休闲区，还有集体土地的村民住宅区，以及土地盘活后的文旅运营居住区或销售区等复合区域。另一方面，也是一个系统且复杂的商业逻辑，需要统筹不同的行业和专业之间的联系和配比，测算投入产出比、回笼资金、可持续盈利等多方面问题。

第三，田园综合体是一个文化聚集的平台、组织的平台、开发的平台、融资的平台、管理的平台，可依靠这个平台来实现城乡一体化的目标，发扬地方特色、繁荣地方经济、保护生态环境。通过整合相似价值观表达的人群，建立共同认可的空间和符合其商业逻辑的运营模式。

田园综合体本质上是在制造人与自然、环境间的连接，是把有相同价值观的内容制造者结合在一起。它所倡导的低碳与可持续路径，与整个国家未来发展趋势是协同的。它并不是单一地还农业、农村、农民一次发展机会，而是为整个社会寻找到一种全新的思维方式。田园综合体能够使当地地域品牌得到塑造与传播，提升地域文化关注度，整合各类自然和文化资源，能够提升深度消费和观光价值，满足城市人的田园理想，有效促进乡村振兴。

通过对田园综合体的长时间研究与实践，可以看到设计师在某种意义上，应该突破自身工作内在的局限，将设计对象看作一个成品，成为一名产品构架师，以复合的思维模式来思考产品从诞生、创作、运营、成效与收益的全过程。

2. 设计案例解读

（1）文旅导向下的无锡阳山田园东方田园综合体

田园东方项目位于无锡市阳山镇，这里有华东地区保存最完好的圆锥形亿年火山，也有朝阳禅寺这样的千年古刹，还有百年安阳书院，更是著名的水蜜桃生产基地，拥有万亩桃园，人文与自然资源丰富。

阳山镇的规划结合自身优势开展特色化的产业发展。以第二产业优化为保障，提升现代农业发展，积极植入第三产业。以乡村休闲和文化旅游为引擎，引领一产增效、二产升级。整体构建三个产业互动转型发展的格局，促进城乡文明互动，形成城乡社会一体化发展格局。

因此，在总体规划上，形成乡村旅游主力项目集群、田园主题乐园、健康养生建筑群、农业产业项目集群、田园小镇群、主题酒店及文化博览群等区域。在具体设计中，形成10个小型商业综合体空间。有开放的“拾房市集”、交互共享的“相识餐厅”、多功能的“田园大讲堂”，还有拾房咖啡、拾房书院、可食花园、面包房、“桃花泉”等（图1~图4）。在空间语言上，通过水杉打造入口进入感，以溪水拱桥进入场地，远处为成片桃花田园，复刻了一幅人们记忆里和印象中的田园风光。田园综合体作为一种新的方式，介于城市和乡村的商业过渡区，其实是一种社区配套的外延。

（2）IP导向下的成都阿狸田野乐园

在田园综合体打造中，田野乐园往往成为核心板块。打造让孩子自己探索的体验式非动力乐园，在IP梦境和田野中，定格独一无二的游乐体验，并通过一系列活动促进亲子关系，增强互动体验。

以成都阿狸田野乐园为例，由田园东方、梦之城、和盛田园东方三方携手打造，位于成都天府新区新兴镇和盛田园东方田园综合体内，占地15万平方米。乐园以国内知名IP形象阿狸为主题，依托良好的田园生态环境，汇集全球知名品牌非动力设施设备，为游客提供理想的田园游乐体验。

图1　民宿聚落

图2　拾房市集

图3　田园大讲堂

图4　拾房咖啡

乐园设愿望草坪、成长田野、耳语花园、星光牧场、阿狸的家、阿狸漫画工作室、创玩实验室、矮人部落等区域，适应不同年龄段玩家的分层设计，真正让宾客们得到个性化的游乐享受。在这里，孩子们不仅可以在阿狸的陪伴下与大自然进行亲密接触，还能通过主题沙龙、亲子活动、自然教育、拓展探索等活动，在阿狸的童话梦世界中开启自然探索之旅。

（3）产业导向下的甘肃张掖民乐丝路花海田园综合体

民乐县地处欧亚交通主动脉，向西沟通欧洲发达市场，向东联通国内四大经济区，临近武威保税区，有便捷的内陆出口运输优势。随着世界花卉产业往低成本发展中国家转移的趋势，以中国、肯尼亚、哥伦比亚为代表的发展中国家逐渐成为全球花卉种植中心。民乐将作为国际高端花卉产业的生产地之一，且本地特色农产品具有一定的知名度，未来可构建有效产业链，树立品牌；作为丝绸之路旅游线路的必经之地，草原、雪山、花海等旅游资源具有一定品牌效应，因此，设计从筹划一、二、三产业之间的内容出发，将设计定位为丝路花海田园综合体，彰显土地和区位价值，具体通过海升万亩桃园、兰花产业园办公区、中草药养生区、农耕文化博物馆、圆通寺文化区、六坝中心公园、民宿文化街、河西宿集、温泉度假酒店等来打造独具民乐优势和特色的田园综合体（图5）。

图5 民乐丝路花海田园综合体鸟瞰图

图6 罗豆国家农业公园国际农业会展中心效果图

（4）产业导向下的海南省文昌罗豆国家农业公园

设计以创建国家农业公园的标杆项目、打造独具滨海田园调性的国际农旅服务集群、开创全国最大、首家世界级热带农业试点、带动海南农业产业结构转型为目标，以农业产业、康养产业、科研产业、教育产业、休闲产业等进行生态和产业提升。结合智慧农业，联动发展文昌特色产业，形成独树一帜的航天产业研究平台，打造太空农业特色为主题的国际农业会展中心，发展科研与示范园为一体的观光农业科研基地，建立太空农业研究基地，提升地区竞争力（图6）。

田园综合体是商业模式，还是一种新型城乡发展形态；是乡村和小城镇的一整套规划、建设、运营方法，是发展田园乡村、田园小镇的模型；是以“农业＋文旅＋社区”模式构建下的农业教育、文旅开发和社区建设。

（5）乡村振兴背景下的南京龙尚田园项目

项目位于南京市东北部江宁区龙尚片区。龙尚村有很多水泥矿，有七八十年的历史，它代表着一种积极向上、开拓进取的精神和时代发展的印记。设计以小田园的商业模式为支撑，来改造整个区域，希望通过创业、创意吸引人才入驻，打造文创聚落主题农场，以新时代的方式用创意改变生活。通过乡村美学重新定义创业型的乡村生活方式，形成一个田园创意生活样本。

设计的三大核心板块：第一，龙尚田园小镇形成具有深度文化体验和高质量美感的创意田园空间，包括文创聚落、葡萄农场、度假村等；第二，单车田野乐园打造家庭型自然休闲精选地，以运动主题为核心，包括生态环保认知、艺术装置展、IP沉浸式体验、自然体验设备等；第三，尚庄村田园美村塑造成乡土美好生活集中示范区，包括田园生活体验、田园俱乐部和田园度假等功能。

其中，田园乡村客群聚焦20～40岁、向往田园生活的城市文艺中青年。通过乡村空间与环境、乡村艺术与集市、乡村公寓与民宿、乡村社群与运营四个层面的焕新与计划，将田园的美好生活方式不断传递和辐射，串联和带动周边更多的场域、活动和项目。旨在打造见素抱朴的田园美学、社群的温度和氛围营造、保持孩童般好奇心所带来的简单快乐以及文化意义上乡愁的安放与回归。入口是兼具实用和美感的尚庄市集和田园村厨，经过驿站和村民广场为核心的公共空间，来到崇尚田园乡村美学的乡村艺术酒店，以租赁代替销售、作为旅居工作室的田园美居，突出“融合”和“社群”的场所骑行驿站，在景观田地中享受在地美食的乡野餐桌等。设计希望人们在尚庄找回自己，在田园里重新找到社群、找到家，圆满打造社群化、私密性与公共性合理并存的、多元化价值导向的心灵家园。

徐心怡，乡见设计、乡见合作社总经理

城市更新背景下乡村振兴的设计与实践

朱晓燕

无锡城是一座历史悠久的中国文化名城，它有着优越的自然山水格局，也是环太湖城市群的中心位置。在未来长三角城市一体化发展的过程中，无锡将会承担重要的角色。无锡城市构建了“一水穿城、二星拱卫、三山抱湖、四面田园”的山水城市形态。一水穿城，即打造大运河文化风貌带，带动运河两岸历史文化、生态绿地、旅游休闲、公共空间的整合提升。二星拱卫，即以梁溪老城（龟背城）和太湖新城核心区为重点，结合历史街区、历史建筑及现代地标，展现无锡历史文化名城特色与现代气派新都市景观风貌。三山抱湖，即将惠山—青龙山、马山—焦山、雪浪山—军峰山等优质山水资源与城市公共空间充分结合，塑造无锡最具标志性的山水城市格局。四面田园，传承乡村地区的历史文化，提升乡村地区的空间品质，强化农业、生态、景观等功能，塑造各具特色的田园景观风貌。

1. 案例一：无锡阳山“桃花岛”设计

阳山镇位于无锡市惠山区，属太湖平原，地势东南高西北低。中部有安阳山、小阳山、长腰山、狮子山，安阳山为华东地区唯一的火岩层山。亿年之前火山喷发，它的火山灰滋润了这片土地，世世代代到如今得以种出一种口感香甜的软桃——水蜜桃，它作为国家的重要农产品特色代表，持续向外宣传推广。整个阳山的5平方公里的核心区域中保存了大量的桃园种植基地，另外用了一些顺应自然的点式开发。

桃花岛在阳山的中心景区，占地面积1公顷有余，其定位为时尚阳山新名片、新郊野会客厅。设计从当地居民的现代化生活需求出发，打造一个开放式、休闲赏景的现代化园林空间。既有现代园林的轴线处理、大草坪和规则的亲水平台等空间，也有江南地域文化的传统园林韵味，在岛屿之间以小桥串联，营造空间的步移景异之感。此外，规划时，前瞻性地预留了四块民宿的建设用地，对周边地块产生了潜在价值提升的影响。

2. 案例二：被动房设计及其运用

被动房，也叫超低能耗建筑，1988年由德国的沃尔夫冈·菲斯特（Wolfgang Feist）教授和他的瑞典导师开始研究，1991年在德国的达姆施塔特（Darmstadt）建成了第一座被动房建筑，1996年沃尔夫冈·菲斯特（Wolfgang Feist）成立被动房研究所（PHI），为独立的第三方研究所，并在全球推广被动房。主要通过给建筑外墙增加保温隔热的一些措施，通过建筑本身的构造设计达到舒适的室内温度，满足冬暖夏凉的要求，以提高建筑室内环境品质，让室内常年保持恒温、恒湿、恒氧、恒洁、恒净的生活环境。超低能耗建筑具有很多优势。如改善了我国建筑寿命短的现状，摆脱对化石能源的依赖，实现建筑节能减排，降低建筑对冬夏季温控的需求，缓解城市热岛效应，促进建筑与建材行业产业升级和发展，提供给人们健康安全的室内环境等。

实际上，被动房造价高昂，但在我国仍应该广泛推广超低能耗的建筑。因为我国建筑全过程能耗非常高，截至2018年，占整个国家能源消耗总量的46.5%，尤其体现在建筑的建材、建筑施工、建筑运营上。未来想要节省整个建造能耗，需要在建筑过程中控制建材的生产能耗、搬运能耗、施工能耗，还有存量和运营的能耗，在各个方面进行建筑全过程的能耗控制，从而达到未来碳达峰、碳中和的总要求。

在20世纪七八十年代无锡地区建造了一批农民自建房。受到经济条件限制，为节省材料和提高保温隔音性能，这些建筑多采用空斗墙做法。历经时代变迁，建筑的安全性和舒适度已经不适合现代建筑的需求。如果将这些建筑拆除重建，很大程度上破坏了乡村风貌，隔断了乡村历史记忆，因此如何对此类建筑进行合理改造利用就显得很有意义。

无锡市建筑专家工作站办公楼坐落在无锡市阳山镇桃源村，该建筑原为采用空斗墙技艺砌筑而成的三层农房，通过改造成为低碳建筑样本（图1）。建筑采用务实的方式、运用超低能耗手法进行设计。改造方案以环境改善、建筑绿色性能提升和能源资源节约为目标，在保留建筑风貌的同时，调整功能布局，对建筑及周边环境进行改造提升；在保留原有空斗墙砌体构造的同时，对结构体系进行加固改造，并应用了外墙内保温、保温与装修一体化、绿色照明、全热回收新风和空气源热泵等技术。项目综合节能率达82.2%，年节能量达18吨标煤，折合碳减排量45吨，达到了超低能耗建筑标准。临水面的开窗面积不大的白色墙面在夜晚形成幕布，给夜晚光影秀提供了舞台。该项目是省级抗震防灾体系构建农村公共建筑加固试点项目、省级超低能耗被动式绿色建筑工程示范项目。

图1　无锡市建筑专家工作站办公楼

3. 案例三：周新古镇环境提升设计

在无锡现存的古镇当中，周新古镇规模不大，周边原本为居住区，但古镇修整后，由于居民外迁，导致古镇活力不足。因此，政府希望通过对周新古镇周边的产业复苏来提升古镇的活力和人气。

周新古镇位于无锡市经开区，1902年开始建屋造桥开设店铺，形成了水陆并行、河街相依的传统江南建筑风貌。2008年列为无锡历史文化村镇保护名录，2018年老街区保护和复建工程开始实施。规划后的周兴镇，以文化商业步行街、特色餐饮水街、历史体验街和七个主题巷子形成“三街七巷”的格局，形成“商住区、历史展示区、历史商业区、国际公寓区”四个区块。

初步建成的古镇空间中，街区入口绿地空置，无法承担集散功能，缺少标志物。因此，优化设计方案提取传统中国古建筑的穿斗式木结构元素，用玻璃砖砌作构筑物，起到“框景”的效果，高大的体量不仅使入口提示感得到增强，也展示了景区形象（图2）。

衡源路沿街建筑风貌不佳，动线过长，缺乏引导性，道路与外界缺少区分，因此设计以水景和植物交错的景墙遮挡背后建筑，横向线性延伸的景墙起到引导人群进入的作用，景墙通过隔、透、漏、望等不同方法与居民区隔而不断，形成线性街道空间，地面用铺装进行内外界的区分。

在街区内部，运用墙面加文字的形式与周新古镇进行时空对话。设立文化景墙、景观小品，结合灯光效果，把周新老街的故事——周舜清的创业故事，镌刻在景观墙上面，通过这种植入历史文化节点的方式，让来参观和游玩的人，得到历史文化的熏陶。

图2　街区入口景观设计

在衡源路和贡湖大道交叉口，将入口广场打开，形成集散、活动与展示多功能于一体的广场空间，打造特色水景，形成可观赏、互动的网红节点，引入非遗展示功能。

4．案例四：无锡金城路高架海绵城市游园

海绵城市作为一种低影响、低开发的设计手法，通过“渗、秩、序、禁、用、排”等六种方法来控制雨水，并对雨水进行净化和回收等，通过这些低影响、低开发的手法来减轻市政雨水管网的压力，使原有场地上的雨水得到很好的利用，其本质对自然资源循环起到了很好的恢复作用。主要硬性指标有三个：径流系数的控制率、面源污染的削弱力、透水铺装的比例，其目的就是将尽量多的雨水留在场地上。

无锡市作为江南水乡，并不缺水，却是一个水质型缺水的城市。无锡的江河湖泊在城市化进程中，从原先的5000多条河流减少至2000多条河流，削弱了自然生态的排水功能。海绵城市建设就是要通过生态处理的手法、前沿控制的手法来提升水质，降低市政管道排水压力。

金城路海绵城市游园的两处选址在周边社区还未成熟之前，仅作为市政防护绿地来定义，植物郁闭度高，人无法进入活动，随着周边社区的不断完善成熟，绿地空间性质的改变显得尤为重要，需要打造成具有游憩功能的海绵城市游园。

设计提出了两大策略，协调湿地恢复与城市发展的关系，建立“生态区—缓冲区—试验区”湿地圈层保护模式；保障湿地内的水源及水量，构建湿地生态水网体系：联通城市原有水系栖息地；增设种植台、砾石浅沟、混凝土砾石池等，打造多样化雨水收集系统；设置三级淹没区域，构建内部水网体系。

海绵城市理念下的立交下部空间更新设计，在诸多方面都产生了综合效益。首先，通过生态和景观的理念削弱了立交桥对城市空间的影响，增强了生物多样性；其次，可进入的设计使其成为周边居民的休闲绿地，改善了人居环境；此外，绿地还承担了科普展示、自然教育的重要功能。整个项目对无锡整体的立交防护绿地的改造起到了很好的示范作用。

朱晓燕，高级工程师，江苏博森建筑设计有限公司

从乡村实践到城市更新

徐建兵

在乡村建设发展之前必须清晰地认知为什么要发展乡村。随着城市快速发展建设，乡村似乎成为城市的附属品。而实际上，乡村是家园，也是故乡；乡村是我们来之所在，也是我们心之所趋；乡村是我们的底色，也是文化的沃土。乡村应该在新时代背景下尽情展现新田园风貌，不能使乡村成为城市的低配版，直接套用城市的模式或开发逻辑是有问题的。乡村是脆弱的，不仅自然环境容易遭到破坏，而且乡村人口流失、年轻人较少、活力丧失等问题都很突出。因此更要谨慎地持续探索乡村的发展之路，这既是作为一名设计师的情怀也是责任。

1. 案例一：乡村脉络及文化重构——龙宫村落

龙宫村位于贵州山区，拥有独特的山水风光与自然风貌，是一个喀斯特地貌自然村。村落原本为景点，但因旅游业逐渐凋零，村落原生的活力也逐渐失去，因此当地政府整村迁移至他处，只保留了一些房子和一个寺庙，该寺庙为国内最大的洞窟型的寺庙。

村落脉络决定了整个村落的空间发展，村落地势较为平坦，空间形态肌理呈现树枝状分布。建筑与地形、道路形成统一又有变化的村落形态，有机融入自然生态中；地势相差较大的山地村落呈线型空间肌理，村落顺应地势，因地制宜地与自然山体、水系形成共享的栖居环境。因此，从村落脉络出发的设计策略是要尊重自然山水本色，保护生态廊道、生态斑块、生态肌理，植入绿色规划理念和被动式低能耗方式，构筑山、水、村共融的空间体系，应用当地村落的自身逻辑修补肌理。

村庄现存建筑排布密集、风貌杂乱，原始肌理脉络遭到破坏，配置率和使用率较低。在村落空间重构过程中，应充分考虑到不同风貌建筑的整合、新业态的介入与融合，以及对环境的保护。利用生态隔离带或者生态净化带，形成最终的总体规划布局（图1、图2）。首先，对现有村落肌理脉络和空间秩序进行整合，梳理生存环境，恢复村落空间尺度。对有特点的民居进行保留再生、优化街道空间风貌、置入一些将频繁使用的公共设施，以便服务旅游工作和商业活动。其次，整理提升河岸与农田的界面、河岸与村落的界面，塑造滨水空间和公共空间，保证开阔的景观视野，形成具有山水意境的自然的生态桃源基地。最后，根据当地文化对龙宫村的村落文化进行重构，挖掘当地的传统历史文化资源、家族家规、生活习俗等内容，使它重新发芽，多元交融。

图1　龙宫村落整体更新效果图

图2　龙宫村落景观更新效果图

在一些具体措施上，需要充分体现人、建筑与自然同构的观念。例如，有效处理屋顶雨水和地面雨水，提升场地雨水回收的效率；采用太阳能光伏板和保温石材等，获得一种高效、低耗、少废、少污、生态平衡的建筑环境；丰富河流驳岸形态，增加挺水和沉水植物，提高河流自净能力，合理布置生态沟渠用于农田余水回收，防止污染水源并促进营养物质循环，净化后的水流再次进入河道中；加强山体保护，涵养泉水生态环境，增加色叶植被等。

2．案例二：乡村建设中的微介入、轻设计

乡村建设过程中，微介入、轻设计，就势赋形、随形成境是重要的设计原则。巨构的建筑体量容易对原场地形成某种程度的破坏，应以当地的风俗习惯和周边的建筑型制为基础，以微型、柔和、友善的方式进行设计思考和介入。

江苏省江宁区某村庄，结合政府的扶贫计划，村庄置入餐饮、俱乐部、民宿等业态进行改造，村民亦有自发建设，最终这里形成了一个以村落风貌为基础的旅游模式聚落。该设计取名为“小院子”，可顺着一路曲径通幽的走道，依地形之势进入建筑。建筑与环境紧密融合，尽量保留场地原有树木，内部厅、堂、茶廊、内院、寝室等空间布局合理，整栋建筑以自然和谐的状态在环境中呈现（图3、图4）。

图3　以微介入方式建造的“小院子”

图4　“小院子”院落空间

3．案例三：城市更新的思考

城市是人类文明发展的必然形式，是现代文明生活的载体，也是都市文化的发源地，更是人类雄心的见证。然而反思工业社会以后城市的发展，城市有时候又成为文明的盲区、都市文化的灰暗地带和人类雄心的反证。也正是这些现象的出现，城市更新成为城市文明发展过程中的重要反思。设计师必须思考，城市更新中如何形成现代生活的新生，形成都市文化的新地带。

上海世博黄浦体育公园项目，原址为2010年上海世博会的配套用地。随着时间的推移，城市功能的更新，这里成为一些仓储、停车场、游戏房的功能聚合点。相对于整个城市来说，该区域是过于消极和封闭的。以何种方式来激活这个地块，让它成为一个更加积极开放的场所，对城市产生更多有序和正向影响，让市民参与其中，这些都是设计面临的问题和挑战。

设计场地有五栋小楼、两栋大型仓储库房以及三个配套用房，其余为硬质停车用地。首先，结合区域公园的功能诉求，对场地建筑进行重新梳理。一栋小楼进行拆除，保留两栋，一栋在南浦大桥底下，一栋沿着黄浦江承接城市江景的景观界面，还有两栋大型仓储库房成为主要的民用房，对其进行功能改造和连接，形成一个整体的室内场馆，沿江一栋改造为休闲旅游性质的家庭协同互动休憩空间，配合一些运动设施的配套功能。另外，在南浦大桥底下设置移动服务及餐饮服务功能。面积最大的足球场被设置在南浦大桥底下、滨江绿化以内，迎江而设置，平常可以进行各种社团运动，也可以临时提供一些户外活动，比如大型的户外节庆活动、户外会议活动或聚集，或是户外活动培训场地等。以黄浦江畔及对岸的江景为背景，形成一个与城市文脉有机融合的户外活动场所。户外的一些零星用地形成一个全区域的运动功能空间。主体的运动场馆内设置了室内的篮球场、羽毛球场、乒乓球场以及健身房等，在屋顶设置了网球场和足球场，能够以独特的角度在屋顶看到江对岸的景观，并产生别致的场所感官体验。同时，还有屋顶花园、阅读书房、办公等，整个区域形成了一个比较完善的运动功能集合区域。建筑立面设置绿植墙与滨江绿化和江景相协调，与周围环境有机融合。这里形成了一个以活动为主题的运动公园。项目结束后的回访中发现，人群的使用超出了预期的功能设置，非常多的市民参与到场地活动中，培训、慢跑、散步、骑行、聊天、驻足观望等，多元的自发性活动形成了有趣的互动场景，使原本消极的角落变成一个极富活力的城市开放空间。

徐建兵，南京市黑耀城市建筑规划设计有限公司总经理

乡村规划与建设分析
——以无锡古庄项目为例

黄清云

乡村景观是乡村文化、经济、自然、景观的综合表现，是独具特色的地域自然资源与人文资源的综合呈现。乡村景观文化具有地域性、多样性、延续性，主要包括自然景观和人文景观两个部分。自然景观是指地势地貌、生态环境、水域分布等，人文景观是指当地百姓在日常生活中所展示出的精神文化和地域文明。

乡村景观建设中，要坚持科学发展观，树立可持续发展理念、生态文明保护意识，要把生态环境保护放在第一位，保留乡村原有的自然风貌，提高景观布局的科学性和合理性，确保生态系统质量和稳定性，充分彰显乡村景观的生态价值。乡村景观建设中，还要传承、发扬地方文化，深挖并彰显独特的乡村历史文化及民俗文化，探索文化利用长效机制。一方面要打好文化牌，有效保留传统古村落、古民宅等有历史文化价值的乡村建筑，树立文化品牌，将乡村文化作为乡村全面振兴的持续动力；另一方面，打造乡村特色旅游产业，以此增加就业岗位，扩展村民的经济来源，进而推动乡村经济发展。

另外，要创新特色乡村旅游的开发方式，全面融入园林景观建设理念，将绿色自然与惬意生活有机结合；有机融合农业种植理念，打造特色的农业体验活动；以本地常用品种为主，创新种植方式，打造绝美的乡村景观，提高景观的观赏价值和艺术价值。

下面以无锡市惠山区古庄村项目为例进行设计案例分析研究。古庄村项目的实施案例包括村域规划、村庄总体方案及景观方案三个部分。

1．村域规划

（1）规划总则

随着长三角新一轮特色田园乡村建设的开展，省市层面出台了一系列推进村庄规划编制的文件，无锡市委发文加强改进农村住房建设管理。古庄村规划严格遵循了以下原则：多规融合，注重上下衔接；分类对调，强调因地制宜；保护文脉，凸显乡土特色；公众参与，关注基层诉求。村庄规划分为村域规划和村庄（居民点）建设规划两个层次。其中村庄（居民点）建设规划又分为规划发展村庄规划与一般村建设规划。以古庄社区（行政村）行政管辖范围为本次村庄规划范围，辖古庄村一处自然村点，总用地面积约1.62平方千米。规划依据《中华人民共和国城乡规划法》以及江苏省与无锡市的相关规划与导则展开工作，规划期限为2017年至2030年。

（2）村域规划

① 村域发展条件

古庄社区位于无锡市北部、惠山区和堰桥长安街道东北角，三面临水，北面与江阴市仅有白荡之隔，东面与锡山区毗邻，南面与长宁社区和长安社区接壤。古庄社区南部有京沪高铁穿境而过，村庄主要通过惠际路连接城区，距无锡市中心约15千米，距地铁一号线堰桥站5.5千米。古庄村现有自然村一个，常住人口483户，1595人，60岁以上老人占比33%。村域用地面积为162公顷，建设用地面积为18.93公顷。古庄村以农业为主要产业，工业和服务业较少。公共服务设施主要有：村委、社区卫生服务站、老年活动室、图书室、室外体育活动场地。

古庄社区水资源丰富，拥有湿地等优良自然景观资源。古庄生态农业园的蔬菜瓜果种植基地位于社区北部。古庄有着深厚的渔业文化、农耕文化及蚕桑文化，宗族、庙会、古庄老街等也是重要的历史文化资源。村内房屋呈组团状紧密排列，是典型的临水而生的江南村落。

古庄的发展优势主要体现在自然资源、现代农业以及渔农耕读文化层面，劣势体现在区位偏远、产业单一、缺乏联动以及村民外迁意愿显现。随着乡村旅游市场的发展及民居建设政策放宽，也为村庄发展带来机遇。未来发展需要在产业融合品牌树立、惠山片区错位竞争以及环境民居特色风貌等方面发力。

《无锡市惠山区堰桥-长安街道镇村布局规划》（2015）中规划古庄为发展特色村，具体定位为产业型特色村。以古庄农业生态园为重点，开发田园观光、果品采摘、农场体验、垂钓等旅游项目，并配置相应餐饮、住宿、旅游服务设施，开发总量与规模需因地制宜加以控制和引导。

② 相关规划解读

《无锡市惠山区长安镇（片区）总体规划》（2015～2030）引导锡北地区整体形成“六区、五廊、三轴”的空间发展结构，古庄位于市际生态廊道北侧的农业生态空间内，规划要求严格保证基本农田规模，维护农业空间边界完整性，防止建设用地侵入，同时推进特色农业、观光农业等现代农业发展。在产业布局引导上指出古庄要立足特色村发展，挖掘乡村湿地、田园风光资源，打造古庄乡村旅游品牌，积极发展乡村休闲旅游。

③ 发展目标与规模

近期的发展目标以推进古庄生态农业规模化、现代化生产和品牌化、电商化经营为重点，提高土地利用效率，优化村庄布局与公共服务设施配套，因地制宜对民居进行修缮、改造，切实改善村民住房条件与居住环境，重塑江南水乡村落特色风貌，将古庄村发展建设成为生产高效、产供销一体、生态优美、风貌宜人的宜产宜居乡村。远期的发展目标是持续推进农业现代化发展升级，着力促成蔬果种植、花木栽培、白荡湿地、民居村落与乡村旅游业联动发展，提炼传承本土渔农、耕读文化，因地制宜策划旅游项目并完善相关设施配置，将古庄村发展建设成为产业链完整、旅游产品丰富、旅游配套完善、文旅特色鲜明的现代特色乡村。

功能定位上，以宜产宜居、产业联动为重心，将古庄发展建设成为集蔬果种植、花木栽培、采摘餐饮、科普娱教、湿地观光、文旅体验六大功能于一体的现代化魅力乡村。并构建种养加工、产供销、贸工农、农工商、农科教一体化的经营体系，实现区域化布局、专业化生产、规模化建设、系列化加工、社会化服务和企业化管理。

④ 村域空间布局与产业发展规划

村域范围内形成“两轴、一心、五区”的空间布局结构，“两轴”为古庄线景观与交通主轴、惠际路交通与景观主轴，“一心”为乡村综合服务中心，“五区”为中部村民居住及旅游配套区、北部农业区、东部农业区、南部林业区及临水湿地区（图1）。

在产业发展规划层面，古庄以生态农业和乡村旅游为主导产业，形成“双联”的产业结构体系（图2）。产业发展路径以生态农业和乡村旅游为主。形成的产业空间结构为“两轴、一心、六板块”，“六板块”指的是生态湿地文教观光区、生态农业种植采摘区、玫瑰基地文旅体验区、花卉苗木栽植观赏区、林下花海与旅

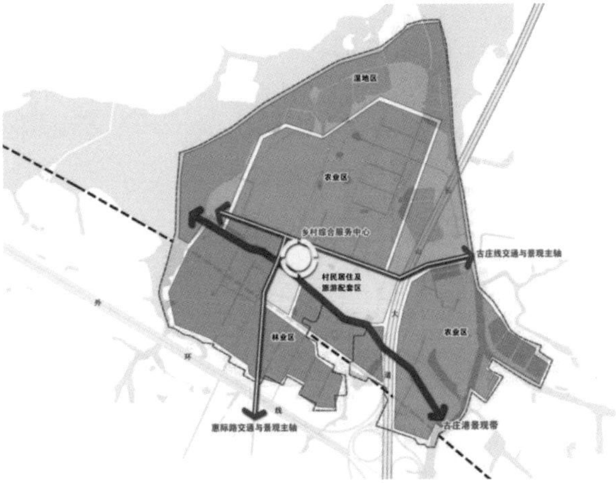

图1　村域空间布局

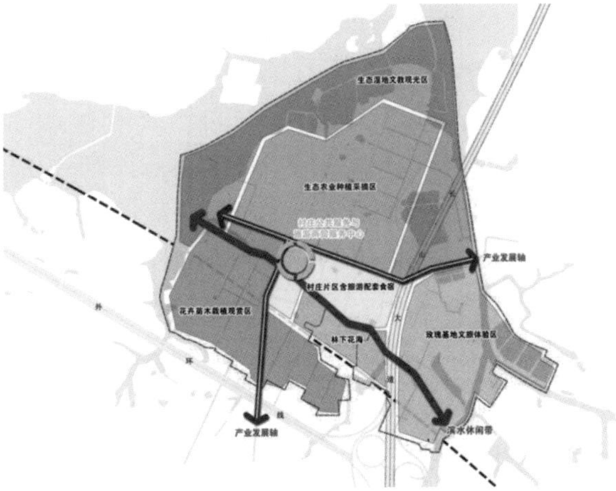

图2　产业发展空间布局

游配套区。

另外，在公共服务设施和基础设施规划层面，古庄村公共服务设施配套基本完善，未来需加强村庄公共服务设施管理与服务功能，提高公共服务设施使用效率。规划维持道路现状，优化路面及两侧绿化带，并与规划新建快速路加强联系。市政设施规划包括了给水、排水、供电、通信、燃气和环卫等。

（3）发展规划

古庄村为古庄社区唯一村庄居民点，定位为产业型特色村。旨在打造成各项设施配套完善的宜居村庄、传统现代相得益彰的本色村庄、文化旅游体验出众的创新村庄。发展思路遵循“三步走”的策略：传承庙会农耕蚕桑等民俗文化，延续街区水系植物形成的空间肌理，迎合未来市场需求植入创新功能。

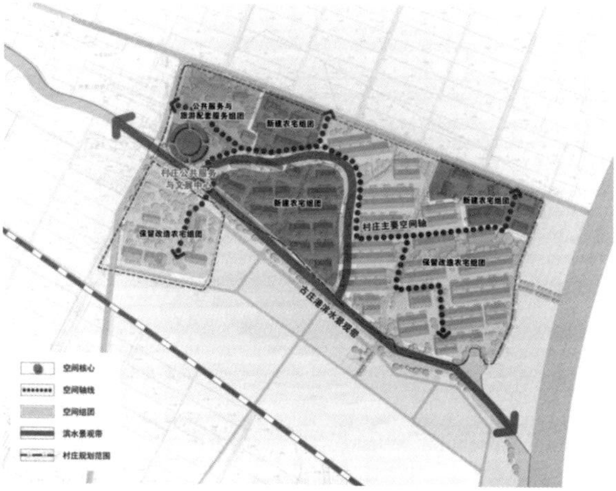

图3 古庄居民点空间格局

在古庄居民点空间布局规划方面，空间布局遵循“一心、一带、三功能组团、枝状轴线”的格局（图3）。“一心”指古庄村公共服务与文化展示中心：由原村委建筑群改造而成，在原有公共服务的基础上，增添文化展示功能，展出古庄望族名人事迹、渔农、蚕桑、耕读、村落空间演变等内容，同时具备旅游服务中心功能。“一带”指古庄河滨水景观带：引古庄河水系入村，串联现状多个水塘，形成互通活水；并在净化保持水质、涵养生态驳岸、修复人行砖拱桥的基础上，打造临水休闲步道，打造高品质村庄公共空间。“三功能组团”包括公共服务与旅游配套服务组团、保留及改造农宅组团、新建农宅组团。“枝状轴线”指以串联村中心及各组团的主要步道为空间主轴，由主轴延伸至各组团内部主要步行流线为空间次轴。

建筑设计引导方面，宅基地标准每户宅基地面积不超过135平方米，层高不超过3.3米，净高不低于2.5米，建筑要以集约、节能为原则。建筑风格承袭古庄村传统村落古朴自然的建筑风格，结合水系充沛、良田苗木环绕的环境特征，新建建筑采用现代精细化构件但整体沿用现状建筑风格与结构比例。色彩以粉墙、黛瓦、青砖、木构、竹篱、碎石等材料，形成淡雅、温和、素净的色调。高度以二层低层住宅为主，可局部三层，塑造鳞次栉比的房屋轮廓线效果。屋顶以人字坡硬山顶为主，屋顶多用小青瓦，可局部设露台。屋脊样式承袭苏南传统及古庄本土特色，复刻现存的攒头屋脊翼样式及繁复图案。墙体下段以青砖为脚线，中段及上段以做旧白墙为主，南北墙以大面积门窗为主，东西墙以小面积漏窗、高窗为主。门窗延续原有门窗形制，强化整体古朴自然之风。庭院依据宅基地范围围合院墙，可根据庭院不同大小用丰富的手法决定院墙的开敞与通透程度，形成虚实变化的街巷界面。

在风貌景观设计方面，景观绿化遵循“一带一轴、单核多节点”的结构（图4）。“一带一轴”指的是古庄河滨水景观带和生态串联绿轴。“单核”即核心景观节点，位于村庄公共服务与文展中心东侧，引古庄河活水入村并串联村中原有池塘打造贯通水系，结合木栈道、花园广场、公共活动与休憩空间等打造核心景观。“多节点”包括西入口景观节点、北入口景观节点以及组团绿地节点。

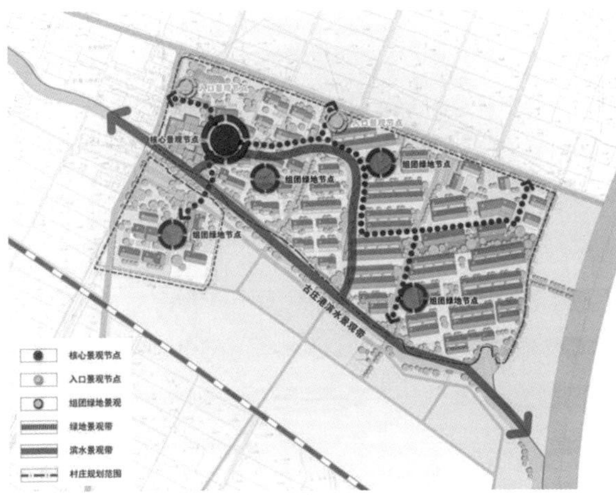

图4　古庄居民点景观绿化结构

在公共服务设施规划方面，由于古庄社区仅有古庄居民点一个自然村，故两级公共服务设施合并设置，建设规模适当扩大以满足多功能复合需求。规划在原有村委、社区卫生服务站的基础上，新增残疾人康复室与活动室、居家养老服务站和室内体育活动室。规划在原有老年活动室、图书室、体育健身场地的基础上，新增村中心活动场地。

2．村庄（古庄居民点）总体方案

古庄村至今已有近千年的历史。随着20世纪70～80年代生产方式的改变，古庄的村庄格局也发生了变化，古庄老街的消失，原来沿水而居的民宅变成了南北向陈列式布局。古庄如何彰显特色成为项目的重点。因此，项目定位为“本色古庄”，恢复传统记忆，传承空间肌理，结合现代需求，谱写乡村新乐章。以文化为魂，产业为擎，宜居为核，同时引入商业与旅游。

规划后的古庄村以古庄河为界线，北边是古庄村落改造，南边是配套的林下花海及精品苗圃（图5）。

通过历史空间复原、现有建筑更新、城市功能承接、生态景观优化以及道路体系完善最终形成了古庄的规划布局。在功能结构上，商业组团呼应基地原本肌理，民居片区形成四个居住组团，商业建筑与居住建筑肌理相互呼应融合。在综合交通上，人车相对分离，东面预留机动车出入口。步行流线通畅，贯穿东西。旅游路线主要包括三条，分别是苗圃观光游览路线、农业采摘游览路线以及生态游乐游览路线。

规划形成四大功能片区（图6）。形象展示区，由入口服务区和田园体验区组成，展示古庄田园式传统的村落印象区域，形成古庄第一印象（图7）。改建一个集接待、办公、餐饮、会所于一体的服务中心建筑。文化体验区由民宿体验及文化中心共同组成。民俗体验区以迷宫步道进行连接，加强步行的体验性和趣味性，营造“砖、石、木、瓦”主题院落，增强文化性与视觉一致性，提供多样共享的户外公共活动空间（图8）。文化中心包括展览区、文创交流区、培训讲座区、后勤办公区等复合功能，以曲折游走的路线串联三个庭院，形成整体建筑空间（图9）。传统商业区，总长220米，恢复老街市井风貌。设置礼仪广场、集散广场、亲水空间等，并每隔50～100米设置一个空间节点来丰富空间节奏，营造多样的空间

图5　古庄居民点鸟瞰图

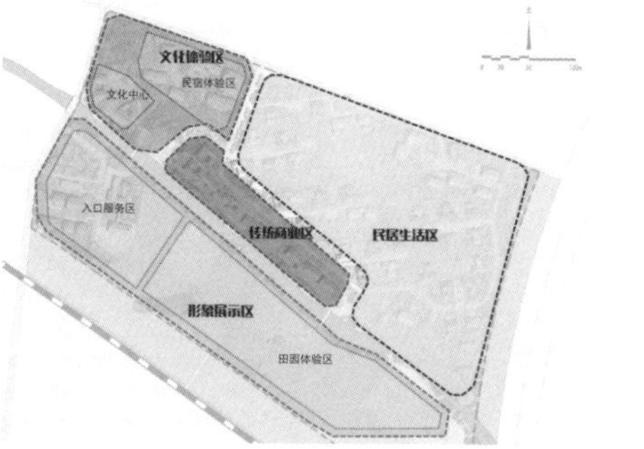

图6　古庄居民点分区设计示意图

图7　服务中心建筑改扩建

图8　民宿体验区

秩序（图10）。民居生活片区，在保留原始民居组团的建筑肌理条件下，围绕水域设计成8个小组团，打造宜居环境（图11）。

图9　文化中心

图10　传统商业区

图11　民居生活片区

3．景观方案

居民区景观结构可以总结为“一带、两轴、三团、多节点”。“一带”指的是古庄河景观带，“两轴”指的南北向民居—花海景观轴和东西向商业—民居景观轴，“三团”包括文化商业组团、民居组团以及花海组团。文化商业区位于入口，以景墙、小品、铺地打造乡村地域特质的视觉环境，设置戏台广场、民宿区、中心水景、沿河亲水平台等节点（图12）。居民区的北入口为基本农田旁区域，采用大地景观设计手法引人进入；北次入口利用景墙、花境、水景，打造自然流动的入口景观；西入口利用线性树阵广场形式，结合树池、景墙、篱笆等元素围合空间，形成别致的入口空间景观。民居组团采用廊桥、码头、亲水平台打造中心水景节点；南入口节点采用碎石铺地配合木条凳、古井等元素打造乡村野趣（图13）。

在景观工程技术与材料方面，运用了园林覆盖物、喷灌系统及雾森系统。园林覆盖物是指用于土壤表面保护和改善地面覆盖状况的一类物质的总称。有机覆盖物主要利用树枝粉碎物、树皮、松针、草屑、木片、果壳类等植物材料，将其粉碎，便可覆盖在花坛露地、花盆表面、乔灌木下以及花境的地表。采用园林覆盖物对于

图12　文化商业区实景

图13　居民区实景

涵养水分、抑制杂草生长、防止土壤板结、促进植物生长等方面有很多好处。

喷灌是借助水泵和管道系统或利用自然水源的落差，把具有一定压力的水喷到空中，散成小水滴或形成迷雾降落到植物上和地面上的灌溉方式。雾森系统，即利用专用造雾主机将经过生物膜技术精密过滤处理的水，输送到造雾专用高压管网（耐压140千克），最后到达造雾专用喷头喷出成雾。通过专用过滤系统滤除了所有对人体有害的活性成分，使原水成为人造雾系统的专业用水，保证安全的同时，营造出薄雾蒙蒙的感觉，犹如身在仙境，而且人造雾衍生的大量负氧离子更是让人心旷神怡。

黄清云，高级工程师，美尚生态景观股份有限公司

营造江南

尹　舜

在地域性文化表达过程中，如何进行地域性建造是重要的课题。建造的过程主要包括材料、结构和工法。以下将从五种材料入手，引发出设计开展过程中对设计的思考。

1. 砖

（1）阳澄湖地景装置拱亭

符合砖的材料特征的结构是“拱”，砖本身更适于起到搭接作用，而不是受压。因此，找到合适的拱形结构是研究砖如何使用的重要方向。

在阳澄湖地景装置拱亭方案中，薄的矩形面通过“弯曲”和“挤压”获得结构强度，生成形态稳定的异形曲面，利用悬链线在剪切方向上不受力的结构特性形成拱亭的最初形态。为了使拱亭具有“轻薄”与“通透”的属性，采用玻璃砖作为主要材料，钢筋网格作为主要结构构件，使独立的玻璃砖拉接成完整的体面，玻璃砖留缝用水泥砂浆填充，作为结构框架把玻璃和钢筋网格加固为同一整体。这样形成的玻璃砖地景装置拱亭具有“轻”“薄”“透”的形态，与所在环境相融合，装置以非介入的方式融入环境。

（2）普陀区开放大学尚学中心玻璃砖空斗墙

江南地区传统砖造建筑墙体有一种常见结构——空斗墙，墙壁内部中空，可以填泥巴或者不填，起到节省砖的作用。以玻璃砖作为材料，运用空斗墙的砌筑方式，能够呈现一种波光粼粼的独特光影效果，也是一种将空斗墙与现代材料结合以传承传统文化的实验性创新。普陀区开放大学尚学中心项目设立在原本冰冷的街道上，通过竹木制作的透视窗使建筑在视觉上产生深度，塑造出七个可观、可坐、可入的窗口，形成雅致的气氛。夜晚柔和的光透过玻璃砖墙从建筑里透出来，仿佛长明灯，在深夜指引着匆匆回家的路人。

（3）南昌三眼井历史街区

南昌三眼井位于南昌市象山南路，街区虽然破败但肌理完整，小尺度街巷形成了具有价值的场所，这里也是南昌老城生活状态的记忆载体，承载了南昌人的市井风情、自在生活与集体记忆。设计很好地保留了场地多重混合的历史风貌，以发展的历史观和时空叠加的方法来保持场所的多样性，让各时期生长形成的街巷肌理和建造痕迹呈现丰富性、复杂性和差异性。空间上保留天井与窄巷的绵延肌理，还原再现闲适而自在的市井生活，呈现丰富且具有生命延续痕迹的风貌特征。

设计中，研究了不同年代建筑砖砌筑的不同方式，充分运用砖的语言进行街区环境更新。如运用发光渐变砖墙作为设计节点，形成古今对话，还原历史街区多重砖墙风貌，表达厚重质感；从民间砖的砌筑中提取视觉元素进行新建筑建造。

2．木

如果砖的建造可以概括为砌筑，那么木的建造类似于编织。在中国传统木构体系中，为解决木料较小而跨度较大的情况，工匠针对性地创造了“小料大做”的搭建方式，至今仍然受用。在新时代下，应该充分发扬传统建造技艺，在中国本土文化语境中进行创新创造。

图1　上海临港骑行驿站

2021年上海城市空间艺术季·临港样本展的参展作品之一，骑行驿站着眼于契合临港未来生活方式与空间特征的“骑行运动”，作为体验临港的未来生活态的空间体验节点而设计（图1）。骑行驿站运用了中国传统编木拱桥的结构，运用竹钢材料进行搭建。灵感来源于车轮的运动轨迹所拆解成的流畅造型。在木料的组接方式上，为避免斜撑破坏造型的连续性，将木料交错叠压并咬合，使木结构的承重和维护体系合二为一，成为一个稳定的三角结构。顺应未来城市的规划预期，该骑行驿站采用预制装配的方式，搭建接近70个小时，从选材到运输到装配，均满足低碳环保的目标。在自行车停放问题上，提供了两种解决方案：当赛事运行时，专业自行车自重小且无脚撑，可以将自行车用车座悬挂在横杆上，实现悬挂式停放；平时日常中，居民也可以将车轮插入立杆的间距中。

3．纸

平面的纸张，通过折叠就能够增加纸张的强度，在这个原理上，怎样增强结构的稳定性和强度正是这个材料有趣的地方。在2016年杭州纤维艺术季中，团队用杜邦纸完成了一个为期三个月的设计实验与实践。

从建筑结构角度思考，如何让纸形成自承重结构？增强纸的强度，可以通过将纸折叠出三角体来加强，但除了强度又要保证相互搭接的节点和结构骨架，还可以通过直接增加纸张层数，或者将纸卷成实心来实现，类似于日本建筑师坂茂的实心纸筒。

实验中发现，在小尺度中，纸很容易通过折叠，形成三角体，形成强度，受压后形成拱。但尺度放大后就很难实现。经过多种实验验证，轻型的纸材，即使加强了单元结构，也无法在压力下长时间保持结构性。因此考虑增加细木条来承受压力。

最后，在研究纸构造的过程中，用木条（较轻的泡桐木条）承受压力，结合纸张形成“折扇拱”的结构原型（图2）。虽然片状的纸无法承受自重，在内力作用下拱的轴向产生局部褶皱，引起应力集中从而造成整体形变。通过对折叠结构的受力分析，利用纸张自身的材料特性承受拉力，而在受压的方向编织入细木条，利用木材的抗压特性承受整体重力。

图2　折纸塑造的空间

4．透明材料

在华东理工大学陇上书店更新项目中，设计以透明材料为介质探讨了光与记忆的场所重塑。教育公共空间的实践，或许更需要感知力与艺术性的介入，因循场地势能，梳理场所记忆，在理性的创新框架中，营造一个艺术、文化与记忆的空间容器，一个无边界交流互动的非正式学习场所。

建筑为一栋二层坡顶的破旧仓库。一个半户外的旋转楼以一种充满仪式感的姿态出现在街道转角，触动人心，凝结了华东理工大学师生的集体记忆，因此在“统一风貌”改造策略中，设计以唯一的差异性重塑此处场所记忆。

设计保留了这一记忆符号，在空间外侧覆上一层U型玻璃，同时重新拆分室内墙体，串联功能流线，楼梯内部空间被保留。半透明的U型玻璃，使得旋转楼梯在若隐若现中继续延续了转角的意义，光作为媒介，在虚实转换之间联系起了建筑内外的景与人（图3）。

图3　陇上书店改造前后对比

陇上书店呈现出校园公共空间的自由、流动、多元、艺术等多重特质，吸引师生聚集并激发他们对同一空间进行不同活动的自发使用，创造出无限的交流可能性。陇上书店的一体化设计本身能够成为本专业产学研一体化的试点，同时成为开放共享的、跨学科交流的大学校园更新试点。

5．混凝土

混凝土作为一种常用的建筑材料，一般给人以厚重、沉稳、现代的感受。

浙江雅莹时尚艺术中心位于嘉兴经济开发区，为了构建一个时尚、文化、艺术多元交流平台，雅莹集团邀请非常建筑设计事务所设计一座集品牌历史、创意办公、艺术展览对话于一体的多功能时尚艺术中心。设计从江南传统民居中汲取元素。在江南传统民居中，檐下空间是一种特殊的灰空间，具有通风、遮阳、日常生活等多种功能，非常适应江南气候，还能够催生亲近自然的情愫。此外，其连续的黑色瓦片屋顶形成一种延绵的肌理感，具有很好的整体性。

因此，运用建筑、景观、室内一体化的设计方案，采用了大量的清水混凝土，形成大挑檐、双层檐、扁片柱的形式，构成“室内、檐下、庭院”三层空间，以此来探讨建筑结构、空间与环境之间的融合整体关系，再次与江南传统民居相呼应，构成有层次的空间布局和空间意象。

尹舜，讲师，华东理工大学艺术设计与传媒学院

第四部分

专业交叉与学科交叉

新农村实践比较与转型设计思考

张凌浩

1. 设计研究的跨学科视角

比较学和跨学科的视野对于设计研究是非常重要的。比较作为一种研究方法，包括空间维度的比较和历史维度的比较。而设计学的视野要求更为宽泛，跨学科的研究对自身的发展和学术研究都大有益处，能够很大程度地丰富研究方法和研究视角并增强研究的厚度。设计强调不同学科的交叉学习，以工业设计为例，小到女性手中的口红，大到航天飞船，都需要设计。同样，历史文化名镇名村的风貌研究也要求我们从更多的领域、更丰富的视角进行研究和探索。未来乡村振兴的视野将越来越宽，在快速发展的中国，也一定会从注重环境和生态的设计，走向经济和生态的结合，走向社区的复兴。当今在乡村更新设计过程中，社会创新是不可回避的重要视野，这要求与复杂的利益相关者一起讨论和发展，协同民众和政府一起解决乡村问题。

设计学习的三个重点：一是理论学习，二是调研，三是实践。调研和实践可以反过来印证很多理论，设计师是反思性学习的工作者，需要不断反思、实践、再反思。以威尼斯双年展中的三个作品为例：一个是反映巴西废弃大楼被流浪汉占领后逐渐形成社会组织的现象，以社会学的视角进行问题演绎；一个是俄罗斯设计师利用AR技术，只要用手机扫描建筑穹顶的二维码就能呈现其虚拟影像；还有一个是关于日本海啸后的重建反思，一批日本的建筑师带领学生在高低不平的木桩上放置学生的设计作品，反思人与自然的关系。这些都涉及设计师的哲学观念、社会学观念以及艺术观念，同时也表明理论学习，需要不断地行走，在反思中不断实践，在实践中提炼更深层次的理论思考。

2. 农村创新实践

设计的发展过程可简单归纳为四个阶段：第一个阶段是平面维度设计，第二个阶段是人造物设计，第三个阶段是社区服务系统设计，第四个阶段是复杂的经济系统设计。以日本乡村建设为例，日本“新农村建设”经历了三个阶段：第一阶段是新农村建设构想，包括完善农业基础设施，以振兴会推动农民互助合作，加大资金扶持等工作。第二阶段是经济社会发展计划，包括推动农业农村现代化、生活环境改善、打造美丽农村、推进产业均衡发展、解决就业问题等。例如日本富士山下的一个村庄忍野八海，这个村庄具有原生态、木材丰富、水系干净等特点，在不经意的细节中凸显日本乡村的传统风貌，同时也保证了居住环境的舒适性。第三阶段是造村运动，包括开发地域农特产品，“一村一品”运动，增加农产品附加值，注重人才培养，发展农村协会和金融等。日本的乡村建设发展到第三阶段，成为一种更加复杂的系统设计，从个体局部的人居环境改善走向社会的整体系统设计。

日本许多村镇都有其独特的工艺美术产业，例如松本县盛产松木，从江户时代到昭和时代，这个村子一直都在做松木凳子，发展到现在，村里的手工艺人会在周末去商场里售卖他们用传统手工艺做的松木凳，这是一种非常有意思的自下而上推广乡村特色和文化的方式。可以看出，对于社会创新设计而言，建立以共创设计为核心的连接是非常重要的，通过协调利益相关者之间的关系有助于社会创新。以此引申出一个重要的概念——复杂系统性社会创新，其关注的两个主要领域是本地社区和农村建设，这里面涉及经济、生态、社会、政治、文化等诸多内容，需要自下而上和自上而下两个途径共同开展社会创新。

日本千叶大学宫崎清教授20世纪90年代就致力于社区营造，他提出了“人、文、地、产、景”一体的概念。“人”指的是社区居民的需求需要满足，人际关系需要经营，生活的福祉需要创造；“文”指的是社区的文化需要传承；“地”指的是地理环境的经营和开发以及在地性的延续；“产”指的是产业的开发；“景”指的是社区要有很好的公共空间。宫崎清教授在传统地域振兴和社区营造方面始终贯穿系统创新的设计思维，强调面向21世纪的社区总体营造、传统手工艺产业的设计振兴、地域振兴与社区营造、传统工艺振兴社区等理念。其系统的设计思维对于乡村振兴也同样非常重要。我国台湾地区在新农村的建设方面也卓有成效，如彰化县就推行有名叫“彰化市农村再生”的造村运动，发展出了如八卦山咖啡伴手礼等农产品，通过打造八卦山品牌吸引青年回归发展产业，振兴地方乡村。

3．面向复杂系统的转型设计

转型设计是一个持续的过程，从20世纪80年代到2000年左右，设计发生了多方面的转型：从材料硬件水平向产品实体水平转型发展，注重产品和服务组合的转型发展，强调空间和社区共融的转型发展，这种转型正在构建一个更加复杂的社会系统。转型设计即面向最高级的复杂系统设计，在这个过程中设计参与的对象也在发生变化，从最初20世纪80年代单纯的消费者转向90年代的顾客、用户，再到2000年左右的参与者与改造者，如今，设计的参与者很大程度上也是设计的共创者。转型设计是一种以可持续生活及可持续发展为目的的更复杂的系统型设计，这里面涉及很多新的方法论。复杂系统设计有助于减少决策和设计的成本，有助于增加设计收益、延长收益时间。另外，社会学是设计学中重要的外部条件，为设计提供设计因素和创新动力。新系统设计非常重要的一点在于重新构想社会、技术和生态的基础设施，并对这些方向进行多维回应。

4．乡村设计的三个重点

第一，乡村设计是为环境而设计。设计重点在于对文脉的理解与持续的发展进程，诸如对历史文化和传统街巷的保护与延续，对历史场景的维护和重建，对传统文化标识、景观特色、生活方式的集成和融合等。在这个阶段的设计存在三个难点：软质文化可持续发展如何与硬质发展相协同，如何在建立沟通与互信基础上推动自下而上的公众参与，如何始终保有超出商业盈利目的之外的责任感与使命感。

第二，乡村设计是为发展而设计。重点在于设计立足当地，推动当地产业发展，实现扶贫助农；更多因素的加入，增加新的附加值；借助商业创新与网络科技推动农场新零售模式。在这个阶段的设计存在三个难点：设计师如何与生产者、商业网络协作，盈利模式与商业营销如何深度有效融合，设计师如何介入乡村、何时介入乡村的问题。

第三，乡村设计是为社区幸福而设计。设计重点在如何营造可持续的社区与健康生活方式，如何加强文化系统及记忆的重塑，如何为共创、参与管理提供设计导向的工具支持，如何做到公平与包容等方面。这个阶段设计的三个难点：如何运用适当的科技认识并构建文化魅力的可持续系统，如何将可持续设计贯穿于居民的日常行为，如何明确并实施设计师作为共创者和促进者的身份。

综上所述，多学科的视角以及系统创新的设计思维将会对当下正在开展的乡村建设带来更多的、更深层次的思考。

张凌浩，教授，南京艺术学院党委副书记、院长

整体性视野下江苏历史文化名镇名村风貌保护传承与创新

李　俏

1．整体性视野的内涵

近年来，关于乡村的发展出现了两种不同的观点：一种观点认为在城市化和工业化突飞猛进的背景下，乡村的衰败是不可逆转的，任何逆城市化和逆工业化潮流而进行的建设和投入都是徒劳的；另一种观点认为乡村对于中国的重要性不能简化为对GDP的贡献，而要从更丰富的层面来理解乡村，如生态性、文化多样性、文明体系等，强调农业的多功能性。

在新中国成立后，乡村改叫农村，“农”强调的是产业。现在所说的乡村，本质上是一个行政单位。当代乡村发展不是简单地从乡土中国转变为城市中国的问题。当代的乡村振兴强调农村要多样化发展，强调文化的多样性。认识到乡村的价值，需要用整体的视野审视它。

整体性视野指我们在看待乡村及其发展的问题上，能够做到统观城乡、横纵交叉的立体化关怀，与单面化、局部化、过于专业化的视野相对。统观城乡指的是立足于城乡融合的视角审视乡村，以全局视野重新评估乡村对于中国发展的意义和价值。横纵交叉指的是不仅关注当下乡村的发展，还要关注乡村发展的历史与传统，不能割裂历史与现实的联系。

2．乡村建设的历史

20世纪中国六代知识分子下乡：五四运动时期的新村运动、20～30年代的乡村建设运动、40年代延安的知识分子与工农兵相结合下乡、50～60年代基层支援建设、60～70年代知识青年上山下乡、2000年左右西部青年志愿者下乡。

民国时期的乡村建设运动于20世纪20年代末开始，到30年代中期达到了高潮，止于30年代后期。由进步学者和国民政府官员发起，学术机关、高等学校、民间团体纷纷参与。

（1）晏阳初与中华平民教育促进会定县平民教育试验区

晏阳初被誉为世界平民教育运动之父，他和陶行知并称为“南陶北晏”。他的乡村建设理念来自中国传统文化中的儒家思想。1923年他在北京创立了中华平民教育促进会。1926年，晏阳初动员了一批学教育学、建筑学、戏剧、农业经济、公共卫生、税务调查的人员和他一起，选择河北省定县翟城村作为项目实验点。在翟城村创办了男女均可入校的新式学校，用生活教育的理念建立话剧馆，还推广科技，搞卫生运动、自卫保安等，进行了一系列改革。

晏阳初的乡村建设思想是一种“民族再造”思想。他认为当时中国农村的问题错综复杂，以“愚、穷、弱、私”四大问题最为显著，中国农村的问题，归根到底是人的问题。其乡村建设实验有一些信条至今仍然适用，其中第一条即儒家思想的“民为邦本，本固邦宁”，也就是现在强调的以人民为中心、从群众中来到群众中去。其二，要向平民学习，农民要参与其中。其三，强调乡村建设的灵活性。最终他提到了发扬平民的潜力，让他们能够自力更生，才是真正的目标。

（2）梁漱溟与乡村建设运动

梁漱溟认为中国农村问题的解决要抓住根本性环节，着眼于中国问题的解决，提出了“中国的文化失调和重建理论”。他认为中国应该坚持以固有的文化为基础，吸收西方的先进技术，建立民族新文化。具体到乡村建设，他主张以中国传统的乡约形式建立中国新的礼俗，并在农村大办村学和乡学，使之不仅成为地方教育机构，而且从中分化出乡村基层政权组织与民间团体，把农民组织起来；同时，建立生产、销售、运输合作社以及农民银行等生产、金融组织，推动农村技术进步，走一条以农业引发工业的道路。

1930年，梁漱溟与他人在山东邹平创办乡村建设研究院，将其作为乡村建设的实验基地。

（3）卢作孚与乡村现代化运动

卢作孚是民国时期著名的民众教育家、航运实业家、社会改革家，民生轮船公司（现民生集团的前身）的创办者，重庆北碚地区的开拓者，被称为“中国船王”。他主张国家的现代化必须以乡村建设为基础，以教育为突破口，以经济建设为中心，尽快实现国家现代化。他在重庆附近北碚乡建设试验点践行他的现代化思路：以经济建设为中心，吸引新的实业项目发展农民经济；以交通建设为先行，修整道路；以文化教育为重点，兴办图书馆、中国西部科学院、温泉公园等各类文化和社会公益事业；以乡村的城镇化带动乡村发展。

民国时期的乡村建设运动虽然以失败告终，但做了许多有益的尝试，重视农村在中国社会的基础地位，为农村社会学、农业经济学的本土化从理论到实践都进行了有益的探索，其经验教训为后人留下了一份有启示意义的文化精神财富。

3. 立体化建设：“三农”问题的现实

（1）“三农”问题的含义

20世纪80年代后期，中国的一些学者在总结社会主义现代化建设的经验和教训的过程中，依据中国的特有国情，把农村问题区分为农业、农村、农民问题分别进行研究，既分析三者的关系，也研究三者各自要解决的问题。农业是第一产业，是农民的职业，而农村是农民生产生活和居住的空间。乡村建设过程中必须一体性地以整体视野来考虑这三个问题。

西方农业现代化的模式是先发展农业，再用农业获得的资本发展工业，发展城市，随后反哺农村。但是中国的发展是“三化同步”，中国的工业化、城市化和农业现代化都在同一个时期发展，这个问题也加剧了中国发展的难度。

（2）“三农”问题的发展

首先，“农民”问题表现为农民分化问题，随着小农经营、家庭农场、合作经营和现代农场的发展，带来了生产方式转变问题，农民的生活方式变迁问题，农民的价值观念、群体归属与阶层认同的问题，“三留守”群体问题。

其次，“农业”问题表现为谁在种地、谁来种地，粮食危机依旧严峻，农业的客观环境和硬件环境跟不上时代发展，农业竞争力不强等问题。

第三，“农村”问题主要是基础设施落后，医疗、教育、科技、卫生等事业发展相对落后，农村党组织作用力与担当力不足，脱贫攻坚、防止脱贫的人再返贫等问题。特别是传统文化遗产保护与传承、城镇化迅速发展下农村同质化等问题凸显。

4. 当代乡村建设实践

与民国时期的乡村建设运动一脉相承，当代的乡村建设运动旨在复兴城市化、工业化、资本化背景下日益衰败的农村。学者吕新雨将当代乡村建设称为“新乡土主义”，将自下而上的、小型的、在地化的生产方式理解为新乡村建设运动的重要内容。西南大学的潘家恩将当代乡村建设分为五大体系：学生下乡，教育支农；农民合作，改善治理；农业创新，城乡融合；工友互助，尊严劳动；社会参与，文化复兴。

（1）中国当代乡村建设实践典型案例

当代乡村建设的形式多样，理念缤纷，团体众多。比较著名的有以温铁军为代表的专家学者群体。温铁军教授2003年在河北定县翟城村成立了晏阳初乡村建设学院，2005年又成立了中国人民大学乡村建设中心，持续进行现代乡村建设探索。比如中国农业大学社会学系的教授邱建生，建立了一种生产者和消费者直接对接的模式，强调的是城乡互动健康生活。再如石嫣创立的“小毛驴市民农园”，倡导社区支持农业的模式，建立一种风险共担对接交流的模式，其重点是食品的再计划生产，而不是远距离运转。

李昌平建立中国乡建院，在河南信阳郝堂村进行乡村改造试验，他组建了夕阳红养老互助合作社，相当于一个贷款机构，贷款需凭土地证的同时，还要得到村里面两位老人的担保。通过村容村貌总体规划、房屋修复、村道及景观修复等乡村主体规划设计，村庄金融、土地流转的内置金融设计，乡村组织建设能力设计以及住家养老服务设计四大板块的提升，很多年轻人返乡创业创办农家乐。

廖晓义建立了“地球村环境文化中心”，她认为中国的环保要系统整体地解决环境问题，它是立足于天人合一这个层面，因此中国式环保可以叫做“乐和”。她以“乐和乡村”的建设理念建设乡村，鼓励天人合一的状态，以生态环保和发扬传统文化为理念进行乡村建设；提倡乡村建设过程中的个群相合、身心相合、心智相合、物我相合、毅力相合。

（2）艺术乡建

欧宁、左靖等人起自对农业传统的忧虑和对过度城市化的批判立场，在安徽黄山碧山村开展的碧山计划，是典型的艺术介入乡村建设的项目。他们深挖当地传统文化，邀请了世界各地的艺术家来到这里，发起“碧山丰年祭”等活动，不只为艺术采风，更是一种互助和自治的社会实践，吸引了大量的人前来旅游参观，从而带动了当地经济的发展，重新赋予农村活力，再造农业故乡。

当代艺术家渠岩认为复兴乡村要先复兴乡村生活的文化样式。他在太行山许村举办“许村艺术节”，制定“许村计划”，包括“许村宣言”“许村艺术公社”“许村论坛”等，和许村村民一起修复老宅。在广州青田构建青田范式，探讨中国乡村复兴的文明路径。乡村发展在对青田乡村地方性知识尊重的基础上，强调地方的独特性。九条范式包括乡村的历史、政治、经济、信仰、礼俗、教育、环境、农作、民艺等各个方面，并成为完整体系进入青田，每条再以具体的线索作为基础元素展开。比如人与神的关系，对应的是青田人与关帝庙堂（忠义礼信）；人与环境的关系，对应的是青田村落布局（自然风水）；人与人的关系，对应的是青田礼俗社会（乡规民约）；人与家的关系，对应的是青田老宅修复（血脉信仰）；人与农作的关系，对应的是青田桑基鱼塘（生态永续）；人与物的关系，对应的是青田物产工坊（民艺工造）；人与富裕的关系，对应的是青田经济互助（丰衣足食）；人与灵魂的关系，对应的是青田当代祠堂（宗族凝聚）；人与圣贤的关系，对应的是青田的青黎书舍（耕读传家）。

艺术介入乡村的实践，即是借助艺术形态重建人与人、人与自然、人与祖先、人与神圣世界的关联。艺术介入乡村的实践，焦点不是艺术本身，也不局限于审美范畴，而是通过恢复乡村的礼俗秩序和伦理精神，激发普通人的主体性和参与感，延续中国人内心深处的敬畏和温暖。

5．前瞻性谋划：城乡融合的契机

美国学者布莱恩·贝利（Brian J.L. Berry）提出了逆城市化理论，认为当一个国家城市化的水平达到70%的时候，会出现逆城市化转变。我国虽然还未出现这种人口统计学意义上的逆城市化现象，但是可以看到存在的个体性流动。如乡村旅游、乡野露营等，不可否认的逆城市化是城乡融合的一个契机。

当代乡村建设过程中，现代农业发展、养老养生基地、旅游观光开发、耕读文化传承、民宿多元发展等得到国家和地方政策的支持，地产公司、农业龙头企业、社会组织等各类市场主体开始进入农村，乡村人居环境和基础设施逐渐完善，城市人对田园生活的追求和向往等因素，都成为城乡融合的契机。当代研究者、设计师及相关从业者，应抓住此契机为乡村建设贡献自己的力量。

李俏，教授，江南大学法学院

农业和乡村经济新业态与设计价值

巩淼森

我国经济社会进入新发展阶段，社会主要矛盾已经转化为人民日益增长的美好生活需要和不平衡不充分的发展之间的矛盾。作为新时代“三农”工作的总抓手，乡村振兴战略为农业领域和乡村地区的经济发展带来了新的环境、资源和动能。近年来，多样化的新业态已经在农业和乡村经济中得到广泛发展。

1.“三农”问题及其基本国情

横向维度看，我国“三农”的总体状态和特征主要表现为：首先，我国是国土、农业、人口大国，但户均耕地面积仅为美国的四百分之一；其次，我国国土空间地理和气候的多样性形成了农业生态资源多样性；同时，因历史上长期处于农业社会，形成生产、生活、生态“三生合一”的深厚的农耕文明和丰富的乡土文化。这些资源禀赋和历史现实，客观上决定了我国农业现代化不能也不必要走美国大规模农场模式。相对而言，欧洲的家庭农场模式和东亚的村社小农模式更具参考价值。

纵向维度看，城乡二元体制结构下城乡关系演变具有显著特点：把“三农”问题放到国家整个工业化进程中看，从1949年新中国成立到1978年实施改革开放政策的30年间，是城市从农业转移剩余价值、支持重工业产业资本原始积累的过程。改革开放后的30年间，城市继而从农村中获得低成本的大规模劳动力，以支撑城市产业扩张对人口的需求，并形成了数量庞大的“农民工”群体。我们的农业、农村和农民为新中国成立后工业化的发展和成就做出了巨大贡献，也承担了危机成本，积累了经济、社会、环境等诸多问题，造成工农、城乡关系的严重失衡。这是进入新发展阶段，提出以人民为中心、生态文明战略、高质量发展和乡村振兴等一系列新理念的宏观背景。

在此宏观背景下，农业和乡村经济发展存在几个关键制约因素：一是农业经济主体高度分子化。20世纪70年代末开始的家庭联产承包责任制某种程度上造成了农业微观经济体的分子化，回到了高度分散的小农经济模式，集约效果差，生产效率低，难以形成产业化积累和发展，限制了农业和乡村经济的自主发展空间。二是农业生产方式粗放。受美国大规模农场模式的影响，一方面我国粮食安全得到了保证，但也形成了高产量、高库存、高进口“三高”叠加等现象，削弱了农业多样性的优势。农业工业化、化学化造成广泛的环境污染和食品安全问题。三是城市化对农村劳动力的虹吸效应。城乡不平衡直接导致人口从农村单向流出到城市，造成大量农村地区的空心化现象和社会衰败，成为农业和乡村振兴及可持续发展的瓶颈。

同时，农业和乡村经济发展也面临着机遇：一方面，国家对乡村地区的大规模投资夯实了基础设施条件；另一方面，城市中等收入群体引领的消费升级带来了广阔的市场机遇，他们的巨大消费需求为农业供给侧结构性改革提供了充分的市场动力，促进生态农业转型和高品质农产品供给，拉动乡村文旅、康养等三产融合模式的多样化新业态。

2．农业和乡村产业振兴中的新业态、新模式

乡村振兴战略作为“三农”问题的总抓手，强调农业农村优先发展，探索新型集体经济，发展高质量的生态农业和生态经济，建立健全城乡融合发展体制机制和政策体系，加快农业农村现代化。当前农业与乡村经济新业态分为点线、平面、立体三种类型（表1）。

表1　农业与乡村经济的三类新业态

	点线	平面	立体
产业模式	产业链纵向延伸	三产多维度融合	城乡社会化融合
关键机制	产业发展在地化	生态资源产业化	生态农业社会化
创新驱动	技术与过程创新	服务与商业模式创新	社会文化创新
典型类型	智慧农业、中央厨房	乡村旅游、田园综合	CSA 农场、有机农夫集市
典型案例	大顺国际花卉科技园	袁家村、田园东方水蜜桃、中郝峪村	铁牛村、分享收获、新通道、设计丰收、盲舟村

点线模式是指农业产业链纵向延伸，主要表现为农业生产方式的升级和农产品的全产业链拓展，主要是技术和过程创新驱动，其关键是产业在地化。既包括围绕农产品类型、农业生产方式或生产技术的“点式”产业升级，如智慧农业、循环农业、设施农业、生物农业等，通过物联网、大数据、云计算、人工智能等技术融合，提高农业的效益和农产品的质量；也包括围绕农产品和特色产品的加工、流通、消费等产业链环节做纵向“线性”延伸，如“农业生产+互联网电商+物流配送”“农业生产+农产品加工+餐饮门店”和“农业生产+中央厨房+商超零售”等模式。

平面模式是指一、二、三产多维度交叉融合，体现为以农业多功能和乡村生态资源多元化为基础的三产融合，主要由服务与商业模式创新驱动，其关键机制是生态产业化。既包括较单纯围绕农业本身的多元功能，发展“农业+X”模式的三产融合，如休闲农业、观光农业、教育农园、农事体验、农业旅游等，也包括围绕农业

在内的乡村综合多元化生态资源（农业、自然环境、建筑、历史、乡土文化、民俗民艺等）开展价值转化，发展多样化的乡村经济新业态，如乡村旅游、精品民宿、乡村度假康养、田园综合体、乡村民艺文创等。这些业态创新的重点是农业功能拓展和对乡村特色资源的价值挖掘。

立体模式是指在三产融合模式基础上叠加多重社会化参与，围绕农业生产关系社会化和组织创新的城乡融合，是一种社会与文化创新。通过对社会关系和生产关系的重构，激发农民和市民的内生动力，促进城乡包容性发展和共同富裕，塑造具有生态文明特征的高品质、可持续的消费和生活方式。如CSA农场、有机农夫市集、消费者合作社等，统称为“社会生态农业”。其内核是让市民同时以消费者和合作者双重身份参与到乡村经济行为中来，形成了农户和市民互助合作的社群组织，通过城乡之间开放、共享的社会参与，构建新型的生产关系和社会关系，实现多维度的城乡互补、互动和融合。此类模式的特点表现在：第一，不同参与者对有机农业具有明确的共识，伴随着强烈的生态理念和社会责任。第二，生产者和消费者的角色边界模糊化，构建了全新社会化生产消费模式。第三，参与者能敏锐地认识、感受并乐于分享农耕文明的多重价值，修正性地放大有机农业在自然属性、社会属性和文化属性上的优势和价值。

3．业态创新对设计的需求及设计的作用

目前，设计教育和设计产业主要服务于城市和城市化伴生的相关领域，“三农”领域对设计专业相对陌生和边缘化。随着乡村振兴战略的推进与实施，现在越来越多的设计高校、设计机构和设计师参与到乡村振兴和相关业态创新大潮中。

业态创新对设计的需求主要包括以下内容：

（1）品牌与传播设计。培育知名品牌是乡村产业振兴的关键对策。品牌定位、名称、形象、调性和体验会直接影响消费者的认知和决策，影响乡村的竞争力。

（2）文创产品设计。文创产品设计是拓展乡村特色产业的重要手段。文创产品能够将农业、生态和文化资源以文创设计来做价值转化和产品创新，以挖掘保护农村各类非物质文化遗产资源，发展乡土特色产业，匹配当代社会需求，顺应消费升级。

（3）服务与体验设计。在以农业多功能和乡村生态资源多元化为基础的三产融合模式中，新业态主要体现在农业和乡村旅游等服务业。服务与体验设计从整个服务系统和全流程出发，通过品牌、空间、产品和传播等方面的设计，达成用户价值和消费体验。

（4）环境与空间规划设计。乡村发展需要统筹生产、生活、生态“三生”属性和空间功能，需要系统的空间规划设计。从宏观层面国土空间资源的统筹协调，到微观层面环境与空间规划设计，都是重要的设计内容。

（5）社会设计。农业和乡村经济的发展并不只是经济行为，还具有很强的社会属性。新业态中的新型集体经济主体其实是一种社会企业，新业态的发展需要多种角色和利益相关者的广泛社会参与。社会设计一方面强调所处理问题的社会属性，另一方面强调设计方法和过程的社会性特征，能在社会生态农业等新业态中发挥针对性的作用。

设计在业态创新中的作用可以从三个方面分析其价值：首先，资源挖掘和机会洞察，为业态创新提供战略性设计咨询。其次，从品牌、产品和服务等环节全方位进行质量提升，促进用户价值、市场价值、生态价值和社会价值的增长。另外，业态创新过程中，以设计赋能和参与赋权调动不同角色的积极性、创造性和参与性，增强自下而上解决问题的能力。

4．反思与启示

设计是一门与时俱进的应用性学科，设计的内涵、设计的范式、设计教育都在持续地更新中，设计范式转型已成为一个被广泛讨论的话题。面向农业和乡村振兴的设计探索可以被视为设计回应国家政策与发展的一个积极尝试。与此同时，设计学科也面临一系列的挑战。

首先，设计的价值坐标需要重新定位。设计是随着工业化、城市化过程中发展起来并为其服务的专业和学科，具有天然的亲工业、亲城市、亲资本的特点。随着我国社会的主要矛盾和发展模式发生转变，设计要瞄准国家发展的主航道，促进工农、城乡融合发展，共同富裕和生态文明建设，这是时代赋予设计的挑战和使命。其次，设计方法体系需要发展完善。在“大设计”的背景下，设计的方法体系需要从基于工业文明的方法体系转向基于生态文明的方法体系，加强可持续设计、服务设计、社会设计、社会创新设计等领域的研究，让理论联系实际，有效服务社会。再次，设计教育的培养目标需要转向。需要从外向型经济体系的培养目标转向国内大循环经济培养目标，构建直接服务于本国经济和社会发展、充分考虑关乎本国人民福祉的设计教育体系。最后，设计文化和美学需要溯源回归，特别是中国传统文化的深度挖掘、传承与弘扬发展。

因此，新时代的生态文明建设是在当下现实存在基础上对近现代文明异化的修复，以及对传统农业文明中的天人关系的回归。在这个过程中，设计如何主动转向、回溯，进而引领和开拓生态文明时代的设计文化和美学，是一项充满颠覆性的挑战。

巩森森，副教授，江南大学设计学院

乡村公共品牌建设

赵 明

1. 共性与个性的思考

当前乡村建设中，需要展开“共性时代的个性诉求”下乡村文化的系统价值思考。

共性与个性是主体互动互生的“两仪”，是创新价值体系中相互构建的两极。共性寻求社会化大流通的相似性和共通性，是发展模式的基础，也是资本介入的依据。个性是品牌方向和内容创意的基本原则，强化创意特质是设计企业的生存之本。乡村振兴背景下，共性与个性在相互构建中形成“模式—品牌—内容”三位一体的基本结构。“模式”涉及乡村发展战略的基本模式和乡村营销的商业模式，往往从平台搭建开始模式的逻辑建构；“品牌”是乡村经济、文化发展的形象背书，品牌强调同一性与系统性；“内容”即乡村建设的主要元素，它涉及社区、产业、文化在产品、服务、观念等各方面的内容，内容的体验化与趣味化是关键。

共性与个性系统价值创新，在乡村建设中同样存在。乡村建设的关键词主要是文化传承、时代关联、超环境要素、核心价值、资源与资本等，它们在创新逻辑下，构建乡村个体的全域化营销体系。其基本要素是旅游、文化、产业和社区：地景与人文是旅游的构型基础，民族与民俗是文化的能量源泉，生态与服务是产业的基本要素，传统与生活是社区的文化表征。

2. 为什么要乡村振兴

乡村是中华民族文化的根本，也是生态文明建设的主战场，是碳中和的重要平衡点。乡村振兴的背景颇为复杂。新中国成立后的50年间，城乡“剪刀差”日益凸显；货币发行的漫水效应，乡村未来将成为最后最大的资产包；以共同富裕为目标，中国经济需要更大的流通市场，乡村振兴就是要形成更大的、无障碍的流通市场，更富裕的消费者，包括农民群体的共同富裕。

因此，乡村振兴的目的体现在三方面：在需求方面，构建更大的流通市场，产生更富裕的消费者；在政策方面，营造乡村美好生活，体现社会主义优越性；在文化方面，进行生态文明建设，筑牢中华民族的根基。

乡村振兴的底层逻辑是流动性，包括人、资本、物质、文化等的流动。乡村振兴的前提是乡村经济的高质量发展。乡村的高质量发展，“三变”（资源变资产、资金变股金、农民变股东）是基础，还需要通过政策引领（基本政策+专项政策）和文化识别来实现。

3．品牌与乡村

品牌是一种价值观，是围绕核心价值构建的运营体系。品牌为主体负责，围绕主体的战略诉求（即核心价值实现）而设计策略、方法、路径，其核心策略是塑造自我识别，并围绕识别进行生产、传播与营销，从而获得对象的认同与共鸣。品牌是主客体有目的的互动关系，可促进流通的关系；是有目的的价值主张和价值共享；是身份识别的标签、消费认同的符号和一种信誉的保证；是传承的文化基因和创新的基本逻辑；是管理和生产的基本要求、销售的基本理由和传播的基本诉求。

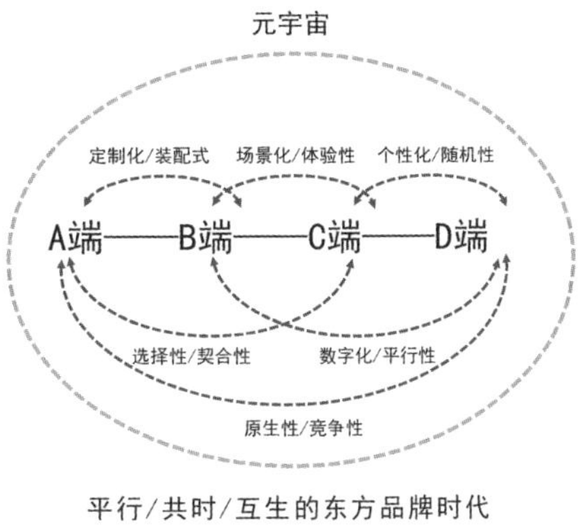

图1　品牌要素关系

品牌要素关系可用图1来表示。A端是生产端，B端是商务平台端，C端是消费端，D端是组织端，它们相互之间的关系表现为定制化和装配式是AB端的关系，场景化和体验性是BC端的关系，C端和D端未来要走到前台，成为生产要素中的重要组成部分，在个性化和随机性上发挥重要作用。A端和C端之间具有选择性和契合性，B端和D端之间表现为数字化和平行性，A端和D端表现为原生性和竞争性的关系。所有要素在未来元宇宙等新兴概念下，形成了平行、共时、互生的东方品牌时代。

乡村振兴需要品牌化，品牌化有益于乡村进入现代化，参与更广泛的经济文化流通，构建乡村的美好生活方式。可用“二分法”将乡村品牌分为公共品牌与独立品牌。其中，公共品牌在共同富裕背景下尤显重要，涵盖了乡村地域公共品牌、乡村人文公共品牌、乡村文旅公共品牌、乡村公共服务品牌、乡村景观艺术品牌、乡村共建共享平台品牌等。

乡村公共品牌具备以下属性及特点：第一，公共性。公共品牌向内面向的是集体利益，向外是面向更广泛的流通领域，是乡村共有共建共享的核心资产和参与全国统一大市场的重要方式。第二，识别性。公共品牌涉及的产业或商品多以所在乡村的自然特色和人文资源传承、开发、经营为主，强调独特性和专属性。第三，平台性。公共品牌主体为乡村集体，村民多以股权方式拥有品牌所有权，其平台性体现在公共资产现代管理模式和系统运营模式。

4．云南省红河州泸西县设计实践

泸西县位于云南省东北部，其发展存在着“断、乱、散、淡”的问题，即历史叠加，断代呈现；经济、文化、空间等各自为政；营销平台弱、传播同一性差；资源开发滞后，趣味体验不足。

泸西县设计从打造区域的公共性品牌入手。因为泸西县地处高原，土是红色，选择“红高原”作为泸西的区域品牌。“红高原”这一品牌具有公共物品特性，它是对泸西现有资源的统摄归纳、对泸西未来发展方向的引领。“红高原”作为首创的概念，简洁明了，联想丰富，可系统延展。它能成为泸西的品牌背书，形成附加吸引力；一旦形成，“红高原”品牌就能维持较长时间，并随着泸西的发展不断得到维护和完善，通过区域内外各要素的竞合，它还将不断得到强化和升级。

首先，从“红高原”的系统价值入手，从它的文化、地缘品牌、旅游和产业入手，推导出它的象征性、功能性、传播性和可持续性。

其次，根据泸西“红高原”全域发展逻辑，提出了以旅游为形象先导的产业融合策略。通过旅游作为先导产业，快速的品牌化为产业提供支持，提升旅游的影响力、吸引力和市场力。

第三，构建“红高原”现代农业产业体系。以联动一产、带动二产、拉动三产为思路，从高原养殖、高原种植、农产品加工、创意农业等方面，构建以高原农业为核心，生产、生活、生态功能并重的一体化高原现代农业产业体系。

第四，打造红高原全域旅游“走红”系统。提出“红高原上‘走红’游”的概念。以“抱朴”与“融创”打造红高原文化，以“奇遇”与“幸运”打造红高原景区，以“原生”与“缘生”打造红高原农业，以“竞技”与“健康”打造红高原足球，以“热情”与“原力”打造红高原城市。

此外，打造高质量的青少年足球训练基地；推广当地蔬菜到G20杭州峰会，成为G20蔬菜的特供产地；第一部乡村振兴电影《红高原》也在北京开展，进行了系列的乡村推广。“红高原”成了云南省的一个著名品牌，泸西的旅游人数也大大增加。品牌化带来的产业振兴、乡村振兴是一种系统效应，品牌定位与发展要找到和时代发展、和整个社会舆论热点的同频性和共振性。

5．徐家院田园综合体案例

田园综合体一定程度上是为了解决新的生产力和生产关系的问题。城乡二元结构从传统对立走向相互融合。“城市包围农村”与“农村包围城市”相向而行。城市的资本、人才和消费进入农村，农村的生态、土地和农产品等在政策红利和资本相遇的情况下，将成为下一个资产包和重要的消费场景。

许多的中国乡村，早就不是以原居民为主导了，其居民既包括一些留守的原居民，也包括临时性的、短期的游客，还包括投资者、运营者。所以生产力和生产关系都发生了很大的变化，传统离家游子的乡愁，成为一种共性化、带有公共产品属性的乡愁。

南京市徐家院村2017年就致力于打造乡村美好生活模式。即在传统乡村生活模式的基础上，通过创意引入、主题植入、系统归纳、整体营造，吸纳原有乡村的特色，形成既具备传统性又具备现代性的乡村生活样板。具体通过乡村美好生活的文化识别、徐家庭院和五大庭院的地标识别、“人人有余”农创品牌的品牌识别、徐家愿望农创平台的平台识别和徐家院VI系统的视觉识别等五个识别来打造形成乡村美好生活的模式。

在现代化的乡村和田园化的城市之间，更要保留乡村的个性化塑造。首先，要强调以乡村邻里、村落宗族为代表的凝聚感、集体性较强的群体关系；其次，要以田园化生活生产为基础，强调生态性、农趣性、地缘性特色和空间特征；另外，要关注围绕乡村人、物、事展开文化民俗，构成质朴纯善、有趣有味的乡村文化“灵魂”。

徐家院乡村的共性特征是渔樵耕读、丰衣足食、尊亲尚贤、自然和谐。因此，将品牌工程目标设定为连接传统与未来的“徐家院乡村美好生活构建模式”：生态上保持田园风光，结合民俗民风，体现乡土特色；生产上优化生产关系，丰富产业类型，强化创意经济；生活上提升品位品质，注重文化生活，邻里和谐共荣。创造有温度的村落社群关系、有力度的产业发展结构、有深度的乡村文旅模式。

另外，设计以打造“社会·徐家院”“经济·徐家院”“文化·徐家院”“生态·徐家院”，构建徐家院品牌工程模式，并以乡村美好生活文化论坛、乡村美好生活采风节、乡村美好生活志等活动全方位构建乡村美好生活的文化识别。

赵明，江大设计传播机构创办人、董事长

公共艺术介入乡村振兴

范晓莉

1. 研究背景

（1）乡土性向后乡土性转型

在传统的“乡土性”乡村社会，村民作为乡村主体其非流动性显著，绝大多数以农田种植为生，并一直扎根于乡村，乡村社会空间的地方性显著，乡村社会关系较为熟悉，乡村邻里之间是一种稳定的“熟人社会”。

但是随着城市化进程的加速，现代乡村逐渐呈现“后乡土性”的特点：乡村社会主体的流动性增强，大量的村民转移到城市中务工成为农民工；乡村社会空间的公共性转向，不仅是村民固有的生活和工作空间；乡村结构出现分化和多样性特点，如“城中村”、基于乡村工业园区的模式发展等。再加上现代城市文明的冲击和吸引，一定程度上导致了乡土文化自觉与自信的缺失。造成乡村“空心化”“人口老龄化”“出现留守儿童”等现象，乡村发展一度面临很多的困境。

（2）公共艺术概念的转变

20世纪五六十年代的公共艺术主要是以城市中的雕塑、小品和壁画等艺术形式，作为城市公共空间中展现公共精神的艺术品而存在。随着公共艺术4.0时代的到来，公共艺术由原来“装点城市空间，美化城市环境”的基础功能转变为激活城市空间、孵化文化以及塑造城市和乡村的形象等多元功能。

当代公共艺术具有一些显著特征。首先，创作主体呈现多元性，其创作主体不是单一的职业，政府、艺术家、公众包括社会机构和各行各业的专家学者都能参与创作。其次，公共艺术作品具有开放性，包含公共的参与性，以艺术的形式传递与植入开放、共享共建的观念。另外，公共艺术的创作过程与成果具有共享性，连接了人和人之间的观念，体现了集体精神。因此，公共艺术和民众的日常生活紧密相关，能够推动艺术民主，并且在这个过程中培育公众的参与精神和主体意识。

2. 艺术介入乡村振兴

“如何重建村民对于传统文化的认同感，或者说如何重新去建立起村民的自信?”成为乡村振兴中的重要问题。艺术介入乡村振兴是当代中国乡村建设的一个重要领域，具有文化寻根、文化自省、文化建设的多重视角和使命。艺术乡建工作者借助丰富的艺术想象力、创造力，结合当代乡村振兴发展实践的广阔需求，从而为美丽乡村建设提供强有力的助推和支撑。

艺术介入乡村振兴的优势主要体现在四个方面：第一，两种生态的高度吻合。艺术与乡村振兴都要求在保护乡村原有生态的前提下进行因地制宜地发展。第二，艺术家与乡民的共生共荣。艺术的介入不影响村民正常耕作与生活，对物理空间环境要求低，还能够盘活闲置房屋等资源来增加村民收入，形成初始文化业态，实现艺术与乡村环境的共生共荣。第三，可形成先导流再开发的模式。以艺术植入，能够带来高净值、高黏性、高修养的客流，再自然延展不同人群。第四，深厚的乡村文化脉络。艺术能够从乡村深厚的文化脉络与地域文化中汲取营养，并展现出持久独特的魅力与生命力，乡村文化也需要艺术的传承与传播。

当下公共艺术的概念转变和功能拓展使得公共艺术与乡村振兴的各方面达到高度的契合，包括主题的契合性、公共空间场所的契合性，以及发展方向的契合性，即公共艺术和乡村振兴，都需要和大众的日常生活相结合，培育公众参与精神。因此，公共艺术介入乡村能够以一种温和的、潜移默化的方式唤醒村民的主体意识，在所处的文化环境中去建立起认知文化的主动性。

艺术家或艺术团队通过人居环境改造、驻场社会实践、引导艺术产业发展等方式积极参与乡村的建设与发展，大致有以下几种模式：第一种是艺术家自发的模式，由艺术家个人主动地去参与到乡村的振兴当中，通过自己一些项目的植入助力乡村发展；第二种是大型的乡村艺术季，这种形式也是目前在国内开展的比较多的形式；第三种是艺术院校实践模式，基于课程和项目的延展，在艺术院校之间会开展一种为驻地艺术创作的实践。

3．国内外设计实践案例

（1）日本越后妻有大地艺术祭

越后妻有属于日本本州岛的新潟县，有着悠久的历史和深厚的文化底蕴。与其他典型的日本传统村落一样，存在人口流失、房屋空置、空心化、老龄化、乡村消失等问题。日本策展人北川富朗以当地文化背景为基础，用艺术软性介入乡村，激活乡村。实践策略包括总体艺术策划、当地文脉挖掘和线上线下商城开展三个部分。

总体艺术策划设计了六个主题的艺术展示舞台，展示六种各具地域特色的公共艺术作品。包括：十日町舞台的“越后妻有市集”、川西舞台的“创造新田园都市”、中里舞台的“信浓川故事”、津南舞台的“和绳文一起玩耍”、松代舞台的“雪国农村文化村”、松之山舞台的“森林学校”。这些艺术作品与地域性、乡土性的场所空间紧密相融，体现着地域文化与历史记忆。此外，还开通了线上商城，出售众多当地的特色商品，并融入知名艺术家的作品元素，成为具有大师标签的创意产品。艺术节还带动了当地吃、住、行、游、购等产业的大幅发展，还增加了大量的就业机会，推动了当地的经济增长。

以艺术家伊利亚和卡巴科夫的艺术作品《梯田》为例，该作品将农民耕作的形象置于梯田中，在农田里竖起彩色的农民雕塑，分别呈现出“犁田、播种、插秧、割草、割稻、到城里贩卖”等动作状态，并将一首歌颂农民的诗以雕塑的形式矗立在梯田中的农民雕塑旁边，还设立观展台，整个作品就像是从画册跳到现实中的绘本诗歌。作品用艺术的方式呈现和歌颂了本地农民农耕生活的原始风貌场景，使得艺术完全融入乡土大环境之中，成为展现在地精神的、有灵魂的艺术作品，唤醒了当地人的乡愁。

越后妻有大地艺术祭成功的关键还在于艺术策展人是作为一个沟通者，让艺术家和当地的村民首先建立一种人和人之间的联系，最后的作品是由艺术家与当地村民进行共建共享完成的。

十多年来，越后妻有大地艺术节吸引着来自世界各地成批的艺术家。整个越后妻有成为一座纯天然的美术馆。艺术家们在艺术节中为自然、大地所创作的作品，真正成为“大地的一部分”。

（2）青田乡村的青田范式

艺术家渠岩提出了用艺术修复并推动村落复兴的理念，在广东省佛山市顺德区杏坛镇青田乡开展艺术介入乡村建设的实践。渠岩用了大半年时间在青田做社会调查，整理地方的历史脉络，以青田的现状与村民意愿为基点，将青田的过去、现在和未来连接，接续青田的传统文明根脉。在青田构建以“青田范式”为核心的乡村复兴计划。以尊重地方文化为前提，改善基础设施，成立互助组织，多主题联动改造乡村。他们在青田村改造老旧房屋，建立青田学院，发展青田论坛，开设民艺讲座、乡村讲堂，组织艺术龙舟、延续成人礼等活动，也激发了当地居民自发修缮房屋、改建书院、自建龙舟等热情。是一种“以艺术入手，促进乡村社会复苏”、用艺术激活乡村活力的有益社会实践。

（3）福建南平延平艺术季

福建南平延平巨口乡是国家级生态乡镇，存有人文历史遗址20多处，现有国家级传统村落4个，省级传统村落4个，保存完整土厝600多座。“2018中国延平乡村艺术季”由福建省南平市延平区人民政府和上海阮仪三城市遗产保护基金会共同主办。艺术季旨在“保护遗产，振兴乡村”，来自世界各地的优秀摄影家、雕塑家、音乐家、设计师等在巨口乡驻地创作，作品主要集中在巨口乡的九龙村、谷园村、馀庆村、北坑村四个村落。

主要有以下几项改造措施：修复古建+现代业态介入、乡村活动、各类艺术作品介入、艺术展览馆和民艺复兴。在具体的实践项目上，延平艺术季注重符合在地公众艺术审美，同时动员在地公众参与互动，呈现在地文化创作主题，采用在地式的创作材料，进行在地式的创作实践，并注重与空间环境的融合。整个实践的构建原则是在有限的空间、环境和时间内，挖掘在地文化的本质，强调与村民的沟通，了解他们的想法，尊重他们的意见，立意于本土文化和自然生态环境之上，再以经济、环保的创作材料呈现出来，并注意公共艺术与当地环境的融入性以及与公众的互动性。

（4）长江上下：公共艺术行动计划

长江上下：公共艺术行动计划是一个由院校、学术机构、艺术家、研究者参与到乡村公共空间营建、社群关系营建、村落改造、艺术介入和社会美育的实践中的活动。在第二届中作者设计团队用“以艺术的名义搞垃圾”为题，探索公共艺术介入社区的设计实践（图1、图2）。

图1　营造社区食物花园

图2　废弃塑料瓶制作的公共艺术品

社区公共艺术的重点不在于是否构建一个有形且长久放置在社区中的物件，而是塑造一个无形的公共沟通的场所，可容纳多元差异的公众观点，是以公共利益为基础，对其公共性和艺术性重新进行诠释的过程。艺术需要进入社区居民生活，在社区公共艺术中展示出对居民社会生活的关注，不仅是给予社区居民更多的社会认同，更是调动着居民个人在城市背景中的自我认同。在这个实践中，成员通过对社区环境成长路径的解读和记录，以艺术的方式强化关于社区的特有记忆，其成果包括居民参与式景观空间微更新、住区隙地的景观提升、与居民共建共享的食物花园、社区公共艺术作品、可回收垃圾再利用以及公共艺术社区活动工作坊等。

范晓莉，副教授，江南大学设计学院

无锡产业和乡村发展与园区规划

蒋家林

1．无锡经济高质量发展的背景和挑战

近年来，无锡人均生产总值全国排名靠前，入围“中国企业500强”的企业数量全国第一，上市公司市值总量全国第一，高新技术产业增长以及集成电路、物联网产业、生物医药产业、软件和信息服务业作为地标性的产业具有未来前景等方面，都能看到无锡经济高质量发展过程中质量不断提升、发展动力不断增强、发展特色不断彰显、发展平台不断迭代。

2008年国际金融危机以来世界经济步入深度调整期。人工智能等重大创新技术使制造变为技术和资金密集型环节。在新一代通信技术和数字技术的加持下，对复杂技术产品、新型服务业和创新活动全球分工的要求更高了。技术系统复杂性上升，新技术新产品研发费用上升，产品的生命周期下降，迭代速度加快，企业独立创新和生产难度上升。创新协同、信息共享的理念在各个层面显得越来越重要。

无锡经济高质量发展需要产业载体高效能支撑。无锡有四大地标产业（物联网、集成电路、生物医药、软件和信息服务业）、三大新兴优势产业（高端装备、新能源、节能环保）、三大传统优势产业（高端纺织服装、特色新材料、汽车及零部件）、五个未来产业（人工智能、量子科技、化合物半导体、氢能和储能、深海装备），无锡发展要将这些产业名片与城市形象有机结合。

2．超前布局与功能提升相结合

苏锡常空间形态主要是由都市区、小城镇和乡村交替、穿插组成的人口、企业、生态资源密集区，属于非典型都市圈。无锡发展要考虑超前布局与功能提升相结合。

无锡规划打造“一轴一环三带、一体两翼两区”的市域空间结构。“一轴”是太湖长江发展轴（锡澄实力轴），“一环”是沿湖生态发展环（锡宜魅力环），“三带”是沿江发展带、沪宁发展带（运河实力带）、宁杭发展带，“一体”指的是无锡市区，“两翼”为江阴、宜兴，“两区”为锡澄协同发展区、锡宜协同发展区。

重点打造无锡太湖湾科技创新带，构建“一核三湾，一城十元”的空间结构，将太湖湾科创带打造成为世界级湖区创新资源带、全国绿色碳中和先行带、长三角

未来产业集聚带。“一核”为山水科创核，包含蠡湖未来城、江南大学及西林片区，将沿山水东路、长广溪及滨湖岸线打造与优美山水融为一体的科研聚落与创新C核。“三湾”即沿湖岸线108公里滨湖风光带，建设梅梁湖湾、贡湖湾、竺山湖湾三个各具特色与魅力的科创湖湾。“一城”为蠡湖未来城，依托山水生态与人文资源，按照产城融合原则，建设环太湖科创引擎和未来都市样板、世界山水诗意城区典范。“十元”为十个创新元，包括江南大学、西林、十八湾、马山、尚贤湖、具区路、临空、自科区、周铁、东氿–培源，作为太湖湾科创带重点托举的战略空间。

无锡发展的新空间，还包括太湖新城核心区、梁溪科技城、江阴霞客湾科学城、蠡湖未来城、新吴太湖湾科创城、惠山洗砚湖生态科技城、锡山宛山湖生态科技城。

3．宜居聚人与产研聚才相结合

无锡的发展，要注意宜居聚人与产研聚才相结合。人要以家庭、地域、社会网络为重点聚集；环境要坚持蓝绿化；要多元配套和发展后街经济等，小尺度空间进行综合提升，实现便捷化；还要关注日常起居、交通和运动等方面，做到宜居化。

4．无锡农业农村空间发展规划

为统筹推进新型工业化、信息化、城镇化、农业现代化同步发展，进一步提升农业质量、效益和竞争力，进一步优化村镇空间布局、强化综合服务能力，进一步统筹优势资源、彰显区域特色、打造工作标杆，无锡市发布农业农村“五园五区六带”发展规划。该规划是长三角乃至全国首个关于农业农村空间的专项规划。

“五园”，即五大现代农业产业园：江阴临港现代农业产业园、江阴现代农业产业示范园、宜兴市现代农业产业示范园、锡山国家现代农业产业园、无锡惠山现代农业产业园。“五园”将打造成为省内乃至国内一流的现代农业产业园和农业高新技术产业示范区。

“五区”，即五大城乡融合先导区：江阴澄南城乡融合先导区、宜兴宜南城乡融合先导区、宜滨城乡融合先导区、锡新城乡融合先导区、锡西城乡融合先导区。要打造成为产业层级高、空间布局优、资源配套佳、基础设施强、公共服务好，具有较强服务能力、承载能力和可持续发展能力的先导区。

“六带”，即六条美丽乡村示范带：江阴临港美丽乡村示范带与澄南美丽乡村示范带、宜兴宜南美丽乡村示范带与宜滨美丽乡村示范带、锡山区锡东美丽乡村示范带、惠山区锡西美丽乡村示范带、滨湖区宜滨美丽乡村示范带、新吴区锡新美丽乡村示范带。打造富有江南特色、承载田园乡愁、体现现代文明的“品质田园、美丽家园、幸福乐园”，形成“美丽无锡”的乡村版图。

作为无锡未来乡村最稳定、集中连片的空间载体，五大现代农业产业园突出推动农业现代化，五大城乡融合先导区突出城乡融合发展，六条美丽乡村示范带突出农村人居环境整治和农文旅融合发展。

蒋佳林，教授，中共无锡市委党校决策咨询研究中心

品牌、产品、产业融合振兴乡村

余　飚

1．乡村振兴与品牌

在乡村振兴背景下，从产品和品牌的角度进行未来乡村发展的探索，以品牌化思维助力乡村发展具有非常重要的意义。

随着村落历史文化遗产的不断式微与消失，如何保护与开发这些宝贵的村落遗产是值得所有人思考的问题。未来乡村发展离不开产业，如农产品的品牌化问题就显得尤为迫切。乡村的振兴和乡村产业的开发与规划，很多时候也来源于想象力经济。品牌就是一种建立在想象力基础上的认知。

品牌包括个人品牌、产品品牌、企业品牌、产业品牌、活动品牌、区域品牌以及国家品牌。品牌具有“品牌三号，品牌三一，品牌三力”三个方面的要素。“三号”即品牌的名号、符号及口号。品牌的名号就是品牌的名字，是历史延续的，难以改变。而符号可以进行创作，口号则是品牌的定位，三者共同构成了品牌的核心价值。“三一”即品牌的“唯一、第一及统一”。其中“唯一”就是打造品牌的独特性，可以将品牌从视觉到传播进行统一化规制。“三力”即品牌的产品力、传播力和营销力。这是品牌长远发展的支撑，一个品牌必须以产品为核心，进行有效的宣传并成功营销给用户。互联网时代，传播销售的渠道和途径非常多，赋予了新生品牌很多的机会点，品牌可迅速转化成流量，最终形成品牌价值，这也为乡村品牌更好地推广传播提供了大环境。

2．从品牌构建的角度赋能乡村振兴案例

在浙江省杭州市萧山区蜀山街道乡村品牌构建案例中，蜀山街道以唐朝著名诗人贺知章作为个人品牌来打造品牌价值，其品牌核心价值为贺知章的文化价值。因此，蜀山街道未来乡村品牌从品牌的构建和产业的品牌化入手，围绕设计愿景、品牌定位和拳头产品来构建品牌的话语体系（传播口号）、品牌的视觉体系（平面包装）、品牌的产业和产品体系（核心产业、项目引流、产业产品）。例如可以围绕贺知章“酒仙”的称号提炼“知章酒文化”，设立知章酒文化板块、知章酒制作板块以及知章酒活动板块，将整个知章酒故事和酒文化历史融入酒的制作、展示、销售、互动等全过程中；开发知章酒文化产品（果酒、果酒类饮品、果酒含片等）；打造蜀

山知章酒文化街；围绕贺知章浓厚的文化积累，提炼文化研学产业。

产品品牌的典型案例有很多，如大家熟知的辣椒酱品牌老干妈，还有跟建筑风貌和历史遗迹保护有关的产品品牌上海石库门老酒，来自大别山的“启航”有机山茶油等。在“洪九果品”品牌设计中，设计师将猕猴桃与孙悟空相关联，将“齐天大圣”这个IP转化为“猕天大圣”，使得其品牌在同类的猕猴桃里面脱颖而出，也为贵州的猕猴桃种植村带来很大的变化。在打造以种植业为特点的乡村产品品牌的时候，还可以考虑将乡村农作物转化成连锁化输出的产品，或者是在乡村推广体验式经济，把当地农作物的采摘体验改造成新的“物流+连锁店”品牌。

在活动品牌层面，活动性的品牌，如会议、奖项等都能够成为打造地域品牌的推手。如在浙江乌镇召开的世界互联网大会、在浙江良渚梦栖小镇召开的世界工业设计大会、在广州从化召开的生态设计大会，这些活动性品牌会带来产业价值和土地价值的更新提升。

设计扶贫也是活动品牌的一种，乡村产业能够因设计而升级。在云南省香格里拉的一个藏族乡村尼西村，黑陶为当地的非物质文化遗产。这里的黑陶为手工制作，制作效率低，仅在当地售卖，不能成为支撑性产业推动乡村发展。因此，设计以尼西黑陶为品牌，以产品的设计去构建该乡村的产业生态，将其转变为高端黑陶。最终尼西黑陶品牌通过传承中国传统造物智慧，对中国传统材质与工艺的当代诠释及应用，使乡村产业因设计而脱贫。再比如，使用咖啡脱脂技术，将云南本地的咖啡变成脂肪含量比较少的脱脂咖啡，咖啡保存的时间也更长，变成一个全新的咖啡品牌，再将其推广到更多地区。

在区域品牌方面，可以以标志作为视觉形象促进城市或区域的品牌形象，如以“小蛮腰”广州塔为原型的广州城市标志、以西湖元素为原型的杭州城市标志、以山水为原型的杭州湘湖旅游区品牌标志、以钱塘江元素为原型的杭州江干区品牌标志等。日本熊本县是打造地域品牌的成功案例，将区域的名字活化为一个IP形象，“熊”的形象成为熊本县的代表符号，此种信息传递会与游客之间产生互动和价值的开发。这是一个从品牌Logo变成品牌IP，再从品牌IP转化成大量衍生产品的产品开发及产业开发的过程。浙江省丽水市的丽水山耕项目从区域品牌思维出发，以“法自然，享淳真”作为品牌口号，将丽水农耕文脉与消费互动融合，实现了当地产业与乡村人居环境的联动提升，成为在地级市层面整合全域农业资源的大品牌。持续打造了丽水农产品区域公共品牌“丽水山耕”、丽水民宿区域公共品牌“丽水山居”、丽水乡村旅游区域公共品牌“丽水山景”、丽水高端水产品区域公共品牌“丽水山泉”。

在乡村建设中，也需要运用品牌化的思维，未来再上升到品牌化的运营程度上，从而构建乡村的差异性。在建筑风貌、环境设施等各方面的设计中充分挖掘乡村独特的符号，使其变成整个乡镇带有识别性的设计语言或传播语言。以为日照市后山地区设计的一个区域品牌为例，后山地区的山体有一些历史上遗留下的象形文字的雕刻，设计通过把这些象形文字提取挖掘为现代化、年轻化和可传递化的符号，与本土的文化进行结合，形成“后山物语”品牌，再把品牌形象投放到饮品、休闲品等各种消费品以及各种各样的文化当中，为后山地区带来最大化的视觉形象价值，因为视觉图像的表达传递往往比语言更加有效和快速。

在当今乡村的产业开发中，因地制宜地开发当地产业显得尤为重要，这需要深耕于当地传统文化，积极引进外部资源，灵活地将各个方面的资源进行整合与运营，最好能够获得品牌授权并经营好品牌，才能够使产业发展具有可持续性和生命力。

3．六枝农特产品区域公共品牌构建

在贵州省六盘水市六枝特区农特产品区域公共品牌互生共生构建案例中，探讨了如何以新的角度来定义区域品牌。通过重新梳理，精确定位，提炼出六枝特区的公用品牌商标、口号、标识及IP形象，并对六枝特区农特产品提出了生态化规划、标准化生产、品牌化经营、电商化营销的战略性策划。

总体思路是，通过服务全流程设计的方式，重点打造农特产品品牌，再将六枝现有的旅游资源和项目串联起来。具体操作过程中，通过对品牌核心客群的清晰定位与需求和痛点分析，找到自身核心卖点与核心客群需求之间的差异化连接点，将差异化连接点注入品牌故事之中，用故事和消费者构建情感联系，从而建立品牌的视觉锤和超级符号，用图形、色彩和消费者连接。

六枝本地的特色资源要素相对较散，许多传统风貌已经被破坏，产业产能低，在这样的基础条件下如何整合农文旅品牌成为重要的问题。设计从当地农特产品出发，以“食旅融合”的思路打造六枝区域品牌。在升级当地农特产品品牌的同时，运用品牌视觉形象的整体升级、产品影响的系统推广、品牌形象的综合运用等路径进行设计。构建了六枝农特产品区域公共品牌的“品牌沙漏模型”（图1）。一个真正意义上的品牌，具有由清晰的产品结构、完整的品牌话语和鲜明的品牌视觉系统，

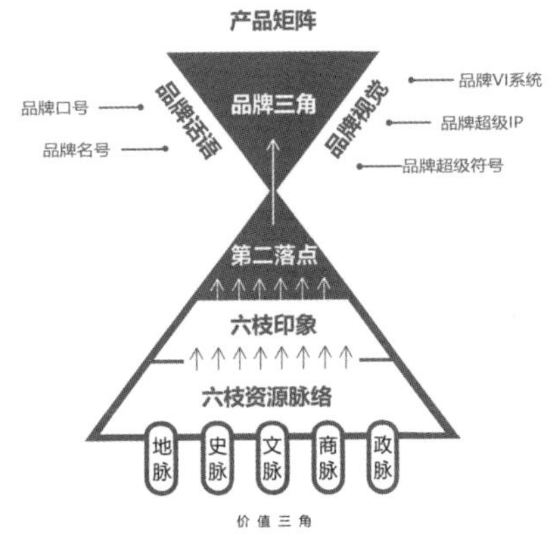

图1　六枝农特产品区域公共品牌的“品牌沙漏模型”

即“品牌三角”。任何行业的任何品牌都是建立在这个“品牌三角”之上的。但“品牌三角”是由底层的“价值三角”支撑起来的。六枝农特产品区域公共品牌的“价值三角”是基于对六枝实地资源脉络的梳理，分析六枝印象，进行品牌化定义后形成品牌的第二落点，它是六枝最具识别性和传播力的表达。而后以第二落点为起始点，去构建六枝农特产品区域公共品牌的“品牌三角”，明确其品牌话语和品牌视觉。

六枝品牌话语体系首先通过品牌口号进行构建。六枝是黄果树瀑布的发源地，品牌构建的第一阶段提出“黄果树，源六枝”的品牌口号，充分调动消费者的好奇感，强化稀缺性，引起互动性，结合品牌的农特产品品类属性，给消费者六枝的农特产品是稀缺且有价值的暗示，告诉消费者“你吃到的，是黄果树瀑布源头的味道”。随后，以名号“六枝六味”进行口号的思考，创作出“六枝六味，有滋有味”的口号。其中，“六枝六味”是品牌名号，“有滋有味”是顾客体验感知后的结果，口号与名号的基调保持一致，都暗承着品牌的价值支撑“滋寻源，味求本”，用一句话让消费者去传播，去行动。

具体设计围绕“六”的手势、当地点赞石的造型、黄果树瀑布源头等符号融合在一起，形成品牌的传播符号。由当地政府开发运营特味品牌，构建超级符号“特味章”。设计IP形象66牛，以当地非物质文化遗产长角苗头饰、手势“六”作为头部造型特征。将当地所有产业融合为一张“六枝六味图”主视觉图。同时，运用故事化包装，又可将“六枝六味图”拆分形成各类型产品包装（图2）。

六枝农特产品区域公用品牌，通过产品体系、话语体系和符号体系形成的“超级品牌三角”进行构建。其品牌的塑造是品牌价值链的形成过程，也是品牌方法论

图2 “六枝六味”品牌标识与视觉形象

参与构建的展现。

总体而言，当下的乡村振兴需要重视乡村产业品牌化构建的机会点和可能性，同时关注跨专业合作，对乡村、品牌、产品和产业这四个方面进行深入研究，做到以跨界融合促进整合创新，从大处着想从小处着手，以服务设计加运营思维来助力乡村的全面振兴。

余飚，高级工业设计师，杭州飞鱼工业设计有限公司董事长

第五部分

团队教学与层次教学

江南建筑艺术遗产保护与再生研究

过伟敏

1. 设计的“在地性”

设计的“在地性”即地域性特征，是农耕时期建筑及建造活动的固有属性之一，这一时期的建筑充分结合自然与环境，应用当地材料、工艺和制作方法建造。在地性建筑是当地文化的物化，具有特定历史意义，是一种文脉的传承。在地性具有共性和个性两个特点，共性体现在一定区域内的材料、工艺、方法等方面趋同，个性体现在“五里不同音，十里不同俗”，同地域间不同地方必然存在着差异，这是农耕社会手工业生产方式的作用结果。

世界上有许多利用自然环境和自然材料的建造活动，包括穴居的方式以及用土、木、竹及其他自然材料建造房屋。穴居是利用自然环境进行建造的，具有冬暖夏凉的优点，如中国西北地区的窑洞就是典型的代表。泥土住宅也是一种利用自然材料的建造方式，泥土经过加工或者增加其他材料后被运用到住宅的建造中，如中国西南地区的福建土楼。木材也是一种普遍用于住宅建造的自然材料，中国传统木构架建筑体系即为典型代表。除此之外，竹材、秸秆、稻草等均可作为绿色建筑材料用于建造。其中，秸秆的优势在于避免了人们采用燃烧或堆肥的方式来处理它，因此减少了大气中的污染。这些建造活动无一不是“就地取材”“因地制宜”，因此才形成了丰富多彩的乡土建筑或者说地域性建筑。

2. 历史风貌的时空观

对于建筑遗产保护与再生的认知，需要在尊重其历史的基础上建立历史风貌的时空观。不论是一座城市，还是一条历史街区，抑或是一个村镇，演变过程都是极其漫长的，其建筑形式也是多样的，不能以偏概全地将所有建筑形式都简单地以一种模式进行认知。比如，对于江南地区传统历史建筑的认知，仅停留在农耕时期“粉墙黛瓦、小桥流水人家”的总体印象显然是不全面的，这忽视了江南地区传统历史建筑历史发展的完整性，以及江南地区不同地域传统历史建筑的地域差异特征。

其实，江南地区传统历史建筑，从建筑形式发展的角度来看，至少包含了农耕时期的传统本土式样的建筑、近代伴随机器生产而来的中西合璧式样的建筑以及存续期短暂的具有现代主义风格式样的建筑这三种建筑式样。另外，江南地区不同地域的传统历史建筑在建造理念、建造材料和建筑细部等方面亦存在一定的差异。这些差异就是不同地域的建筑建造的个性特征。同样，一般认为江南地区农耕时期建筑色彩是“黑、白、灰”三色组合。“黑、白、灰”的认识是建立在对农耕时期建筑的三种基本建筑材料基础之上的，其中“黑”一般指屋顶瓦的材料色彩，亦有部分外墙是黑色；“白”指外墙多见的粉刷材料石灰水的色彩；“灰”指入口门楣所用的青砖等。但事实上这个认识不够全面，除了“黑、白、灰”外，还有着深浅不同的木本色，除去山墙外，江南地区农耕时期建筑界面与内院（天井）的围护结构材料主要是木门、木窗与大墙板。因此，我们需要消除对传统历史建筑形式认知的“碎片化”和“片面化”，考虑到传统历史建筑历史发展的完整性和连续性，准确认知历史建筑风貌和价值，使得各个年代的建筑都有所保留。

尊重建筑遗产还应该做到在更新的过程中不能破坏历史建筑的外观和结构。历史建筑是人类文明的重要载体和历史事件发生的生动场所，它是社会进步和文明传承的标志，它以特有的形式承载着丰富的历史信息，体现着各地区独特的本土文化。然而如今在城市更新的过程中，许多地区对于历史街区和建筑遗产的更新，因追求盲目创新而破坏了历史遗产原有的面貌，对城市遗产造成了无可挽回的破坏。

3．“设计问题”的宏观思考

（1）当代的设计特征

当代的设计具有四大特征：第一，消费社会的特征。如今物品、内容与服务的设计需求十分迫切，人们在生活质量等方面也有了更高的需求，安全设计、健康设计和生态设计成为消费社会背景下的重要指向。第二，持续城市化特征，或称作城乡交融特征。这也是21世纪中国发展的主要特征，城市与乡村的设计需求十分广泛，包括新城建设、旧城复兴、城市更新以及乡村振兴等。第三，呈现出工业社会和部分后工业社会的图景。快速发展以及持续城市化导致城市建筑形象呈现同质化和制品化，城市的地域性也在消退和丧失，与此同时，现代社会也在强调个人化、体验需求、亚文化、怀旧等。第四，信息技术深刻地影响着人们的生活方式，AI人工智能、云计算、大数据、移动支付等新兴技术改变着生活的方方面面，而设计更需要主动回应变革。

（2）设计学科的知识领域和设计的跨学科

某种意义上看，科学与艺术的区别在于，科学在于发现规律，而艺术本质上是在寻找差异。设计是建立在一定功能基础上的“无用之用”，强调的是对美的追求以及人精神的塑造，同时促进了人类艺术化的生存。设计学知识与领域体系有四大部分：第一是设计历史与文化，这要求我们对设计的历史有足够的了解；第二是设计思维与方法，这就说明设计是可以教授的；第三是设计工程与技术，设计的完成依赖于技术；第四是设计经济与管理。

目前设计学科知识生产的困境主要包括：对当代技术发展的回应不够，设计语言无法回应当今科学技术和社会意识的变革；推动学科与专业发展的新知识生产不足，专业的知识体系建构不完善，支撑专业的知识明显不足。

跨学科是设计学的基本特征，是能够回应设计学科知识生产困境的有效途径。然而，目前的跨学科往往成为一种简单的符号化、表象化，甚至口号化的内容。跨学科有其具体的需要和路径：第一，跨学科是专业工作的整体思维，需要吸收其他学科的知识和研究方式；第二，跨学科是专业工作的机制，不同学科背景的人在一起工作，继而进行设计创新创造活动；第三，跨学科是专业研究与教学的执行点，不同学科背景的人合作解决同一问题。对于设计学专业而言，设计的跨学科更多是一种思维方式。

（3）专业发展的国家政策

进入21世纪以后，国家出台了很多直接与设计相关的政策，说明国家对设计领域的重视程度。2014年出台了《关于推进文化创意和设计服务与相关产业融合发展的若干意见》，2017年出台了《关于实施中华优秀传统文化传承发展工程的意见》，在党的十九大上提出了乡村振兴战略，2021年出台了《关于进一步加强非物质文化遗产保护工作的意见》和《关于在城乡建设中加强历史文化保护传承的意见》等。

其中，涉及环境设计专业的重点任务包括以下三方面：第一，提升人居环境质量，包括提高设计水平、历史街区与建筑保护、突出地域特色、城市文化品质、社会主义新农村建设等；第二，提升旅游发展文化内涵，包括休闲街区、特色村镇、旅游度假区设计等；第三，挖掘特色农业发展潜力，包括农村文化资源的挖掘、休闲农业园设计、楼宇农业、阳台农艺等。

（4）当代中国设计学科的责任

当代中国设计学科的责任有三：第一，围绕国家文化与经济发展的需求；第二，解决国家发展中的重要设计问题；第三，培养具有正确价值观的设计人才。由此，有三个重要的设计问题迫切需要在跨学科跨专业的协同合作中得到解决。首先是健康居住问题，在中国这样一个人口众多、土地紧张的国家，如何创造健康的、节地的、经济的、适合工业化的，且具有较好舒适度的居住方式值得深度关注。其次是生态资源问题，在设计中如何运用最少的材料并且使得材料能够循环使用，如何创造绿色的设计、减量的设计、旧物的再利用设计十分重要。第三是文化传承问题，包括地域文化与传统产业的复兴，其中涉及历史记忆保存、优秀传统造物文化的传承和创新设计等问题。

4．地域建造的认知研究案例

江南大学建筑艺术遗产保护与再生研究团队成立于1998年，致力于保护与传承历史记忆的基础研究。研究方向包括建筑艺术遗产分类与比较研究、建筑艺术遗产保护方法、基于传承的创新设计方法与理论。

团队主要的研究工作集中在对传统建筑的认知，主要的研究对象是江南地区传统建筑，也包括近代建筑与环境设计。主要完成了无锡、镇江、常州、扬州、苏州、南通、徐州等江苏省七个城市的历史建筑研究，涉及历史建筑及街区、工业建筑这两大门类，测绘2000余栋典型建筑，完成了包括《无锡历史街区建筑艺术遗产调研报告》《常州青果巷历史街区考察报告》《扬州老城区建筑遗产考察报告》《镇江民国建筑研究》《江苏城市传统建筑形态及生存现状的调查分析报告》等十个研究报告。

关于镇江的研究，主要问题是作为一个近代时期开设商埠的沿江城市，其传统式样建筑是如何向现代转型的？20世纪二三十年代镇江中西合璧建筑的基本面貌是什么？研究通过历史文献、老照片及实地走访获取相关资料，将研究对象按照建筑风格分为中式传统建筑、西化的传统建筑、殖民地式、仿西式、中西合璧式和现代式这六类建筑。然后从其空间结构、形式风格、材料建造等方面展开系统研究，提出镇江近代建筑转型的基本路径。

关于扬州的研究，主要问题是什么是扬州传统建造的原型？研究对扬州老城区内的传统民居进行了翔实的文献研究与实地测绘调研，从平面方式入手对空间形态进行研究，最终发现三合院是其基本原型，由三合院演变成了包括三合院在内的七种模式（图1），再由“模式”形成多种“变体”，并总结出四种院落单元的组合方式。并在此基础上，探讨了其形成原因。

关于南通的研究，主要问题是南通近代中西合璧建筑的基本样式是什么？这些样式是如何产生与演变的？通过全面普查及历史照片的收集，确定南通现存的近代中西合璧式建筑主要有两类：一类是张謇在全面规划建设南通时建造大量实业类建筑，以及启用本土建筑师孙支厦设计的大量中西混杂的教育、文化、金融类建筑；另一类是本地居民自发建造的带有西式风格的近代民居建筑。根据南通近代中西建筑文化交叉衍化的程度及深度，总结了南通近代中西合璧建筑的分期、近代中西合璧式建筑的式样类型特点及其成因。

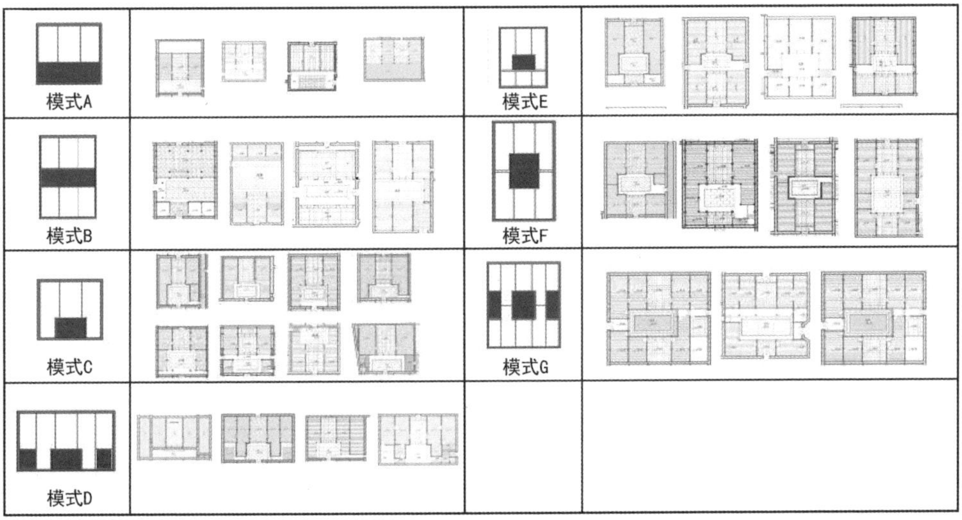

图1　扬州传统建筑的七种类型模式

关于无锡的研究，主要问题是无锡本土建筑呈现何种特征？具体的研究对象为传统民居和民族工商业建筑。研究发现其街区空间有四点特征，分别是：街道以河道为基本骨架，街道空间曲折，街道界面完整且连续，以及街道功能的多样性。群体形成的方式有自发形成的，也有初步规划的（图2）。住宅包括传统住宅、“准住宅”“中西合璧”住宅。院落有中国传统式院落，也有中西合璧式院落。无锡的建筑装饰有别于徽州等其他地区，在装饰上的特点表现为整体弱化而局部加强，装饰重点主要集中在入口处、屋脊和山墙以及形体界面的转接处。

关于常州的研究，主要问题是明清两代常州的传统民居建筑特征与士绅阶层是否有关系？士绅阶层是否影响了民居建筑的建造与形式？与其他描述性研究有别的是，有关常州的研究为解释性的研究。研究内容包括三点：第一，验证明清时期常州民居建筑受到了士绅阶层的影响这一假设；第二，讲清楚该时期常州民居建筑的设计特征，对明清时期常州民居建筑的物质形态特征形成综合整体的把握；第三，分析士绅阶层对民居建筑特征形成的具体影响方式或路径。

系列研究工作开创了区域性建筑研究的新领域，从设计学的角度，建立了传统建筑认知与价值判断的方法。主要对江苏不同城市、不同类型传统建筑进行了系列的类型学研究，主要从形式原型、文化原型、审美原型进行解读。填补了区域性近代建筑研究的空白，完善了中国近代建筑研究体系。对江苏区域内不同城市近代建筑进行系列研究、横向比较研究，初步建立了江南近代建筑式样的谱系。同时，为地域文化的传承提供理论的依据。

图2　无锡传统建筑与街道

研究团队还参与了无锡清明桥历史街区修复、无锡荣巷历史街区修复、无锡阖闾城遗址复原、无锡鸿山遗址博物馆及遗址公园景观设计等城市历史地段与历史遗产地的重要建设项目论证工作，以及若干设计实践项目，为传统建筑的保护、修复、更新与城市历史记忆的传承、旧城的复兴提供了智库服务。

过伟敏，教授，江南大学设计学院

历史建筑的个案研究——以镇江近代建筑为例

刘　佳

1. 镇江近代建筑概况

（1）镇江近代建筑的产生发展阶段

镇江具有3500多年的悠久历史，是1986年国务院颁布的中国历史文化名城之一。凭借其地处长江和大运河交汇处的地理位置，自古以来就是兵家必争之地和长江下游的商业重镇。随着近代历史的更迭与城市的发展，镇江在开埠后产生了一批近代建筑，在艺术风格、文化特色、建造方式等方面富有近代特性，具有较高的历史、文化和艺术价值。

镇江近代于1861年开埠通商，依照交通区位因素和政治因素，可将其近代时期分为四个阶段：长江时代（1861年至20世纪初），借助开埠，中西方文化在这里碰撞，社会经济得到极大的发展，基本形成了“老城区—商埠区—租界区”的城市格局（图1）；铁路时代（20世纪初至1929年），城市中心开始向西转移，荷花塘一带出现了工业区，但由于后来铁路的改向和运河能力的丧失等多重因素，镇江的区位优势逐渐丧失；省会迁镇后（1929年至1937年），城市发展和建筑建设迎来了一个小高潮，近代路网逐渐形成，城市重心回归老城，但省会计划大多没有实现；抗战时期到新中国成立前（1937年至1949年），社会各方面受到重创，城市建设一度停滞。

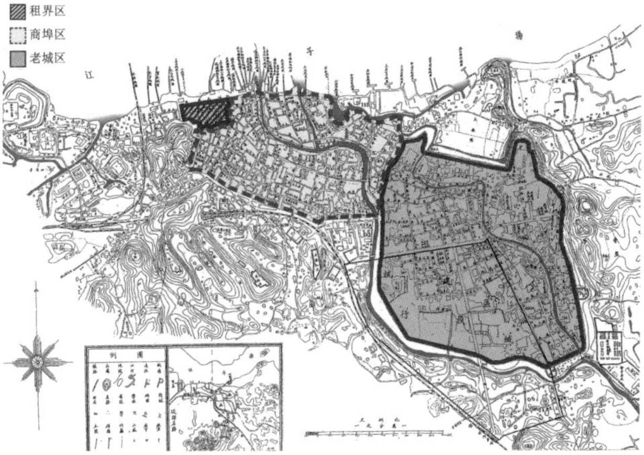

图1　19世纪末20世纪初镇江老城区、商埠区和租界区位置示意图

（2）镇江近代建筑的生存和研究现状

经实地调研测绘，镇江近代建筑现存百余栋，但由于抗日战争时期的破坏和改革开放之后的快速城市化进程，许多近代建筑被拆毁、改建或弃置，遗存状况不容乐观，这些宝贵的建筑遗产亟待研究和保护。近年来，镇江的近代建筑保护、修复、更新和再利用等工作得到相关部门和社会各界的重视，尤其在西津渡和伯先路等历史建筑相对集中的地段已经初见成效，但仍有许多近代建筑亟待修复。

近年来学术界对镇江近代建筑的研究主要有《古城掠影》《镇江古今建筑》《镇江京口区历史建筑的现状及分布的情况调查》等，这些研究主要从资料收集的角度，用文字和影像，以描述性的手法记录了镇江近代建筑的内容和概况，尚缺乏针对性、系统性的研究，研究的深度和广度都不够。另外，对近代建筑演变发展的动态性研究不足。因此，本研究在大量文献资料调查与130余栋近代建筑实地测绘数据的基础上，以建筑物质形态的本体认知为核心，对物质形态本体（共时性研究）及其演变过程（历时性研究）及其成因进行系统的分析研究。

（3）镇江近代建筑的分类和分布情况

近代时期，镇江的建筑大致可分为公共建筑、产业建筑和居住建筑三类。一方面，部分传统建筑类型逐渐消失，如官衙建筑、祠堂建筑等；另一方面，公共建筑类型逐渐丰富，出现了西方宗教建筑、殖民地政府建筑、洋行、市政建筑、教会医院、教会学校、西式别墅、集体宿舍等类型，主要分布于租界区内及沿江和商埠区内（图2）。各种建筑类型又按照不同的建筑性质有不同的分布。如借交通优势，工业区和邮政建筑主要分布于靠近码头、租界、运河、铁路的地区；气象台位于北固山上，择高而立；自来水厂位于江边，择水而建等。

图2　近代镇江老城外部分建筑遗产的分布情况

2．镇江近代建筑的四种风格及其演变

近代初期传统建造方式及思想仍占据非常重要的地位，但在大量商业建筑、里

弄建筑和民居的建造中，已经有了“西化”的变异倾向。传统建筑的商业化趋势出现，如钱庄和旅馆建筑中的内天井回马廊式空间；随着家庭结构变化和西式住宅方式影响而形成了里弄建筑，具有独特的本土化发展途径，即以传统三合院为组成单元的空间形式；建筑局部造型的西化，如由双坡硬山屋顶改为四坡瓦顶、外墙开窗逐渐增多、阳台的出现等。

随着租界设立，殖民地式风格以一种突变的方式植入镇江，其过程又体现了本土化的特色。殖民地式建筑以外廊为主要特色，最典型的案例为英国领事馆建筑群。受其影响，许多建筑都采用本土化的外廊形式，如美孚火油公司和亚细亚火油栈等建筑。但由于并不适合于镇江地区气候，在20世纪初就不常使用了。

近代镇江并未出现真正的西方砖石结构建筑，几乎都是仿西式或是中西合璧式。仿西式建筑充分体现了西方建筑文化的侵入和当地建筑的适应能力，表现出强烈的本土化特征。虽然有仿西方古典式建筑（如绍宗藏书楼）、仿哥特式建筑（如福音堂）、仿巴洛克式建筑（如老邮政局）、折中主义建筑（如蒋怀仁诊所）等，但它们往往表皮模仿局部西式建筑元素（如柱式、线脚、拱券等），而不是采用系统的西式施工方法和空间组织，仍然保留有传统建造的浓重痕迹。

近代后期，现代式的建筑成为大趋势，但这种趋势在镇江的演进并不彻底。新结构和新材料的运用使得建筑面貌焕然一新，然而，新建筑规模小、数量少，仅限于个别工业和市政建筑，加之城市地位落后等多重原因，建筑的现代化并不彻底。

总体来说，镇江近代建筑的风格具有华洋杂处的多元化和包容性特征，显露出一种平实质朴、低调中庸、讲求实用的特点（图3）。

图3　镇江近代建筑的四种风格

3. 镇江近代建筑的七种空间模式

（1）空间的形状和大小

镇江传统建筑的空间多以天井为核心进行布

局，也有个别建筑因地制宜有所变化。近代建筑的形状、大小和建筑平面组合较丰富，主要有“一”“口”“凸”“凹”“L”形或不规则形等。传统建筑多为一层，部分二层，在建筑内部体量分解、尺度宜人，建筑外部则较为封闭。而近代建筑的体量和尺度都较传统建筑有所扩大。

（2）空间结构模式

结构是物质存在的一种方式和构成的骨架，是一个系统内部各部分之间、部分与整体之间的组合方式，镇江近代建筑的空间结构模式主要有以下七种（图4）：

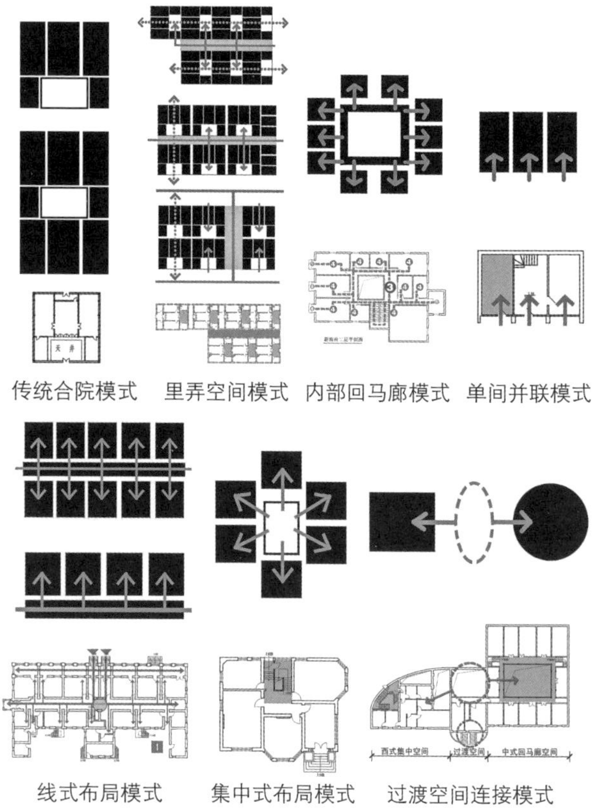

图4 镇江近代建筑的七种空间模式

传统合院模式：即三间两厢型，是近代建筑演变的重要原型之一，由此又可延伸出多种合院等形式。通过单院型、直接串联型、院落串联型等组织手法，产生了完整的建筑组群。

里弄空间模式：是在三合院组织结构上变异出的一种聚居形式。核心空间弄道为半开放的灰空间，建筑沿弄道两侧布局，建筑入口朝向弄道。既有纵向串联式，也有横向并联式。

内部回马廊模式：是镇江近代随着商埠的繁荣、服务业的发展而逐渐出现的一种公共服务类的空间模式。以内部天井为核心，由四周回马廊组织小空间，提供了多人共同使用又互不干扰的一种集合式住宅模式，为近代时期众多旅馆建筑所采用。

单间并联模式：多个独立的矩形空间以并联的方式重复出现，通常此类建筑为沿街住宅或商铺，这也充分体现了镇江商埠民居的特色。

线式布局模式：主要以走廊作为组织空间的核心，单个空间单元顺着走廊的垂直方向并列排布，紧凑合理。此种连接方式的建筑主要适用于多个大小、体量、作用、功能均相近的空间中，特别适用于公共建筑中。也有通过连续的外廊或环廊进行布局的模式。

集中式布局模式：利用垂直交通连接上下层空间，连接空间具有公共属性。这种模式能够充分凝聚空间，使建筑功能合理而紧凑，具有更好的通达性。

过渡空间连接模式：通过过渡空间连接两个空间，常用在体量较大的中西合璧式建筑中，被连接的两个部分，往往具有中西不同的造型特征。如世界红十字会江苏省会旧址建筑北部为传统中式回马廊院落，南部为西方线式和集中式布局相结合的形制。

4．镇江近代建筑造型的特征及演变

（1）建筑立面由结构性转向设计性

传统建筑少有塑造建筑立面的概念，多是构造式的立面造型。多为双坡硬山式屋顶，立面变化较少，相对封闭。仅在山墙部分，从传统观音兜山墙到巴洛克式观音兜山墙，再到几何式山墙的变化凸显了传统建筑在近代的演进。

近代建筑已经有了设计的概念，因此呈现多元化的立面造型（图5）。殖民地式建筑立面，外廊增加了立面层次，采用横向延展的构图方式；仿西式建筑立面，四坡屋顶，立面没有统一模式，在强调横向建筑分层关系的同时，更加讲求竖向的构图仿西式；中西合璧式建筑立面，是以上几种建筑立面的融合，既有传统建筑的封闭性立面特征，又有西式建筑横向或纵向划分建筑的设计手法；简洁的现代式建筑立面，平屋顶作为重要的造型标志之一，墙体多呈直线型，没有过多装饰。

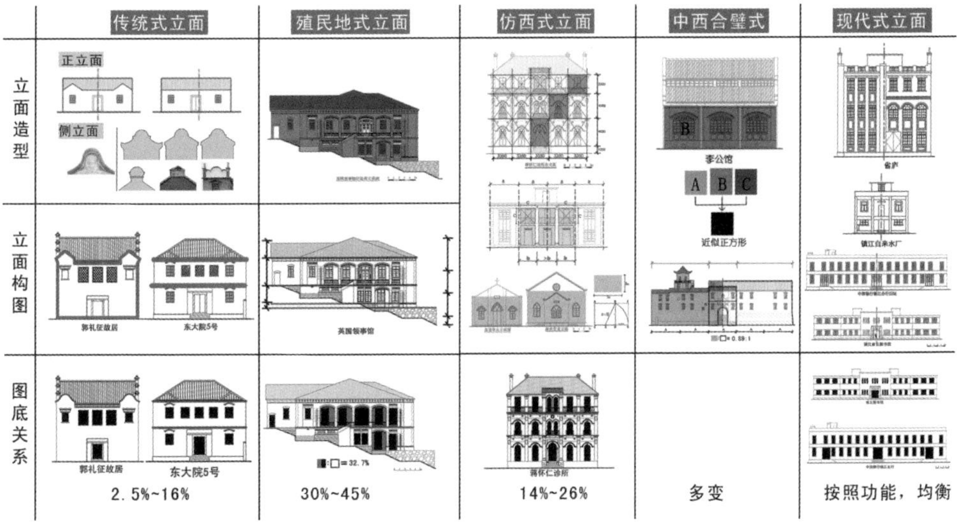

图5　镇江近代建筑立面由结构性转向设计性

（2）建筑门窗具有中西杂糅的特征

传统式样的门最常见的是磨砖大门，为平面型；外墙窗主要有窗洞型窗和砖砌花窗两种做法。近代时期，西式门窗通常采用拱券代替过梁，拱券加立柱是常用的形式，立柱在细部做法上则有了本土化的演变，如柱身的凹槽几乎都不见了，柱头上做各种简化和变异。中西合璧式样的门窗通常采用中西造型要素叠加的方法。如蒋怀仁诊所三层柱子的柱头上，将卷草纹的涡卷换为类似兽头的图案。现代式样的门窗造型相对较为简单，尊重人们的生产和生活方式，注重功能，已经体现出科学化、程式化的趋势和明显的设计特征。

另外，与传统建筑的“彻上明造”不同，近代建筑一般有室内天花、线脚作为装饰（图6）。阳台、平台或外廊等空间形式也纷纷出现，铸铁栏杆、陶瓷花窗等也频繁使用。

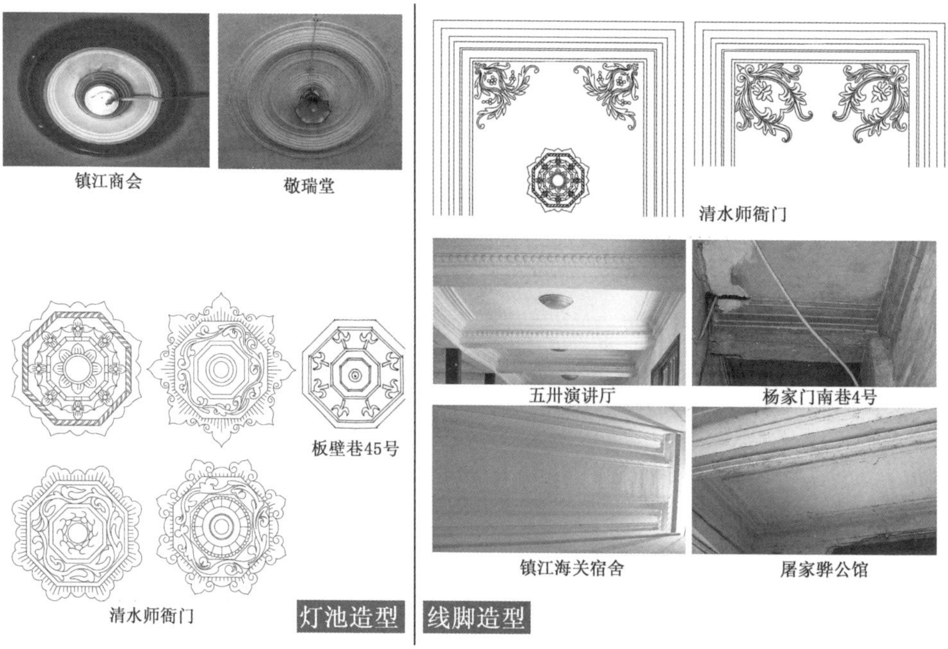

图6 镇江近代建筑室内的天花造型

5．镇江近代建筑的建造方式及其演变

（1）新材料和新结构的出现

建筑材料从物质的层面决定了建筑以何种结构形式存在。西方建筑以石材为主要建造材料，最合理的结构就是拱券式；中国建筑以木材为主要建造材料的，最合

理的结构方式是梁柱式。近代时期除木材之外，水泥、机制砖、机制瓦、钢筋混凝土、玻璃、陶瓷等新型功能性材料的出现都为建筑的变革提供了物质的支撑。

首先，镇江传统建筑为“构架式”结构体系，近代建筑结构则是“承重墙式”的砖木结构体系，砖墙和立柱共同承重，在一些建筑中还使用三角形木桁架结构。其次，建造技术发生了变化，传统建筑的墙体主要采用乱砖砌筑的空斗墙，清末发展为青砖清水墙“三走一丁”砌筑；近代早期建造的殖民地式建筑主要采用“一皮顺，一皮丁”式砌法；近代中后期多用青砖或水泥砖“一顺一丁”式砌筑。外墙处理形式主要有裸露、粉刷、拉毛、水刷石、贴面砖等方法。地面也不再是传统的“空铺”法，而用木板或彩色地砖等。另外，建筑的附属设施水、卫、暖、电等现代建筑设备的出现，充分体现了建筑技术的时代性和进步性，使人们的生活方式发生改变。

（2）设计师和营造厂的出现

中国传统建筑结构的稳定性从一定程度上限制了“工匠”的创新和对建筑独立性和个性的追求。随着资本主义经济制度的扩展和影响，新材料、新结构的运用和新功能的需求，促进了设计师的出现。镇江的设计师群体具有本土化、文化选择矛盾性的特征，导致了镇江近代建筑的中庸性和非典型性，也影响了镇江近代建筑向现代建筑的发展。营造厂是伴随着资本主义萌芽和资本主义生产方式的扩散逐渐产生的一种新的专业化组织形式，还出现了水电、厨卫系统等新行业。另外，经营方式、制度法规的完善以及各种建筑规范的形成和设计思路的完善都使得近代建筑呈现了全新的面貌。

总之，镇江近代建筑的建造技术具有进步性和科学性，同时，其采用的西方建造方式带有本土色彩的折中和妥协。由于新兴技术运用范围小，技术发展程度低，建造技术发展还具有不平衡性，这成为镇江没有出现像上海、南京、南通等近代城市中新型结构建筑和现代式建筑的直接原因。

6. 镇江近代建筑形态的演变特征、路径及动因

研究试图从建筑学和设计艺术学的交叉视角，借鉴建筑形态学、建筑文化学、类型学和结构学等相关理论，从历史背景和城市格局变迁入手，通过对艺术风格、建筑空间、建筑造型及建造技术等建筑本体特征进行研究，对建筑的形成、发展、演变过程进行剖析和总结，深入、全面、准确地把握其特征，进而揭示镇江近代建筑发展的演变特征和内在动因。

镇江近代建筑形态的演变不止于某些建筑演变，不止于表面的抄袭和模仿，不止于建筑单体本身，具有整体性特征。由于建筑结构和构造方式的变革，其演变具有由封闭形态走向开放形态、由单一走向多元的特点。建筑性质不再以封闭的家族

为模式单元，由家族性转变为社会性。其演变总体呈现突变到渐变再到转型的特点，又以渐变过程中的文化矛盾性作为其独特之处。首先，这种演变是被动的、侵略式的文化传播，呈现突变的特点；同时，中国传统建筑的建造方式和风格样式逐渐发生西化演变。近代后期，现代式建筑转型成为建筑发展的大方向。

镇江近代建筑形态的演变路径呈现出“非典型性”的“本土化演进”方式。即以中国传统建筑造型元素与建造技术要素为根基的“西化”表现，以及一种“不彻底”的现代转型方式。一方面传统建筑在近代时期的“西化”，是一种不典型的、平民化的本土演进；另一方面，西方建筑式样也融入了传统的建造技术要素，发生了“本土化”演变。近代晚期，镇江的近代建筑向现代建筑的转型并不彻底，没有形成典型的现代式建筑。

镇江近代建筑走向现代化的路径，从最初的中西“二元并存”方式到前期的“自下而上”方式、中后期“自上而下”方式。最初中西文化是以共存的状态持续了一段时间，随着商埠区的发展，中西文化的融合经历了由民间到官方的逐渐扩展，直至省会迁镇后，以政府意志为主导才出现了现代式建筑端倪，即自官方到民间的转变。通过对镇江样本的研究，解读中国中小型城市近代建筑在近代化过程中走向现代的路径，为探索中国中小型城市的建筑在近代时期的肇始、定型与演化研究提供了一种参考（图7）。

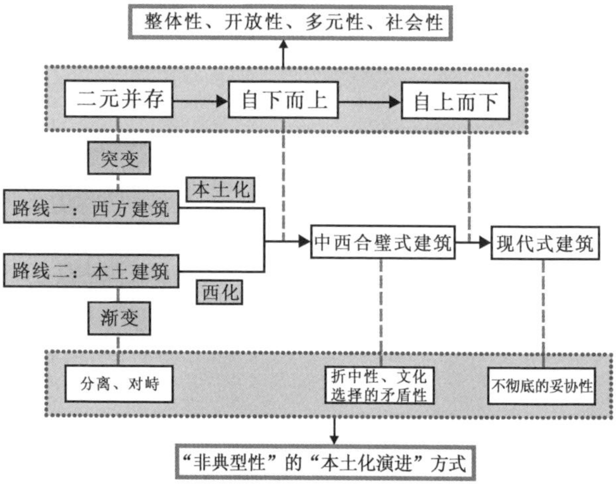

图7 镇江近代建筑的演变路径

从建筑发展演变的非物质动因来看，镇江近代建筑的产生和演变的历史是中西文化交融的历史必然结果。中西文化的冲击与融合、社会政治因素的变动与发展、交通区位的变化和交通运输方式的发展、经济制度转型等因素在近代不同时期，以不同的权重影响了近代建筑的发展。另外，人的心理、思想意识及行为的互动与转变也是近代建筑产生和发展的动因之一，它们是建筑形成的非物质要素，也是决定性因素。

刘佳，副教授，江南大学设计学院

江南近代中西合璧建筑样式研究

罗　晶

1．江南地区近代中西合璧建筑的形成条件

（1）何谓近代中西合璧建筑

《辞海》中解释："中西合璧"即兼有中国和外国精华的事物。在历史建筑研究领域，"中"可以理解为中国传统的建筑式样、结构、造型以及装饰，"西"可以理解为当时由西方传入的西方古典主义、哥特式、巴洛克式、文艺复兴式、新古典主义等建筑式样及其建筑方式。由此，近代中西合璧建筑指近代时期出现的，中西两种不同文化体系下的建筑样式、结构、造型、装饰、建筑材料和建造技术结合在一起的建筑类型，是兼有中西两种建筑形态特征的形式复合体。

（2）中西合璧建筑的产生背景

江南地区各城市的近代化转型背景各有不同，致使其中西合璧建筑的产生亦有所不同。南通的转型和崛起主要归功于张謇的实业建设，他数十年间创建了一大批企业和学校，以个人的力量带动了整个南通的建筑转型。镇江凭借其沟通南北交通的地理区位优势，以及自古以来重要的经济、军事地位，成为欧美侵略者觊觎的长江流域重要目标，于1861年被辟为对外商埠，成为江苏近代开放的第一个通商口岸，后又作为民国时期江苏省会城市，产生了一批中西合璧建筑。无锡的近代转型主要归功于民族工商业的发展，特别是以荣氏家族为代表的民族工商业者做出了重要贡献。苏州和扬州在严格意义上来说，不算是最早一批迈入近代化轨迹的城市，其近代民族工商业也对城市近代化有一定的促进，但其近代转型相对缓慢。

（3）中西合璧建筑的形成原因

中西合璧建筑是在动荡复杂的近代社会中产生的，也是中西文化碰撞与交融的产物，主要成因包括以下几点：第一，近代时期江南地区的中小城市建筑建造，大多缺乏外国建筑师的直接参与。广州、上海等地的近代建造往往有外国建筑师参与，而中小城市建筑建造方倾向于委托上海建筑师，或让本地建筑师模仿已经建成的新式建筑。因此很多建筑没有呈现纯正的西式建筑样式，掺杂了很多本地传统形式。第二，本地绅商的传统审美旨趣与意识形态仍占据主导力量，许多建筑造型的决定方往往不是建造者，而是在企业主手中。第三，江南近代建筑中除少量西式厂房是请外国设计师设计和建造外，大部分都由本地匠师和本土建筑师模仿建造。由

于缺乏掌握西方建造技术的专业建筑师，本地匠师对西式建筑的造型法则及结构技术所知有限，尽管他们极力模仿西式建筑的形体和式样，但仍摆脱不了业已形成的审美情趣，在操作中难免带有传统建筑的某些做法。第四，近代工业文明在江南境内广泛传播，加之先进的市政建筑和新式“洋房”的示范作用，社会民众普遍产生一股“崇洋”风气，并以城区为基地向各乡镇蔓延。此时在普通民众眼中，西式建筑成为新兴官僚身份的象征，商业建筑和居住建筑也均以西式为风尚。

2．江南地区中西古典建筑的形式差异

江南传统建筑一般具有模数化的间架制度和院落式平面布局。以“间”为单位，并且以单数为模数，横向拼接成单体建筑，纵向由天井串联，组成规模更大的建筑群体。传统建筑主要为木造梁架结构，包括穿斗式、抬梁式及混合式。在实地测绘中发现，江南地区许多民居采用的是混合式构造。建筑外观造型具有较为封闭的外立面，开窗较少，内立面则呈现面向天井开放的建筑形态。建筑装饰具有形意互通的特点，即装饰图形与寓意之间的互通，通过吉利祥瑞的谐音或者“形”与“意”的互通，来表达深刻的象征意义。如瓶中插麦穗象征“岁岁平安”，猫、蝶和牡丹组合在一起象征“耄耋富贵”，再如石榴寓意“多子”，松鹤象征“长寿”等。

传入江南地区的西方古典建筑样式主要包括以下几种：文艺复兴样式，如多层壳体结构的穹顶、半圆拱、立面涡卷、连拱廊、大挑檐和楼层线角划分等；巴洛克样式，以繁复、华丽的不规则曲线装饰为建筑特点，喜好用夸张的巨柱贯通建筑外立面；帕拉迪奥风格样式，拥有集中式平面布局、帕拉迪奥母题、带山花的神庙型立面门廊等；殖民地外廊样式，建筑一面或四面均有宽阔券柱式外廊，以便通风遮阳；新古典主义样式，主张装饰简洁克制，呈现古典建筑肃穆典雅的建筑形式。

中国与西方传统建筑的差异主要反映在三个方面：在空间组织上，中国建筑强调群体，建筑着意在平面延伸；西方强调单体，注重竖向空间上的扩展。在形体处理上，中国不注重形体变化及透视效果，内向封闭；西方体形体量对比强烈，外向开敞。在装饰手法上，中国注重写意空间，图案富有象征性，表现上以线为主；西方强调模拟自然，造型写实，表现上以面造型。

3．江南近代中西合璧建筑式样类型

中国近代中西合璧建筑基本可分为两种类型，以“本土演进”为特征的近代乡土建筑和近代民族复兴风格建筑。近代乡土建筑的典型有上海的石库门里弄住宅、侨乡骑楼、开平碉楼等。杨秉德先生则将近代民族复兴风格建筑分成整体仿古模式、局部仿古模式、简约仿古模式三种类型。

在考证资料分析及测绘图纸分析的基础上，根据建筑的外观形态趋向，可将江南近代中西合璧建筑式样总结为洋门面式样、石库门式样、外廊式样、大屋顶式样和集仿式样五种基本类型（图1）。

（1）洋门面式样

洋门面式样是江南地区数量最多、分布最广的一种中西合璧建筑类型。其典型特点是在建筑入口部位附加一面“装饰性山墙”，以涡卷花饰、曲形山墙、三角形山花、柱式、拱券以及并不地道的西洋写实雕刻等作为装饰，山墙背后的建筑空间组合方式和内部结构仍大多沿用传统做法。一种为券柱式洋门面，仿古罗马券柱式构图，将券洞套于成对的柱式之间，并于其上布置山花、山头、涡卷饰件及中式匾额的山墙式洋门面形式。一种为门斗式洋门，将原本位于建筑主墙面的券柱式洋门面往外移一间房的进深，并在其上加盖屋顶，从而在入口处形成一个起分隔、御寒、迎接等作用的建筑过渡空间。

洋门面主要作用是突出建筑入口的门面形象，以表达标榜、炫耀、装饰的意图，既体现了民众在自发引用西方建筑语汇时的创造性与包容性，同时也反映出本地匠师对西方近代建筑在文化层面上的随机性、经验性的学习过程。

（2）石库门式样

石库门因在“住宅的单元入口处采用石发券，上砌半月形或三角形图案的石库门式大门”而得名。石库门上的细部标志，如条石门框、门上的铜环及门闩、黑漆

图1　近代中西合璧建筑式样类型

大门、雀替等都属于中国本土元素，但门上部的几何形山花门楣，则是正宗的“西洋”样式，上面经常以浅浮雕手法雕刻各种西式花纹，两种细部的组合，是石库门中西合璧的最好诠释。江南地区的石库门住宅主要有老式石库门住宅、院落式里弄住宅、广式里弄住宅、新式里弄住宅等类型。

（3）外廊式样

江南地区的外廊式样带有本土化的特点，以外廊环绕建筑作为喝茶、聊天、休息等活动场所，在近代民居、学校建筑、商业街屋、办公建筑中均有出现。其中，洋式廊屋，有砖石或混凝土建造的券柱式或梁柱式外廊特征；木造廊式洋楼，外廊采用木材建造，且外廊上附加多处江南地区传统的小木作装修构件，如挂落、垂柱、花板、撑拱等，形成民居檐廊空间的意趣和手法；外廊式合院民居，将木造廊式洋楼与传统民居单体混合并置。

（4）大屋顶式样

通常为中式大屋顶加西式墙身的组合方式，有三种不同的大屋顶处理手法。其成因一方面是建造者在近代“中西融合”的文化心态之下，将中式大屋顶作为弘扬和继承中国传统文化的表象象征物加置在西式建筑上的行为；同时也是本地工匠与本土建筑师为求得中国传统意象之延续所采取的折中性操作，有时候还与西式烟囱、老虎窗、雉堞等构件相结合。

（5）集仿式样

集仿式样中将“西式构件”替换为“传统构件”，这很大程度上是受中国传统文化观念上的“转注”与“假借”构形法的影响，同时也是中国吉祥艺术文化的一种直接反射，是价值观的一种暗示。集仿式样主要有：第一，在建筑局部施加传统装饰构件，以取代、置换或缀加等方法加入装饰构件或纹样。取代法即以传统构件取代西式构件，置换法即将某些西式构件中的一部分或构件中的图案置换成中式构件或吉祥图案，缀加法即在西式建筑的非立面构图或装饰的位置，缀加上传统装饰构件或纹样。建造者似乎在有意寻找中西方古典建筑中相同或相似的造型语汇，以便使两种建筑体系相互包含、交融，从而增加文化上的认同感。如南通张謇办公处沿街拱门券肩处的西式图样被置换为“中式蝙蝠纹样”，寓意洪福绵延。第二，民居建筑在局部受到外来建筑影响。建筑外立面开窗增多，局部引入西洋元素，传统装饰构件精简化、几何化并且局部采用新材料。第三，几种中西合璧建筑样式特征混合并置，兼具石库门式样、外廊式样和大屋顶式样等几种式样之特点。

罗晶，副教授，江南大学设计学院

历史向未来：浙江省历史文化（传统）村落保护利用绩效评价分析

丁继军

2003年，习近平总书记在浙江工作时谋划、部署和推动“千村示范、万村整治”工程，高度重视“千万工程”实施过程中保护古村落的原貌、体现古建筑的历史美，提出正确处理文化遗产保护传承与管理利用的关系。2012年浙江省委、省政府印发《关于加强历史文化村落保护利用的若干意见》，2014年第一批重点村中期检查，2020年出台《关于进一步加强历史文化（传统）村落保护利用工作的意见》。截至2022年7月，评价团队已完成全省7批重点村评价，共验收304个，建立了超过300个历史文化（传统）村落档案库。

在历史文化（传统）村落保护利用验收和评价过程当中，研究团队建立“一村一档一案一报告一对策”信息库，形成文化遗产“一村一档”、规划设计“一村一案”、绩效评价“一村一报告”、经验亮点“一村一对策”的体系。通过深入调研，出版《浙江省历史文化（传统）村落保护与利用经典案例》一书，其中40个经典案例为全国未来村落建设提供了有益的参考。

1．绩效评价简介

（1）评价机构

浙江理工大学中国美丽乡村研究院是浙江省哲学社会科学重点研究基地、浙江省生态文明研究院的重要组成部分，是一个跨学科、开放性、国际化，面向美丽乡村建设、生态艺术设计和人居环境可持续发展的智库平台。其路径与目标是，依托习近平生态文明思想重要萌发地、“两山论”诞生地、美丽乡村发源地和“三地一窗口”的领先优势，通过跨学科协同化的前沿理论研究，推动构建新时代美丽乡村建设与美好生活的新方法；通过政校协同化的设计实践研究，推动构建城乡融合未来乡村的美好新场景；通过设计创新网络协同化的国际学术交流，推动构建人与自然、人与人“两个共同体”和合共生的美丽图景。评价机构具有设计学、管理学、工学等多学科交叉的特点，突出“艺工管结合”的特色。其中设计重点对乡村设计研究，建筑学针对乡村建筑研究，社会学探索社会治理，管理学负责评估评价研究。团队成员来自政府、高校及相关研究机构。

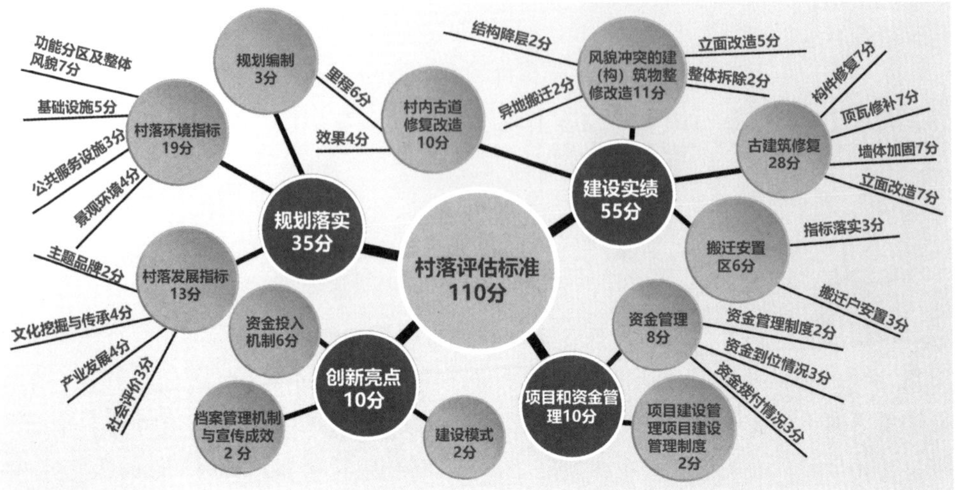

图1　村落评估标准分数组成示意图

（2）评价标准及流程

团队在验收评价过程中，依据中共浙江省委办公厅、浙江省“千村示范、万村整治”工作协调小组办公室的相关文件，制定了详细的专家评价手册，形成基础评价表。评价表中村落评估标准总分是110分，四个一级指标分别是建设实绩55分、项目和资金管理10分、规划落实35分以及创新亮点10分（附加分）（图1）。

评价流程大致分为四个阶段：第一是准备阶段，通过研读相关文献与相关部门沟通，做好《浙江省历史文化村落保护利用重点村基础情况调查表》《三年建设实绩检查表》预填、建设模式分类摸底等工作。第二是实地基础评估阶段，主要包括现场座谈、台账查阅和现场勘查。第三是撰写评价报告阶段，需要详细阐述建设现状、存在的问题，总结项目建设、投入及开发经验，同时梳理文化活化的途径与经验，提出专家建议等内容。第四是整理完善与提交报告阶段，浙江理工大学评价团队与浙江大地景观科学研究院共同合议报告，整合评价总报告与简报，然后呈交浙江省农业农村厅。

2．绩效评价分析

（1）情况分析

浙江省第七批（2019年度）42个历史文化（传统）村落保护利用重点村（不含宁波）分别辖属杭州（4个）、温州（5个）、湖州（3个）、绍兴（3个）、金华（8个）、衢州（5个）、舟山（2个）、台州（3个）、丽水（9个）九个地区。村落地处平原、丘陵、山地、盆地、海岛等多种不同的地形地貌环境中。

第七批历史文化（传统）村落保护利用重点村包括国家级历史文化名村3个、中国传统村落12个、省级历史文化名村9个、省级传统村落15个、浙江省3A级景区村庄17个。第七批历史文化（传统）村落保护利用重点村人文底蕴深厚、建筑特色明显、物质遗存丰富。42个村落中共有89处文物保护单位，其中全国重点文物保护单位6处、省级文物保护单位11处；拥有非物质文化遗产名录82项，其中国家级非物质文化遗产名录8项、省级非物质文化遗产名录16项。

项目建设情况上看，古建筑修复完成顶瓦修补429幢，墙体加固398幢，立面改造426幢，构件修复409幢；风貌冲突的建（构）筑物完成立面改造1249幢，结构降层14幢，拆除面积25129平方米，易地搬迁70户；村内古道修复改造的工作完成古道修复长63.621公里，搬迁安置区基本公共设施建设完成安置用地120435亩，安置户数447户。

在资金验收情况分析上，全省实际资金总投入达108262万元，完成率达132%。

总体上看，浙江省第七批历史文化（传统）村落保护利用重点村能够创新工作模式，发挥区位、生态、产业等优势，结合建筑遗存资源、优秀传统文化资源，开展历史文化（传统）村落整体保护和活化利用工作，形成一定的建设工作亮点，具有示范意义。

（2）评价结果

评价团队按照要求组织各县（市、区）农业农村局、乡（镇、街道）分管领导及村干部、村民代表等进行座谈，审核了各个村落提供的数据、资料及台账，查看建设现场，围绕指标项打分，并根据村落建设的总体效果及发展思路，进行综合等级评价。村落保护利用各方面均比较突出的定为优秀等级；村庄各方面能达到评价要求，或者有一定特色的定为良好等级；建设效果一般，需进一步提升建设的村庄定为合格等级。浙江第七批历史文化（传统）村落保护利用重点村划分为生态环境优美型、历史古建悠久型、民俗风情特色型、产业融合有效型及建设发展综合型五种类型。验收评价结果为：优秀等级的有26个，良好等级的有16个。

（3）总体成效

首先，评价研究覆盖全、数量大、类型多样。浙江省拥有中国传统村落636个和中国历史文化名村44个，居全国第四位；从经济发达省区看，数量位列第一；从省域看，全面调查摸底，累计入库2920个，占全省村庄总数约15%。分为古建筑、自然生态、民俗风情、重要理论诞生地名人故居红色文化四种，类型多样，做到了应保尽保。其次，评价研究起步早、起点高、机制强。在政策体系、工作体系、规划管理体系和建设框架体系凸显了研究的系统性。第三，研究成果多、成色足、影响大。从已完成的七批304个重点村看，保护修复了近7000幢古建筑、近500公里古道及一大批古桥、古井、古树，保护了1128项省级及以上非物质文化遗产、青田稻鱼共生系统等12项全球及中国重要农业文化遗产、丽水通济堰等4项世界灌溉工程遗产、苍南福德湾等2项国家工业遗产，也保护了“绿水青山就是金山银山”为代表的重要理论诞生地和一大批名人故居、以“浙西南革命精神”为代表的红色文化。另外，还涌现出一大批国际示范的亮点，如“世界丝绸之源”及世界乡村旅游大会永久会址湖州潞村、联合国教科文组织“亚太区文化遗产保护奖”苍南福德湾村等成果。

（4）具体六个成效类型

通过对浙江省各城市第七批具体的历史文化（传统）村落建设的实际案例进行评价成效分析，得出评价成效的六个类型。

第一，村落建设与未来乡村衔接。全省首批378个未来乡村，有136个为历史文化传统村落重点村，总数超过了1/3，成为未来乡村的主要类型和重要代表。推广湖州市全市组团式、集成化示范，吴兴区“滨湖六村”组团式未来乡村建设“四化四集成”和德清县五四村“数字赋能”模式等好经验好做法，以先进典型引领全面创建工作，统筹推进组团式未来乡村的场景应用、产业发展、文化挖掘等工作重点，实现多维度集成示范。

第二，村落风貌与格局协调完整。浙江省历史文化传统村落分布于浙北平原水乡、浙东海岛、浙中盆地、浙南沿海丘陵、浙西南山地等区域中，具有军事防卫、街巷格局、风水布局、块状集聚等各类村落风貌格局特征。通过区域组团保护和联动发展，对村落原始风貌与生态景观格局进行了较为完好的保护与协调。

第三，文化资源挖掘与传承丰富。通过梳理与挖掘传统技艺、人文典故、民间习俗、传统舞蹈和传统戏剧等内容，推动村落文化内涵延续与传承，有效保护和利用历史文化遗产，彰显浙江地域特征和人文特色，筑牢文化自信新阵地。

第四，古建活化与业态引入充分。浙江省历史文化传统村落传统建筑与历史环境要素资源丰富，建筑形制多样、等级较高，主要分布于金华、温州、衢州等地区。有效活化利用古建筑资源是历史文化村落保护利用效益的重要体现，是促进美丽乡村向美丽经济转化，实现历史文化传统村落“活起来”“富起来”的重要发展途径。

第五，整村保护与运维有效融合。通过保护村落的自然生态、风貌格局、建筑遗存、人文历史、非遗文化等特色资源，系统构建“规划、建设、管理、评价、经营”协同模式，推动村落整体运营并促进村落一、二、三产融合发展，形成整村保护与特色运维有效融合。

第六，建设机制模式与效益凸显。浙江省历史文化传统村落积极探索村落发展建设机制，创新运营模式，拓宽资金筹措渠道，提高建设效益，提升村落发展的内生力和外牵力。

3. 问题建议

以第七批重点村为例，通过评价分析研究发现各村落现存在以下六个方面的问题，并将提出相应的解决建议。

（1）存在的问题

第一个问题是规划引领与建设实施衔接不足。部分村落规划编制调研数据不详实，对村落历史文化、发展需求认识不足，没有做到因地制宜，规划主题定位不清晰，规划引领性、独特性不足。

第二个问题是资金整合与资源统筹不够到位。部分浙江省历史文化传统村落未有效整合部门资金，存在资金运行机制不健全、资金拨付使用不规范、项目建设管理不严谨等问题。部分村落整体经营水平、资金配套和资源统筹以及联动发展意识不足。

第三个问题是古建活化与业态引入不够充分。部分村落古建筑活化利用模式较为单一，同质化现象严重，展示手段单一，未能很好地将乡土文化与产业发展深度融合，未形成常态化、市场化、长效化运营与宣传。

第四个问题是申报数量与村落实情有所偏差。在浙江省历史文化传统村落保护利用重点村建设绩效评价体系中，部分村落存在未严格按照申报标准确定申报数量，存在应保未保、应修未修的情况，部分村落没有按照进度实施项目建设。

第五个问题是整体风貌与景观环境不够协调。个别村落的古建筑修复存在“赶工现象”“面子工程”，重外观而轻内部等问题，未遵循“修旧如故”的原则进行修复。部分古建筑修复的精细程度不够，存在建筑色彩突兀、风格不统一等现象。

第六个问题是文化挖掘与品牌宣传不够深入。浙江省历史文化传统村落对于二十四节气、农业文化遗产等重要农耕文化的挖掘、保护与传承不够到位。部分村落未开展家谱、村志、乡村出版物、宣传片等编制工作。部分村落文化品牌定位存在同质化、单一化、平庸化的现象，缺乏文化品牌宣传与推介、文创用品开发等。

（2）发展的方向

在未来乡村建设工作中，要“把握三个方向，用好三个成果，做好三个打造”。

方向一：用好古建保护成果，打造“幽雅乡村”美学气质的宜居风貌，以新典范思路构建未来乡村风貌。通过完善3000个“一村一档”信息数据库，深入整理挖掘以宋韵文化及美学为代表的地方特色文化；提高“一村一案”规划设计品质，深化“微改造、精提升”，提高建设品质，充分体现“宋韵美学”的独特魅力、吸引力；最后“以美为媒”强化“宋韵美学”有效传播，提升品牌国际影响力。

方向二：用好文化保护成果，打造“乡村有礼”文化标识的幸福家园，以新社区构想打造未来乡村主题文化。建设各类乡村博物馆与文化场馆，加强文化符号展示与节庆活动深度融合、文化基因传承与乡风文明深度融合，以及文化公共服务与“一老一幼”民生保障深度融合。

方向三：用好整体保护成果，打造“活力乡村”共富梦想的共同体，以新生态理念发展未来乡村主导产业。设立示范区（带），通过“组团式”建设，提升发展能级；设立实验区，通过“个性化”建设，探索未来新业态；放大叠加效应，注重村庄经营，打造未来产业众创共同体。

在未来浙江省历史文化（传统）村落保护与发展过程中，要充分夯实基础，促进乡村风貌样板建设；深挖文化内涵，打造文旅融合特色品牌；激发多方力量，探索保护利用路径模式；探索村庄运维，多元赋能助力共同富裕；强化示范引领，推进经验模式总结应用。

丁继军，教授，浙江理工大学艺术与设计学院

浙江历史文化村落保护利用探索与实践

杨小军

浙江是全国第一个在全省范围内部署开展历史文化村落保护利用的省份。近十年来，浙江理工大学中国美丽乡村研究院发挥学科与研究优势，聚焦乡村遗产评价与设计创新、传统村落保护利用领域，持续开展田野调查、科学研究、项目实践与社会服务等工作，已形成省域、区域、县域、村域等多个层级的历史文化村落保护利用理论、思路与路径，研究成果可以为学界、业界开展相关工作提供参考与支撑。

1．浙江的基本村情

城市和乡村是人居环境的两种载体。中国目前有250万个自然村，56.5万个行政村，其中大部分都是没有古建筑和历史遗存的新农村。然而有一类村落虽然数量不多，却是具有深厚历史底蕴、文化遗存以及丰富民俗性的乡村人居载体，这就是通常所说的“古村落”，它承载着中华文明5000年的历史文化，这些村落的消逝也就意味着中华文明的断档，因此对其的研究有着重要的价值与意义。乡村发展面临着许多问题，乡村人口涌入城市，乡村的老龄化和空心化问题日益增长，也引发了土地的问题、产业发展问题，继而引发资金、养老、医疗、教育、习俗等多方面问题，传统乡村社会不得不面临转型。

浙江从2003年开始推进“千村示范、万村整治”工程，2008年提出“美丽乡村”建设，2012年提出加强历史文化村落保护，近年来，又提出未来乡村建设。浙江的乡村建设发展，始终走在全国前列。在浙江2万多个行政村中，有2900个传统村落，它们是国家在实施乡村振兴战略和高质量建设共同富裕示范村的重要载体和推动力。

从数量上看，截至2019年底，我国自然村落251万个，在现有约52.6万个行政村中，传统村落约1.2万个，仅占全国行政村总数的2.3%。目前全国国家级的历史文化名村有7批487个，浙江有44个；中国传统村落有5批6819个，浙江有636个；省级历史文化（传统）村落中，有2559个进入历史文化村落保护利用项目库名单，占全省27959个行政村总数的9.3%；中国景观村落目前国家级的有9批109个，浙江16个。

浙江省自2013年起已经启动了9批390个重点村、1902个一般村的保护利用工作，各级投入资金约60亿元。按照保护利用项目“规划先行、一年成形、二年成品、三年成景、验收评估”工作部署，经过近几年的建设工作，主要取得了三项成果：一批破旧损毁的古建筑得到抢救性修复，一批濒临失传的历史文化遗产和“记忆符号”得到挽救，一批濒危和毁损严重的古村落重新焕发了生机活力。

这些村落主要集中在浙东、浙南和浙中西部三个区域。浙东历史文化村落主要分布在宁海、天台、三门、仙居等地，呈线性分布；浙南山区主要分布在永嘉、泰顺、松阳等地，呈带状分布；浙中西部主要分布在兰溪、浦江、建德、武义等地，以金华为中心，呈放射状分布。浙北杭嘉湖平原由于经济、文化、交通较为发达，许多历史文化村落逐渐成长为繁华而具城镇功能的古镇。从类型上看，浙江历史文化村落按照优势资源可因地制宜地分为历史古建型、自然生态型、民俗风情型和红色文化型四种类型；按照村落生产和发展特征，可分为血缘聚居型、传统产业型、交通枢纽型、军事要塞型；按村落自然地理环境特征，可分为平原水乡型、山地半坡型、山涧盆地型、海岛聚落型。

2. 研究的理论框架

（1）历史文化村落的内涵价值

历史村落的独特性在于其空间的丰富性与历史脉络的延续性，主要体现在地理空间与文化基因两方面。从历时性的角度看，村落的血统沿承相对连续，具有完整性和延续性；从空间性的角度看，村落空间是由历史积淀而形成的物质性聚落。因此正如冯骥才先生所说，传统村落是区别于物质文化遗产和非物质文化遗产之外的人类第三类遗产，它是物质遗产、非物质遗产与自然遗产的综合体。中国传统乡土社会的“差序格局”，使得传统村落有序发展、合理分布，具有生态智慧，天、地、人关系协调和谐，具有显著的生态性、乡土性、活态性、多样性和自发性的特点。

截至目前，在全国5058处国家级重点文物保护单位中，浙江有281个，占比5.6%；在浙江281处全国重点文物保护单位中，历史文化村落占40个，占比14.2%；浙江有869处省级文物保护单位，历史文化村落占112处，占比12.9%。在联合国公布的人类非物质文化遗产名录中，全国有34个，其中浙江占11个。国家级的非物质文化遗产目前有5批共1557项，扩展项目604项，浙江包括89项扩展项目在内共有257项，占比11.9%。此外，乡村中还有一些重要的农业文化遗产和世界灌溉工程遗产，在全国18个农业遗产中，浙江占有3个，占比16.7%；世界灌溉工程遗产全国有26个，浙江占有6个，占比23.1%。

以上数据充分说明浙江文化底蕴的深厚性、丰富性。历史文化村落是传承民俗精神的文化遗产，是凸显乡村价值的独特资源，是促进乡村振兴的有效载体，是创新社会进步的关键技术，同时也是维持国土安全的重要屏障。传统村落具有显著的艺术价值、科学价值、历史价值、文化价值以及社会价值。

乡村的价值一方面体现在自然山水与空间格局之中，另一方面体现在以民间智慧为主体的文化性传承与应用之中。当今历史文化村落的保护和利用需要我们转变思维和观念，重新认识乡村的价值并激活、彰显这些价值，使村落发展能够面向未来时代需求，满足当下与未来的生活模式。

（2）村落系统与乡村智慧

历史文化村落包含了山、水、林、田、筑、人等要素，它作为一个整体系统包含了物理、物质、自然、社会等多方面的融合。村落是一个集生命、生态、生境、生存、生产、生活于一体的完整系统，因血缘、业缘、情缘、地缘相联系，又以文化、环境、建筑、产业为主要发展内容。

乡村智慧是持续稳定的，是顺应自然的，当然也是以人为本的，其关键词可提取为文化性、生活性、自然性和匠艺性。一方面要做到以人文观作为底线思维，在村落的设计研究和服务实践中，充分尊重和考虑物质形态和非物质形态融合的文化性，包括村内的礼仪制度、祭祀、民风等内容。另一方面要做到以自然观为红线意识，在村落规划中树立生态意识，遵循天人合一的生态理念。同时，将生活态度、生活方式、家园意识等生活性内容，与历史发展、社会变迁、营建技艺等匠艺性内容结合起来，系统地理解乡村智慧，认知乡村发展。

（3）理论模型构建

四面体模型是以血缘、业缘、情缘、地缘为基础，受到自然、文化、历史、社会、生活、经济等多维度作用而形成的村落研究模型（图1）。历史文化村落要做到科学保护、活化利用、传承弘扬、学术研究“四轮”共同驱动。在这个过程中，首先应该建立学科链，同时要树立行业链，最后构建保护链。建立学科链就是以规划、设计学科为立场，进行历史、地理、社会、文化、工程、材料、管理、经济等综合人文社会学科的融合；同时要基于产、学、研、用、媒、资各维度进行行业整合，梳理行业链；另外还要构建从评选到规划、建设、管理、评价、经营到服务的完整保护链（图2）。

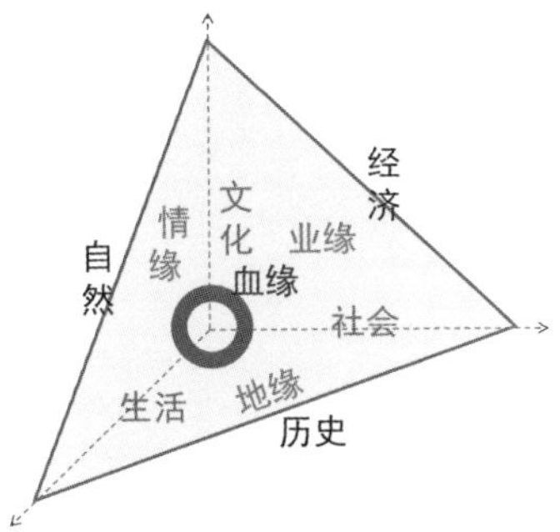

图1　村落研究的四面体模型

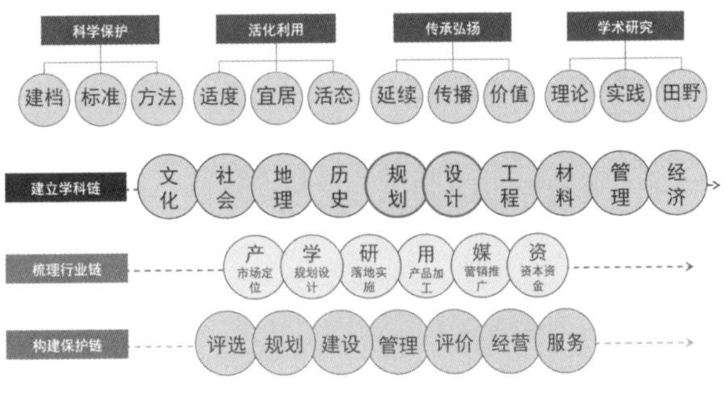

图2　村落研究的思路

3．活化路径

历史文化村落的活化在整体理念上要注意从感官体验上塑造风貌，从情感共鸣上营造风景，从精神升华上塑造风情，这也是历史文化村落保护、活化利用的三个层级。

未来的乡村需要站在城乡融合、联动发展、资源共通的视角看待问题。乡村不能只发展农业，还应该因地制宜地植入服务业、文创业、旅游业。乡村振兴应以产业为基，第三产业带动第一产业的附加值，推动第二产业快速发展，培育一、二、三产联动融合发展的乡村产业新结构。这种关系就建构了整个乡村未来生活方式的塑造、乡村闲置资源的再开发以及乡村人口组成的新聚集。

历史文化村落保护利用路径的构建，首先要对历史价值、艺术价值、文化价值、社会价值、科学价值这五大价值进行价值评估，设定具体目标。再以原真性、完整性、延续性和宜居性为原则，通过公众参与、技术导入、制度保障、资金投入、规划设计等机制，以风貌格局、传统建筑、环境要素、文化资源和特色产业为载体，进行历史文化村落的保护和利用（图3）。

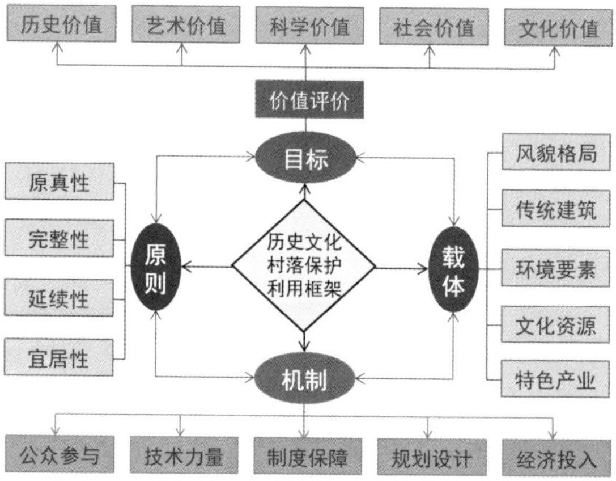

图3 历史文化村落的保护利用路径

工作中需要以显性的空间序列和隐性的时间序列为两个维度，研究物质与非物质层面的具体内容。空间上包括对宏观的自然环境要素、中观的聚落环境要素和微观的建（构）筑物要素的研究，强调其整体性、协调性、有机性与标识性；时间上包括风俗民情、非遗文化和历史演变等非物质要素内容，强调其久远度、影响力、独特性和聚合性。同时，进行竞争力分析、SWOT分析、未来趋势分析和资源价值评估，并从环境定位、功能定位、文化定位、产业定位和模式定位等方面进行综合活化利用（图4）。

4．发展机制

浙江创新推进“两进两回”机制以保证政府资金投入乡村后能够达到真正的效益。“两进”就是把资金和科技吸引进乡村，“两回”就是吸引乡贤人才和青年回到

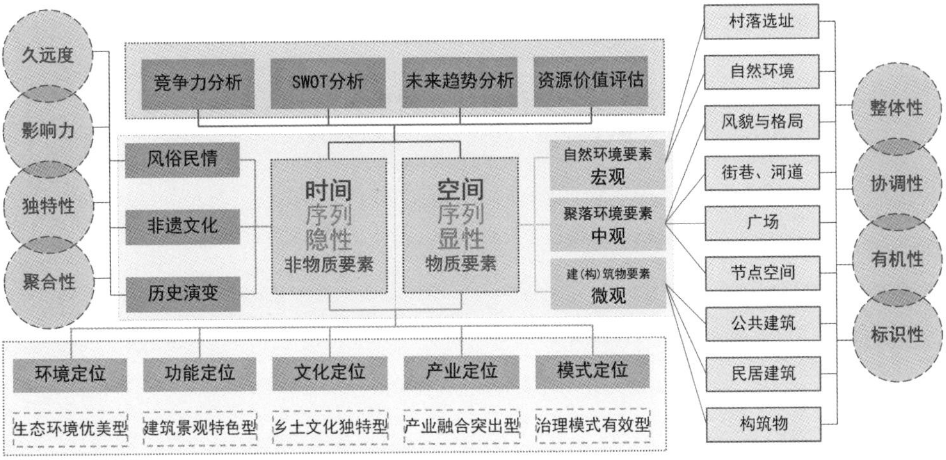

图4 历史文化村落研究的时间与空间维度

农村。总体上做到“外引内化”，不仅招商引资，还要招贤引智。“外引”要引资金、引制度、引智慧、引治理，“内化”是以美化、亮化、优化、文化为牵引，让乡村达到活化的目的。这需要构建由政府、社会力量、设计单位、高校科研机构等协同参与的学科链和行业链，把资源、产业、技术、团队、观念引入乡村，优化组织机制和发展机制。

总体而言，历史文化村落保护利用是一个综合系统，其理念与目标应是一致的，而策略与途径应是多样的。差异是文化中最可贵的特征，因此历史文化村落保护利用的差异化路径是开展学术研究与项目实践的重要理念与视角，历史文化村落特有的生活态建构与营造是保护利用的核心，“外引”与“内化”是两个相辅相成的策略路径。

杨小军，教授，浙江理工大学艺术与设计学院

传统村落人居环境变迁及价值评价研究——以钱塘江流域为例

杨小军

1. 区域与对象

（1）研究背景

本研究依托于国家社科基金项目《传统村落动态保护机制及活化路径研究（18BGL277）》进行了大量的文献研究和田野调查。带领团队连续十年开展450余个历史文化（传统）村落的实地调研与绩效评价，完成300万字调研报告、5万幅图片资料和30余个村落规划设计项目实践，为研究打下扎实的基础。

河流是人类文明起源不可或缺的条件，从文化人类学和文化传播学的角度来看，江河流域是文化传播和文明孕育的重要载体，也是城乡发展的重要轴线，客观上推动了城、镇、村的兴起和区域经济繁荣与文化发展。选择钱塘江流域作为研究对象的原因，是因为它作为浙江的母亲河从西往东贯穿了整个浙江，其区域面积占到浙江的一半以上。钱塘江流域对浙江的文明、城市和乡村的形成与发展具有非常重要的积极作用。同时，钱塘江流域又是一个相对稳定的区域单元，具有完整的经济形态和环境特质。随着历史的变迁和社会的发展，流域内生成和发展了一批类型多样、特色鲜明、价值典型的传统村落，是区域文化内涵的承载者。选择钱塘江流域作为整个研究的区域，能够很好地反映浙江乃至江南地区传统村落人居环境变迁的全过程。

（2）研究对象

据《钱塘江志》载：钱塘江有南北两源，北源源出安徽休宁县皖赣交界怀玉山脉主峰六股尖东坡，海拔1350米。以北源计，全长668千米，流域跨皖、浙、赣、闽、沪五省（市），流域面积55558平方千米。其中浙江境内48080平方千米，占86.5%，占浙江省总面积的47.2%。流域内地形起伏，以丘陵、山地为主，约占流域总面积的2/3，平原主要有杭嘉湖平原、宁绍平原等，盆地遍布丘陵。钱塘江干流在新安江水电站以上为上游，新安江至富春江水电站为中游，富春江以下为下游。

2019年10月1日，浙江省人民政府印发《浙江省诗路文化带发展规划（浙政发〔2019〕22号）》，提出“以诗（诗词曲赋）串文”“以路（水系古道）串带”分别绘就浙东唐诗之路、大运河诗路、钱塘江诗路和瓯江山水诗路“四条诗路”文化带，构成“一文含四带，十地耀百珠”的格局。打造诗路文化带是浙江推进“四大建设”（大湾区、大花园、大通道、大都市区建设）的重要内容，打造现代版“富春山居图”，擦亮“诗画浙江”金名片，对深入践行“两山”理念具有重要意义。

本次研究的钱塘江流域限于浙江省域范围内，主要分布在杭州、宁波、嘉兴、绍兴、衢州、金华、丽水7个设区市，包括钱塘、西湖、上城、滨江、萧山、富阳、桐庐、临安、建德等38个县（市、区），形成钱塘江流域的主体。

钱塘江流域内共有中国传统村落323个，省级历史文化村落保护利用重点村213个，分布在32个县（市、区）。研究充分考虑了流域村落的代表性和丰富性，选择“双录”村落共计120个，聚焦其中30个典型村落作为重点研究样本，力图通过点的研究，形成网或面的系统规律及结论。

2. 思路与框架

整体研究框架遵循个案分析与整体比较并行、定量测度与定性评价并重的原则。以相关理论为指导，在实践总结与反思的基础上，系统构建研究体系与框架。

研究从历史沿革、文化资源、族群构成、特色产业、选址理论、自然环境、风貌格局、建筑景观等方面对传统村落展开系统研究。在研究理论上，综合运用人居环境科学、文化遗产学、文化地理学、文化生态学、设计事理学等作为理论基础；在研究方法上，采用文献研究与实地调研相结合、综合分析与比较分析相结合、定性评价与定量分析相结合、理论研究与实际相结合、纵横交叉与关联互动相接的研究方法。从人居环境与活态传承两个

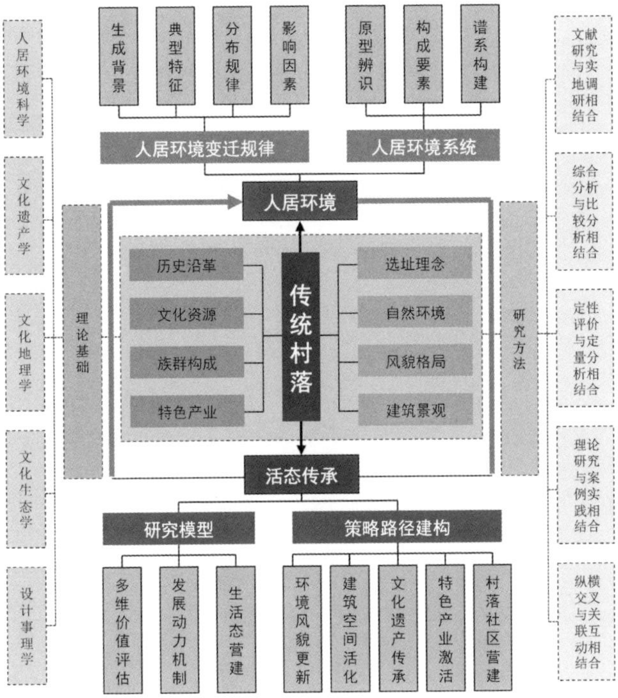

图1　研究框架

方向展开研究，在人居环境层面主要探讨人居环境变迁规律与人居环境系统，活态传承方面旨在构建研究模型以及策略路径（图1）。研究技术路径的实施可分为五个阶段：基础研究、数据建模、方法体系构建、技术体系构建和实证研究。

3. 演变与发展

研究以变迁的时空观念作为主线，基于历时性演变进行时代特征探讨，以时间线对应相关文化事件，从先秦、秦汉、唐宋、明清、晚清至民国时期研究村庄的发展脉络；另一方面，基于共时性结构进行地域性特征建构，对地理环境、农业资源、气候条件、地域文化等方面进行研究。

钱塘江流域传统村落生成与发展，最早可追溯至7000年前的新石器时代和距今5000年的良渚文化期。至汉代，随着农耕文明的进步，村落成为社会的基本细胞。西晋、唐中期、北宋末年流域内村落大量形成。明清以后，钱塘江及支流两岸逐渐形成诸多码头，并孕育形成了众多人文底蕴深厚、保存相对完整的传统村落。根据对地方志和家谱文献查阅，钱塘江的传统村落大多可追溯至唐、宋时期。

钱塘江流域历史村落具有多样性，亦具有同质性。其人居形态具有多样性，如“带状”村落受到纵向空间影响，建筑沿街巷、水系布局；“块状”村落呈集中式布局，有较明确的边界限定，建筑分布较为密集；“组团”村落受山体、道路、水系等要素影响，呈现若干团块既聚又离的格局；“分散”村落受地形影响，平面形态较为散乱，建筑随地形变化而布置，布局没有明确的聚合关系。

通过对30个村落样本进行地理与建筑矢量测度，利用Agioft Photoscan软件进行航拍图片和村落面积计算，可将村落分为小型、中型、大型，其中中小型占比75%。流域内传统村落规模与地理类型有一定关联，反映出平原、盆地地区村落多呈现团聚性，山地村落多呈现三点分布，丘陵地区村落规模适中。

传统村庄在自然地理环境、交通变迁、人口迁移、产业经济发展、民间信仰习俗、历史事件演变、宗族意识等因素的影响下，变迁的规律也具有明显的特征：第一，“中心与边缘”特征。从区域分布格局来看，中游金衢盆地分布较为集中，而上、下游相对分散，下游数量相对较少；从传统村落个体来看，形成宗祠主导村落风貌与格局的人居环境图式；从生态学的视角来看，传统村落与周边生态自然环境形成“板块”和“基底”的关系，并形成边缘效应。第二，“内生与外溢”特征。从居住关系看，血缘关系是维持人居环境秩序的主要因素；从村落格局看，人口增长促使具有规律性的内生向外延续的趋势，形成地缘村落。第三，“有序与无序”特征。从区域布局看，传统交通、人力与土地耕作半径的限制，相邻村落形成一种相对有序的组织系统；从村落单体看，呈现“外延内敛”格局，内层空间基本完整，外层空间开始延展；从建筑形态看，边界与图底关系总体处于无序和模糊状态。第四，“开放与封闭”特征。传统村落大多同姓聚居、小规模，呈现封闭性和稳定性，随着时代发展，村落分布与人居环境风貌格局呈现开放态势。第五，“协同与变异”特征。传统村落总体群团性质突出，大都具有独特的文化景观特质。

4．系统与评价

首先，研究对传统村落人居环境的层级原型进行了分析，包括宏观层面的文化区、中观层面的传统村落集群和微观层面的村落与家庭。其次，对传统村落人居环境的维度原型进行了确定，包括时间维度（历史脉络与文化特征）和空间维度（村落形态、物质实体空间、社会文化空间及空间系统）。另外，对村落的自然环境与村落选址、格局与风貌、建筑与环境、公共空间、文化网络等构成要素进行了详细的研究，明确了基于“四缘（血缘、地缘、业缘、情缘）”基因的村落形成与发展历史。

从历史文化价值、人居环境价值、资源集聚配置三个方面构建了价值评价体系。形成六个准则层：风貌与格局、建筑与景观、文化挖掘与传承、产业基础与发展、保护利用规划与设计、建设实施成效，并细化设定三十六个评价因子层。在评价基础上，将聚类分析归为五大类：生态环境类、景观类、民俗类、产业类、建筑建设发展类，成为形成策略和路径的基础。

5．路径与策略

第一，基于生态协调的环境风貌更新，环境要协调优化，景观风貌要更新，格局要放大，需要建立与乡土生活场域的共生。第二，基于场景融合的建筑空间活化，建筑要活态利用，以解构或重构的方式，形成适宜性再生，利用公共空间的营造与主题场景组织等手法，灵活利用资源。第三，基于品牌构建的文化遗产传承，以文化为牵引并筑基，锚定文化基因与创新传承路径。第四，通过文创牵引激活特色产业。以艺术文创介入，即社会力量的驱动以及典型事件的激发、引领传统产业转型。第五，基于多元联动村落社区营造，以社区的概念连接新农人、还乡人、原乡人，进行社区营造、场景设计，提升社区文化。

6．结论

研究构建了区域性传统村落人居环境理论框架，扩展了设计学学术研究维度，辨析了区域性传统村落人居环境变迁时空特征，丰富了传统村落学术研究体系，建立钱塘江流域传统村落的数据库，充实了设计学学术研究范式。在体系上，研究突破了以往以个体研究为架构的体系，由关注“点”或“面”转向“网”和“面”的体系研究，力求以较广地域村落的比较和综合为研究体系，突显传统村落保护利用研究的普遍性与差异性。在视角上，研究由关注“过去时”转向同时关注“进行时”和“将来时”的学术研究指向，在深入探究传统村落人居环境变迁规律和价值的基础上，聚焦村落人居环境的活态传承策略研究，促进传统村落的可持续发展。在方法上，注重田野调查获取第一手资料与数据采集，合理运用系统综合和定性定量结合的方法，力求拓宽传统村落人居环境设计学研究的范式。

杨小军，教授，浙江理工大学艺术与设计学院

浙江安吉余村建设与经验分享

俞小平

1．余村背景

余村位于浙江省安吉县天荒坪西侧，因境内天目山余脉而得名，村庄呈东西走向，三面环山。安吉余村是“两山理论”的诞生地，是全国美丽宜居示范村，2021年入选联合国首批“世界最佳旅游乡村”名单，先后获得全国先进基层党组织、全国文明村、全国民主法治示范村、全国乡村旅游重点村、全国休闲乡村、全国美丽宜居示范村和全国生态文化村等荣誉称号。

十多年来，余村始终牢记习近平总书记嘱托，忠实践行“绿水青山就是金山银山”理念，实现了经济发展和生态保护的双赢。

2．余村发展和变迁的几个阶段

（1）“只要金山银山，不要绿水青山”的原始资金积累期

余村为浙江典型的山区村，山多地少，人均耕地不到一亩。余村山里有丰富的石灰石资源，历史上清朝末年民国初年都曾有过烧石灰的历史。20世纪八九十年代，余村人开始开石矿、烧石灰、办水泥厂，大力发展“石头”经济，成为全县最有名的富裕村。但这一时期的经济增收，是以生态破坏、事故频发、牺牲环境、牺牲生命为代价换来的发展。

1998年，国务院将安吉列为太湖水污染治理重点区域。余村作为太湖水域重要源头村落，加之以石矿、水泥行业为主要经济来源，生态环境问题、安全生产问题成为全村发展突围的重中之重。

（2）“既要金山银山，又要绿水青山”的发展道路抉择期

2003年，浙江成为全国第五个“生态省”建设试点省。安吉提出了生态立县。在“生态省”“生态立县”的背景下，安吉意识到靠着牺牲环境为代价的发展道路是走不远的，应该在追求金山银山的同时，也要保住绿水青山。余村随之关停了本区所有矿区，转型发展休闲旅游产业，对废弃矿山复耕复绿，并鼓励开办第一批农家乐。同时，村民看到当时竹制品加工业蓬勃发展的市场，充分发挥竹乡资源优势，形成了一批竹制品的小作坊加工企业，竹制品加工业蓬勃发展起来。

（3）“绿水青山逐渐成为金山银山”的绿色发展探索期

在安吉全县大力发展休闲旅游业经济的大背景下，余村环境日益改善，往日的绿水青山又重现在眼前，农家乐等业态也开始逐渐有了起色。

2005年，时任浙江省委书记习近平在余村调研，提出“绿水青山就是金山银山”理念，在理念的指引下，余村变靠山吃山为养山富山，从“卖石头”到“卖风景”，实现了经济发展和生态保护双赢。

余村编制了新的发展规划，村庄划分为田园风光区、生态旅游区、美丽宜居区和精品外环线，对村民的生产、生活、生态空间进行了科学合理布局，规划生态保护红线、资源开发底线和环境承载上限。2008年，余村在全县率先开展美丽乡村建设，当年被评为首批精品村。2012年，开展以“三改一拆、四边三化、五水共治”为主要内容的区域环境综合整治。关停一大批低小散竹制品加工企业，全面改造老厂房、旧农房、破围墙，全力整治违章建筑和违法用地，完成山塘水库修复、生态河道建设、节点景观改造和沿线坟墓搬迁。推进垃圾不落地与分类管理，截污纳管全覆盖，推行环境卫生大物业长效管理，实现了“寸山青、滴水净、无违章、零污染、靓美景”。开展美丽乡村建设行动后，取消了垃圾箱、垃圾池，变成移动式垃圾桶，建立处理垃圾的终端，开展垃圾分类。竹产品加工企业纷纷转型发展休闲产业，逐渐形成了河道漂流、户外拓展、休闲会务、登山垂钓、果蔬采摘、农事体验的休闲旅游产业链，吸引各地游客。建全文化设施，建成了余村公园、矿山遗址花园、乡村游憩地、林下经济种植园和慢行绿道，打造了一批高品质景观民宿。

（4）“绿水青山就是金山银山”的素质综合发展期

2015年后，余村不断探索“村景合一、全域经营、景区运作”的乡村旅游发展模式，完成国家4A景区创建，开辟美丽环境向美丽经济多元转化的渠道，休闲旅游经济蓬勃发展，打响了生态旅游、绿水休闲、藏富于民的特色品牌。

建成全省闻名的精品民宿集群、特色农家乐集聚区，有全国一流的美丽乡村研学推广中心，融合“旅游+农业、旅游+文化、旅游+互联网、旅游+研学”等新兴业态，全面立体地呈现生态文明教育的鲜活样本。

（5）“护美绿水青山，做大金山银山”的未来展望

以“绿水青山就是金山银山”理念诞生十五周年为契机，余村全力推动示范区建设，并以余村5A级景区创建为契机，做好矿坑遗址公园、环山绿道提升、青少年营地项目等专项设计。

充分发挥余村示范区高质量发展带动机制，构建区域抱团发展机制，推进余村同集镇以及周边村庄的产业互补、联动发展。加快建设“一环三区”格局，将全村划分为农业观光区、生态旅游区、美丽宜居区，用一条绿道串联起整个村庄，实现

生产、生活、生态空间合理布局。同时，以余村为中心，联动周边山河村、马吉村、银坑村、横路村抱团发展，共建共享，打造“村强、民富、景美、人和”的美好生活向往地。

2020年3月30日，习近平总书记重回余村，在春林山庄作重要讲话。余村人民将牢记总书记的嘱托，坚定不移沿着“绿水青山就是金山银山”理念指引的道路奋勇前行，围绕“村强、民富、景美、人和”的总体目标，拓展“两山”共享成果，努力贡献更多可复制、可推广的“余村方案”。

2022年，余村入选全省未来乡村创建试点，以乡村美好生活向往为中心，以全域生活圈、乡村共同体为核心目标，通过加快实施微改造，推动乡村基础设施、公共服务核心功能配套标准化建设，探索智慧场景应用实现数字赋能，努力打造未来乡村示范样板，并带动周边乡村联合体，最终实现乡村共融、村民共富的创建总目标。

余村以三产融合、共富示范为目标构建“余村产业共富”图，立足余村特色，打造“红绿研学体系+乡村微旅游+特色农产品销售”的旅游体系，构建三产融合的大余村产业共富体系，打造乡村共同富裕样板。以乡邻和乐、老幼友好为目标构建“未来乡村生活”图，打造一个老年友好型和育儿友好型的乡村社会。以四治统筹共建共享为目标构建“余村治理”图，打造一个“四治融合”的乡村社会。

目前，创新推出的“余村合伙人”计划，面向全球招募企业家、创业者、金融投资者、专家学者、农村致富带头人等，充分调动市场主体积极性，吸引高端人才共创余村未来。

俞小平，浙江省湖州市安吉县天荒坪镇余村党支部副书记

生态文明思想指导下的美丽乡村建设实践

赵明富

1. 安吉县概况

安吉县是“两山”理念的发源地、中国美丽乡村发源地、全国首个生态县。安吉有三张金名片，“中国竹乡”“中国白茶之乡”“中国椅业之乡”。一根竹子、一片叶子、一把椅子被外界称为“世界竹业看中国，中国竹业看安吉”。安吉有20万亩白茶，有中国最大的座椅家具生产基地。2012年的9月6号，安吉县获得“联合国人居奖”，成为全国首个获此殊荣的县城。

2. 安吉县建设美丽乡村发展经济的实践

安吉县开展美丽乡村建设分为三个阶段。

第一阶段是基础阶段。从2003年开始的“治乱治脏”阶段至2008年前的村庄环境整治阶段。这一阶段是美丽乡村建设的基础阶段，安吉县积极响应浙江省委“八八战略”和在全省开展的“千村示范，万村整治”工程要求，实施了“双十村示范，双百村整治工程”，开展了农村环境整治的“五改一化”（改厕、改路、改水、改房、改线和环境美化），为美丽乡村建设打下了扎实的基础。

第二阶段是美丽乡村建设1.0版。在“绿水青山就是金山银山”的理念指导下，在“千万工程”的基础上，安吉县从2008年率先开始了立体式构建、差异化打造“中国美丽乡村”。美丽乡村建设中，充分尊重自然美，彰显生态布局、自然特色；侧重现代美，与当下相适应；注重个体美，融入“产业特色”，打造了一批竹产业、白茶产业、蚕桑产业、农家乐产业；构建整体美，力求全县域美丽。安吉县的美丽乡村建设，以改善农村人居环境为突破口，有效探索了生态文明建设和新农村建设的同步推进，创设并推广了美丽乡村建设标准，形成了美丽乡村规划、建设、管理、经营四位一体的“安吉模式”。

第三阶段是美丽乡村升级2.0版。从2013年开始，围绕打造“成片美、持久美、内在美、发展美、风尚美、制度美”的中国美丽乡村示范区建设目标，安吉启动了美丽乡村建设的转型升级。在改善人居环境的同时，注重强村富民目标的实现。到2018年底，已经建成美丽乡村精品示范村（升级版）45个。安吉始终在“两山”理念指导下，巩固原有集体经济的途径，同时千方百计融入产业元素，把“美丽”转化为村级集体经济成果，并拓展农民收入的增长空间。2015年安吉主导起草的《美丽乡村建设指南》国家标准发布。

3. 安吉县美丽乡村建设成效

安吉县开展美丽乡村建设有四大成效：第一，适应了群众的生活需求；第二，环境和群众的素质均得到了提升；第三，锻炼培养了一大批农村干部；第四，推动了三产融合和强村富民。

从建设美丽乡村，到经营美丽乡村，再到共享美丽乡村，形成了安吉乡村初步振兴“三步曲”。村庄人居环境改造提升了自然资源价值，自然资源转化为经营资本，乡村旅游、休闲农业又催生了经济效益。安吉美丽乡村建设，实现了环境保护与经济发展的双赢。全县植被覆盖率75%，森林覆盖率70%，境内空气质量达到一级，是长三角地区“气净、水净、土净”的绿色氧吧，“水绿、山青、村美、民富”成为区域发展的首选目标。

4. 安吉县美丽乡村建设案例

（1）产业推动发展的鲁家村

鲁家村是典型的以资源转变为资本的美丽乡村代表。鲁家村是一个典型的山地丘陵村，曾经也是一个守着绿水青山的贫困村。

首先，鲁家村的发展规划从产业规划、创意布局、文化提升三个层面展开，形成绿色创新农业和休闲旅游业相结合的产业发展规划；以家庭农场为载体，构建农旅融合创新产业，并以“小火车”环线串联；塑魂“两山文化”，成立“两山学院”，深挖木艺、手工传统文化传承。其次，以“公司+村+农场”的经营模式创新乡村经济，使田园变景区，资源变资产，农民变股民。建立“三统三共”经营机制，统一规划、统一平台、统一品牌，共建共营、共营共享、共享共赢。第三，搭建产业平台、项目平台、创新平台。以浙江省首个休闲农业合作社、中国首个家庭农场集聚示范区、全国首批农村产业融合发展示范园搭建产业平台；以家庭农场、乡村旅游、餐饮民宿、科技农业搭建项目平台；以“两山”理念研学和“两山”实践创新搭建创新平台。第四，打造核心团队。以村党委为核心，成立董事会，向社会招聘专业经理人，组织智囊团为乡村发展献计献策。

（2）历史文化发展推动的鄣吴村

鄣吴村是保护修复利用历史文化助推乡村振兴的案例。清朝晚期的著名国画家、书法家、篆刻家，杭州西泠印社的时任社长吴昌硕是安吉鄣吴村人。

鄣吴村地处浙江省安吉县西陲的鄣吴镇。最早可上溯到遥远的旧石器时代，是一个具有典型明清风貌、极具山区特征的古村落，为后人留下了不可胜数的明清古建筑。鄣吴村依山傍水，历史环境要素丰富，有一条小溪贯穿全村，街巷纵横交错，还有古井、院墙、道路铺装、古树名木、石雕、碑刻、木雕、砖雕等。非物质文化遗产有昌硕工艺扇和鄣吴金龙。

鄣吴村历史建筑丰富，全村文物建筑共有34处，其中吴昌硕故居（含修谱大屋）为省级文保单位，吴氏墓群、溪南静室（木门楼）为县级文保单位，还有文物点31处。吴昌硕故居大院是吴昌硕明代祖先所居，占地6000平方米，为研究明代山区民居建筑提供了弥足珍贵的实物依据。吴昌硕故居位于大院东北侧，为明末清初时建筑，砖木结构，两进小院。吴昌硕大院、故居、展示馆、碑廊和院落外的穿村小溪以及相连的建筑群落，即是从明、清、民国到现代六百多年间陆续构筑起来的一幅充满历史内涵的美丽画卷。

依据相关法律法规和规划条例确立了规划原则、规划目标和保护与整治措施，形成了鄣吴村历史文化名村保护规划方案，并在此基础上对鄣吴村进行了基础设施建设和传统建筑风貌保护与修复。设计遵循保护为主，兼顾开发，合理利用，加强管理的原则。从历史建筑与环境的真实性、延续性、层次性、阶段性、可操作性等层面，处理好保护与开发的关系，确立最低干预和正确审美的原则。

结合乡村发展规划，鄣吴村还推出了古村休闲漫游、亲子研学度假、非遗文化体验等文旅活动，建设后的安吉鄣吴村老街荣获了2017年度浙江省文化创意街区称号。后期运营中利用昌硕文化夜游活动等节假日活动激活街区，促进旅游业发展。通过多元协调的方式带动了当地的产业发展，实现了文化振兴带动产业振兴。

5．乡村建设工作中的几点体会

安吉县的乡村建设工作是发展强村富民美丽经济的必然路径选择。发展经济、实现产业振兴，是巩固党在农村执政基础、乡村振兴的需要。有了强大的经济，农民共同富裕才有了根本的保障，农民才会关心和支持农村公共事务，基层党组织才有更好的凝聚力和号召力。

乡村建设，一要从当地的物质和非物质资源入手，把资源变资本，吸引更多的企业和资金进入。二要从用地政策上入手，发展农旅、文旅、多产融合的经济综合体，必须匹配适度的建设用地。延长产业链，使游客吃、住、娱都留在乡村。三要从规划入手，用活乡村本土资源，谋划新产业，让更多年轻人、能人回到村庄。将规划与运营有机结合，让美丽乡村产生美丽经济。四要在规划上创新突破，规划必须高要求、有特色。五要吸引人才，引进与培养农业生产经营人才、农业服务型人才、科技型人才、农业管理人才和乡村治理人才。

乡村建设工作中，第一个关键在人，村干部要有激情、有责任、有思路。新时代村书记，还要具备懂经营、会治理、能统筹的要素条件。第二要解放思想，村书记要有思路，思路决定出路，眼界决定境界，格局决定结局。以思想“破冰”推动发展“突围”。市场经济形势下，村书记还要有创新意识。第三是要领导班子团结，相互补台，团结出凝聚力、战斗力、生产力。干事业一条心，工作一盘棋，谋发展一股劲。第四要以党建引领，党支部是核心，党员要发挥先锋带头作用。第五要因地制宜地发展，切忌盲目照搬照套，探索创新集体经济的形式、共同富裕的多种途径。

赵明富，高级经济师，浙江省湖州市安吉县农业农村局

下篇

实践与应用

第一组

设计题目： 舟山核雕村——传统手工艺古村景观提升设计研究

成　　员： 戴庆来、赵阳臣、张丹、曹潇丹

设计概要： 以传统手工艺传承与发展为主导的苏州舟山核雕村是本项目的研究对象，本项目通过对村落的空间肌理、建筑风貌、景观环境展开设计，打造“两带三区四游”的空间布局，以艺术化的手法对核雕村进行景观提升设计。

设计说明： 本项目位于江苏省苏州市吴中区香山街道舟山核雕村，坐落于穹窿山脚下，南临太湖之滨，交通十分便利（图1）。2500多年前，这里为吴王阖闾所置“造舟之所”，后来舟山人不再造“大舟、战船”，以雕刻“核舟”为生计，这里也是中国近代核雕的发源地（图2）。苏州是中国历史上著名的手工业生产重镇之一。苏州西部太湖流域的传统手工业地域文化圈“香山圈里”集聚了一批拥有极高文化品级和文化相似性的传统手工业，舟山核雕就是“香山圈里”的重要组成部分（图3）。

现代机雕技术给苏州传统核雕的发展带来很大的冲击与挑战，再加上网络时代手工艺产业以线上售卖为主，以及核雕产品缺乏创新、品质良莠不齐、缺乏市场营销意识等问题，核雕村的发展遇到一些问题。目前，舟山核雕村约有居民103户，从事核雕行业的居民有1700多名，有300多个核雕工作室。已经形成从橄榄核收购、核加工、雕刻、销售，包括核雕工具制作等较为完整的产业链，基本形成前店后坊格局的家庭作坊模式，逐渐发展为核雕特色街道和特色工艺村。虽然目前核雕村发展

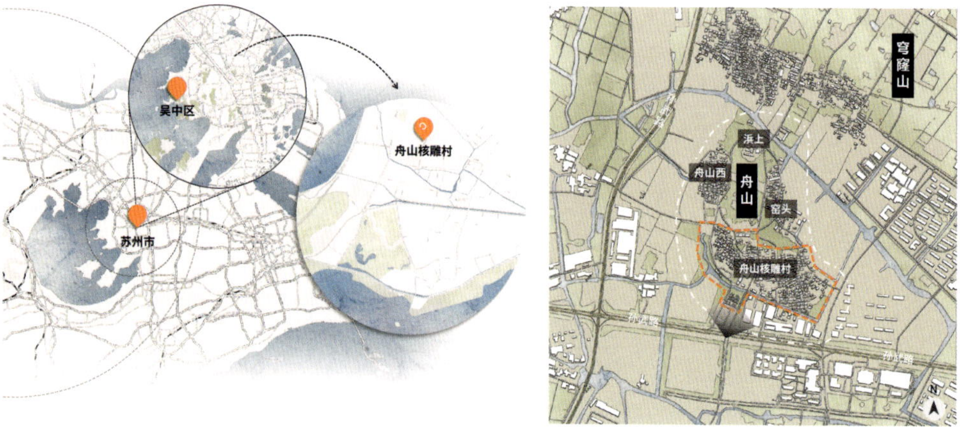

图1　舟山核雕村区位示意图

图2　舟山核雕发展史

图3　香山圈里与舟山核雕村

旅游业的意识初现，但村落业态单一，旅游产业链不完善，缺乏烟火气，村民对人居环境改造的参与度不高。

村内现存建筑多为商业建筑和居住建筑，也有福音庵、舟山核雕老厂区、核雕艺术馆和停车场等公共建筑和公共空间。从人居环境的视角看，村落发展仍存在不少问题。虽然村落曾整村翻新、粉刷过，整体风貌为粉墙黛瓦的江南民居风格，但村落自身的自然资源和人文资源利用不够充分，文化特色没有在建筑和环境中很好地呈现出来；村内停车场地略显混乱，公共空间过于硬质化，景观绿化率不足，河道驳岸没有得到很好利用；统一风格样式的店铺招牌缺乏特色，景观的人性化考虑也不周到（图4）。

基于现存问题，本设计定位为：以核雕文化创意产业发展为主导，综合传统手工艺文化体验、网红打卡一日游等为主要功能进行旅游开发，吸引年轻群体与家庭进行传统手工艺文化的研学体验。因此提出了三个设计策略：一是活化核雕村历史

图4　村落实景图

特色和传统手工艺文化；二是优化滨水景观与“街巷坊宅”空间格局；三是进化互联网时代下的核雕创意产业链。

整体上规划了“两带、三区、四游”的空间策略串联设计节点（图5）。

“两带”为核雕文化体验带、核雕村历史景观带；“三区”为游客集散区、核雕工坊区、核雕居民区。“四游”为传统手工艺体验游、水文化景观休闲游、核舟记探索打卡游和未来村风情沉浸游。

1. 传统手工艺体验游，由核雕村公共客厅、核雕博物馆以及旧核雕工厂改造的核雕网红打卡工坊进行连接（图6～图11）。

2. 水文化景观休闲游，由彰显村落历史发展的核雕文化广场、溯源长廊、核雕村地标性构筑物“核之翼”，以及滨水景观空间共同组成新的滨水空间景观（图12、图13）。

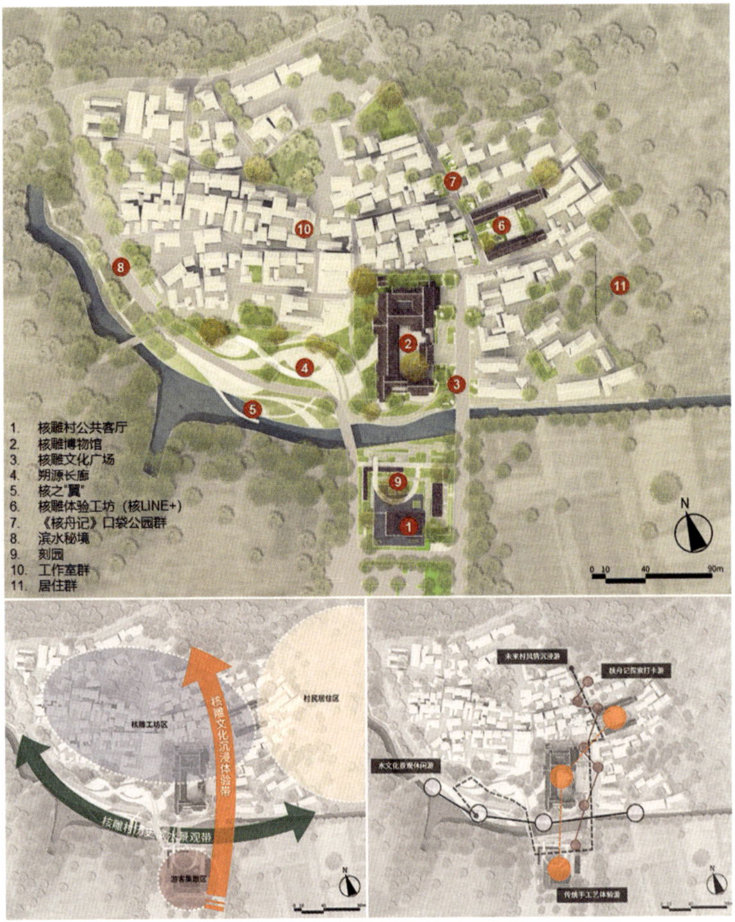

图5 “两带、三区、四游”的空间策略

图6 核雕村公共客厅设计效果图

图7　核雕村公共客厅村口景观效果图

图8　核雕村公共客厅入口效果图

图9　核雕村公共客厅内庭院效果图

图10　核雕工坊效果图

图11 核雕工坊内部效果图

图12 核之“翼”景观装置效果图

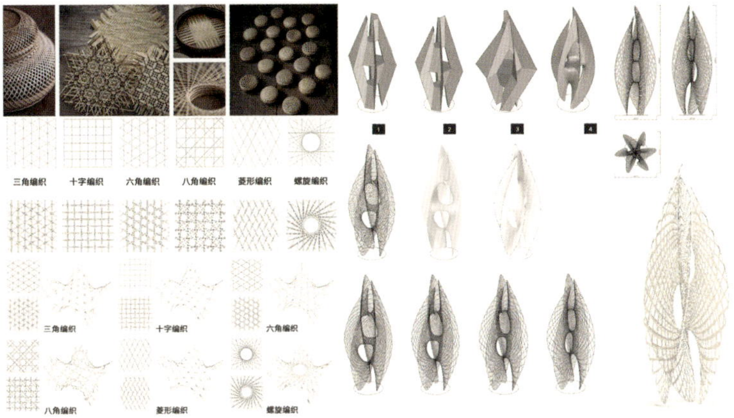

图13 核之“翼”景观装置生成过程

3. 核舟记探索打卡游，以核舟记为线索，设计景观场景，打造口袋景观，优化街道空间，提供文化探索打卡游。

4. 未来村风情沉浸游，通过对核雕村工作室建筑风貌的整理和景观公共空间的优化，突出“街—巷—坊—宅”的空间结构，打造具有核雕特色的未来村风情沉浸游模式（图14～图18）。

通过以上设计策略和方法，使核雕村人居环境得到提升，旅游产业、核雕产业得以完善和升级，进一步彰显独特的村落文化特色，使整个村落得以活化（图19～图21）。

图14　溯源长廊景观装置

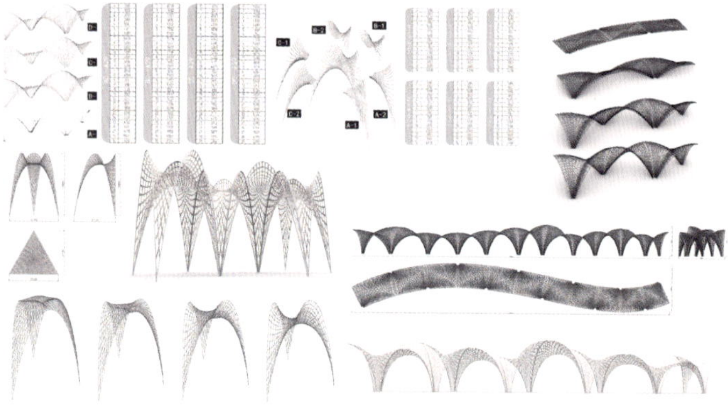

图15　溯源长廊景观装置生成过程

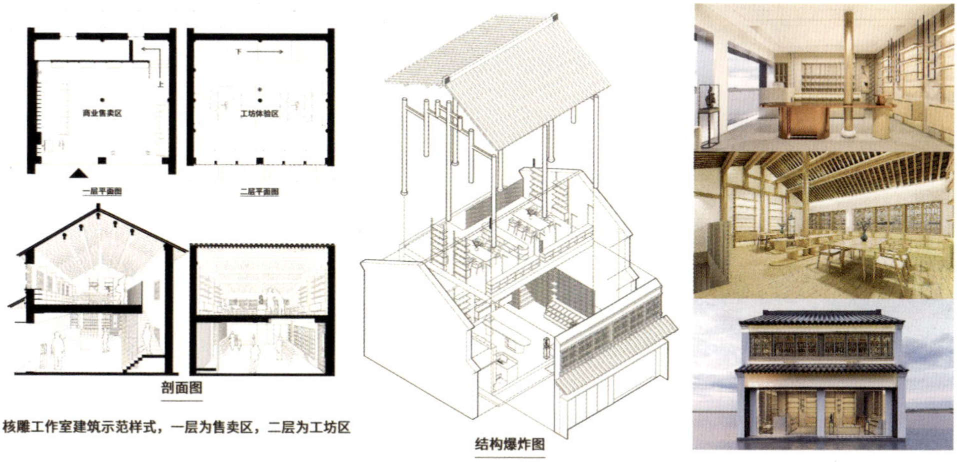

图16　核雕工作室单体设计

图17　核雕村街道景观效果图

图18　整体鸟瞰效果图

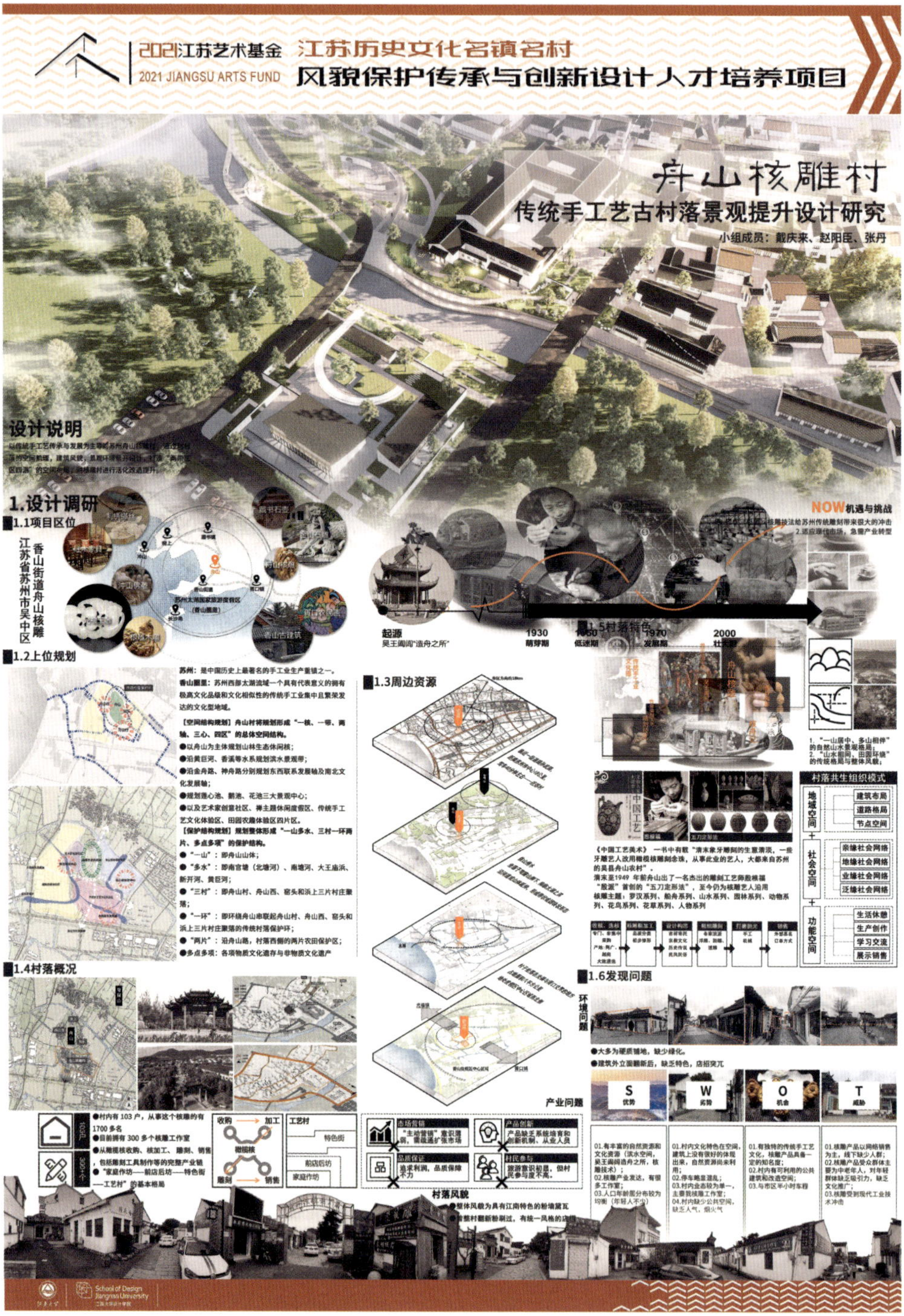

2021江苏艺术基金
2021 JIANGSU ARTS FUND
江苏历史文化名镇名村
风貌保护传承与创新设计人才培养项目
舟山核雕村
传统手工艺古村落景观提升设计研究
小组成员：戴庆来、赵阳臣、张丹
设计说明
1.设计调研
1.1项目区位
江苏省苏州市吴中区
香山街道舟山核雕
苏州太湖国家旅游度假区
(香山题里)
香山古建筑
起源
吴王阖闾"造舟之所"
1930
萌芽期
低迷期
1970
发展期
2000
NOW机遇与挑战
2.适应现代市场，急需产业转型
1.5村落特色
1.2上位规划
苏州：是中国历史上最著名的手工业生产重镇之一。
香山题里：苏州西部太湖流域一个具有代表意义的拥有极高文化品级和文化相似性的传统手工业集中且繁荣发达的文化型地域。
【空间结构规划】舟山村将规划形成"一核、一带、两轴、三心、四区"的总体空间结构。
●以舟山为主体规划山林生态休闲核；
●沿黄巨河、香溪等水系规划滨水景观带；
●沿金舟路、神舟路分别规划东西联系发展轴及南北文化发展轴；
●规划莲心池、鹅池、花池三大景观中心；
●以及艺术家创意社区、禅主题休闲度假区、传统手工艺文化体验区、田园农趣体验区四片区。
【保护结构规划】规划整体形成"一山多水、三村一环两片、多点多项"的保护结构。
●"一山"：即舟山山体；
●"多水"：即南宫塘（北塘河）、南塘河、大王庙浜、新开河、黄巨河；
●"三村"：即舟山村、舟山西、窑头和浜上三片村庄聚落；
●"一环"：即环绕舟山串联起舟山村、舟山西、窑头和浜上三片村庄聚落的传统村落保护环；
●"两片"：沿舟山路，村落西侧的两片农田保护区；
●多点多项：各项物质文化遗存与非物质文化遗产
1.3周边资源
1."一山居中，多山相伴"的自然山水景观格局；
2."山水相间，田园环绕"的传统格局与整体风貌；
中国工艺
五刀定形法
《中国工艺美术》一书中有载"清末象牙雕刻的生意清淡，一些牙雕艺人改用橄榄核雕刻念珠，从事此业的艺人，大都来自苏州的吴县舟山农村"。
清末至1949年前舟山出了一名杰出的雕刻工艺师殷根福"殷派"首创的"五刀定形法"，至今仍为核雕艺人沿用
核雕主题：罗汉系列、船舟系列、山水系列、园林系列、动物系列、花鸟系列、花草系列、人物系列
村落共生组织模式
地域空间
建筑布局
道路格局
节点空间
社会空间
亲缘社会网络
地缘社会网络
业缘社会网络
泛缘社会网络
功能空间
生活休憩
生产创作
学习交流
展示销售
1.4村落概况
1.6发现问题
环境问题
●大多为硬质铺地，缺少绿化。
●建筑外立面翻新后，缺乏特色，店招突兀
S
优势
W
劣势
O
机会
T
威胁
01.有丰富的自然资源和文化资源（滨水空间，吴王阖闾造舟之所，核雕技术）；
02.核雕产业发达，有很多工作室；
03.人口年龄层分布较为均衡（年轻人不少）
01.村内文化特色在空间，建筑上没有很好的体现出来，自然资源尚未利用；
02.停车略显混乱；
03.村内业态较为单一，主要我核雕工作室；
04.村内缺少公共空间，缺乏人气，烟火气
01.有独特的传统手工艺文化，核雕产品具备一定的知名度；
02.村内有可利用的公共建筑和改造空间；
03.与市区半小时车程
01.核雕产品以网络销售为主，线下缺少人群；
02.核雕产品受众群体主要为中老年人，对年轻群体缺乏吸引力，缺乏文化推广；
03.核雕受到现代工业技术冲击
产业问题
103户
300+个
●村内有103户，从事这个核雕的有1700多名
●目前拥有300多个核雕工作室
●从雕榄核收购、核加工、雕刻、销售，包括雕刻工具制作等的完整产业链
●"家庭作坊——前店后坊——特色街——工艺村"的基本格局
收购
加工
橄榄核
雕刻
销售
工艺村
特色街
前店后坊
家庭作坊
市场营销
"主动营销"意识薄弱，需要扩张市场
产品创新
产品缺乏系统培育和创新机制，从业人员
品质保证
追求利润，品质保障不力
村民参与
旅游意识初显，但村民参与度不高。
村落风貌
●整体风貌为具有江南特色的粉墙黛瓦
School of Design
Jiangnan University

图19 设计版面1

2021江苏艺术基金
2021 JIANGSU ARTS FUND
江苏历史文化名镇名村
风貌保护传承与创新设计人才培养项目
2.设计思路
2.1问题总结
●生活环境方面
缺乏公共活动空间，河道驳岸单一，建筑立面杂乱
●文化传承方面
核雕文化展现形式单一，村落历史文化特色缺失
●产业结构方面
业态单一，旅游配套不完善，核雕产业需与现代接轨
2.2设计目标
活化+核雕村历史特色，传统手工业文化
优化+滨水景观与“街巷坊宅”空间格局
进化+互联网时代下的核雕创意产业链
2.3设计策略
两带三区四游
●“两带”——核雕文化体验带、核雕村历史景观带
●“三区”——游客集散区、核雕工坊区、核雕居民区
●“四游”——传统手工艺体验游、水文化景观休闲游、核舟记探索打卡游、未来村风情沉浸游
2.4设计定位
●基于传统手工艺文化体验，打造网红打卡一日游
●以年轻人，年轻家庭为主，中老年人为辅
2.5设计范围
3.设计方案&分析
1.核雕村公共客厅
2.核雕博物馆
3.核雕文化广场
4.朔源长廊
5.核之“翼”
6.核雕体验工坊（核LINE+）
7.《核舟记》口袋公园群
8.滨水秘境
9.刻园
10.工作室群
11.居住群
4.设计亮点
4.1主要节点分析
核雕村公共客厅
核雕体验工坊（核LINE+）
核雕文化广场
游客需求
村民需求
公共客厅将游客与村民双方的需求交叠在一个空间中，成为人群集散社交的公共场所。
旧厂房改造
剖面图1-1
剖面图2-2
传统手工艺体验游
——村口核雕客厅，核雕博物馆，核雕文化广场，核雕工坊改造，核雕工作室
水文化景观休闲游
——基于现有的良好自然资源，沿环村河流打造滨水活动空间，优化提升村落环境，为后续夜经济奠定基础
村文化探索打卡游
——以舟山历史提取元素为线索，设计景观场景，植入村落街巷空间，提供打卡
未来村风情沉浸游
——突出“街”－“巷”－“坊”－“宅”街巷空间结构特色，植入现代元素
●新建建筑——核雕村公共客厅：复合空间和村民食堂改善村内业态过于单一的问题，兼具游客集散中心的功能，以完善旅游产业的功能需求。
●厂房改造——核雕体验工坊：升级核雕产业的销售和制作模式，与互联网接轨。
●景观改造——核雕文化广场：改善村落环境，提高宜居度。
School of Design Jiangnan University

图20　设计版面2

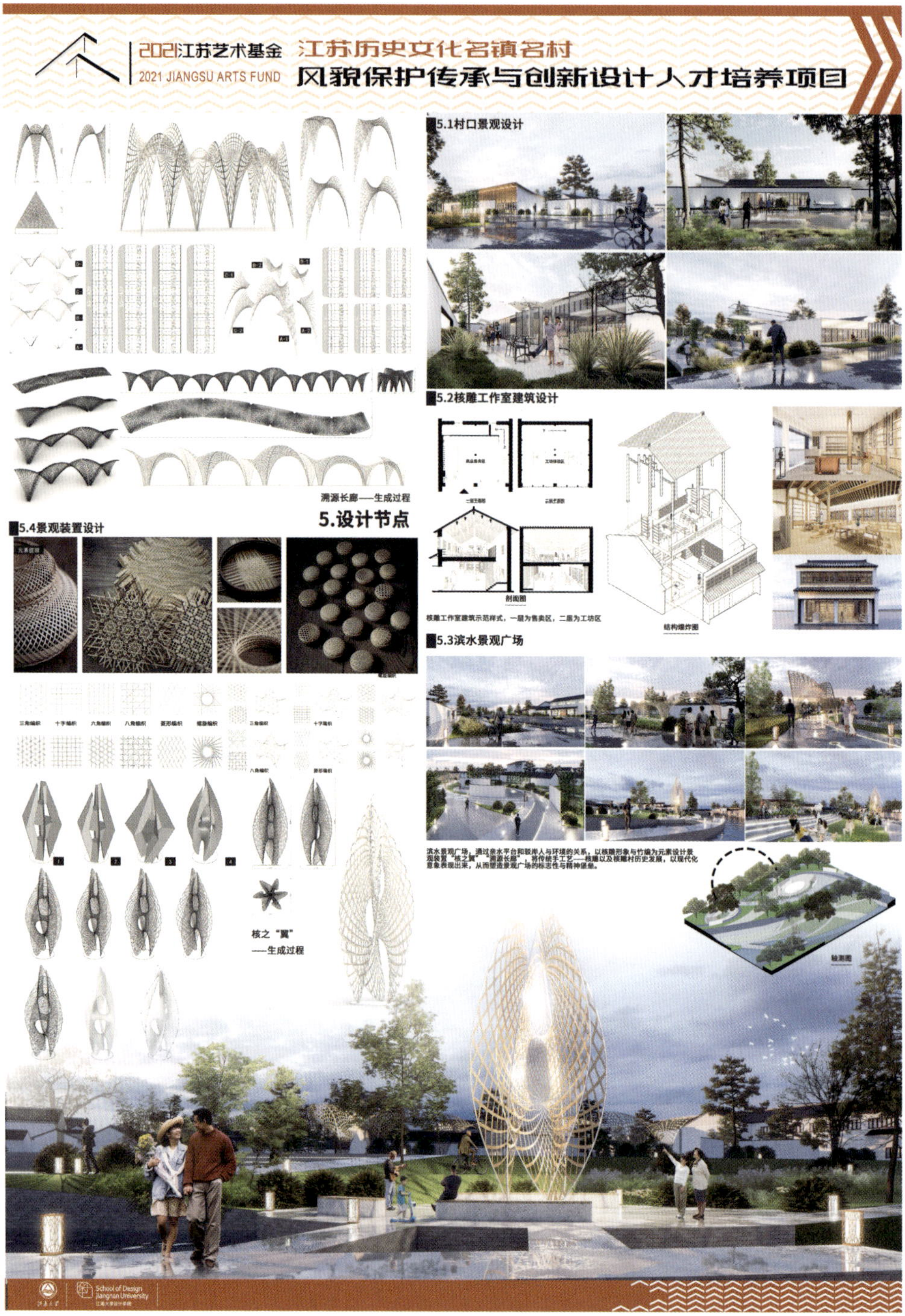
2021江苏艺术基金
2021 JIANGSU ARTS FUND
江苏历史文化名镇名村
风貌保护传承与创新设计人才培养项目
5.1村口景观设计
5.2核雕工作室建筑设计
剖面图
核雕工作室建筑示范样式，一层为售卖区，二层为工坊区
结构爆炸图
5.3滨水景观广场
滨水景观广场，通过亲水平台和驳岸人与环境的关系，以核雕形象与竹编为元素设计景观装置“核之翼”“溯源长廊”，将传统手工艺——核雕以及核雕村历史发展，以现代化意象表现出来，从而塑造景观广场的标志性与精神象征。
轴测图
溯源长廊——生成过程
5.设计节点
5.4景观装置设计
核之“翼”
——生成过程
School of Design
Jiangnan University

图21 设计版面3

第二组

设计题目：游·归——徐州马集村空间活力提升设计研究

成　　员：张超、陈航、徐艺文、司勇、康渊、周永南

设计概要：本设计利用空间活力评价体系梳理徐州马集村空间规划布局、风景资源整合、村居生活形态和经济文化发展等各项指标，探索乡村社区空间活力的营建多元模式，打造乡村社区新范式。

设计说明：本项目位于江苏省徐州市铜山区马集村，是江苏省扶贫工作领导小组办公室2016年发布的871个“十三五”省定经济薄弱村，也是江苏省2017年规划实施特色田园乡村建设试点村之一。马集村西侧为吕梁湖，东侧为狄山，背靠万亩松柏林，自然风景秀丽，交通便利，有着巨大的旅游开发潜力（图1）。近些年，马集村由于发展旅游业，村内产业经济有所提升，人口出现回流，但也因整体空间规划不合理，造成了空间无序生长且利用率低、功能结构单一、新旧建筑混乱并置、公共空间碎片化、公共基础设施难以满足村庄使用需求等问题，从而造成了村内空间活力的缺失（图2）。

本规划以建立高活力度的新农村社区环境为出发点，由前期调研分析，建立由自然活力（自然水域、植物覆盖率满足性、日照）、空间活力（空间尺度与层次、空间内道路通畅性、铺装面积满足度）、经济文化活力（艺术小品、空间景色、村落活动及数量）、设施发展活力（休憩设施满足度、运动场地与设施）四个维度组成的评价体系（图3），通过空间活力评价体系指导规划空间布局、风景资源体系、村居生活形态和经济文化发展，同时探索新农村社区公共空间活力的有效营造方式（图4）。

通过“游·归”的概念，从旅游、居住入手规划相关周边功能结构，增加了街区、学校、文化中心、民宿、工厂等功能区，解决功能结构单一的问题（图5）；通过渗透提取的手法，融合景观构筑物、公共建筑等，形成过渡区，通过对马集村的廊道空间绿色景观的具体设计，以整体连接局部，提升村庄的自然活力（图6）；通过对街区空间的重新构建，规划若干村落文化、生活、商业场所、艺术小品等提升经济文化活力，连接碎片化空间；通过人流引入恢复整个农村的活力，让街区内的游客、年轻人及老年人有更多种类活动的选择，优化街区内各个时间段的活动内容，在提升空间活力的同时，也为人群提供更加良好的日常体验感受，为我国乡村振兴背景下的新农村社区建设提供参考（图7～图14）。

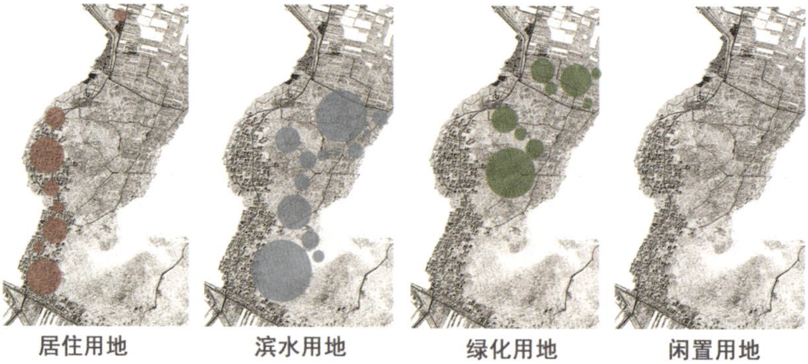

图1 村落用地现状分析

图2 建筑与基础设施现状

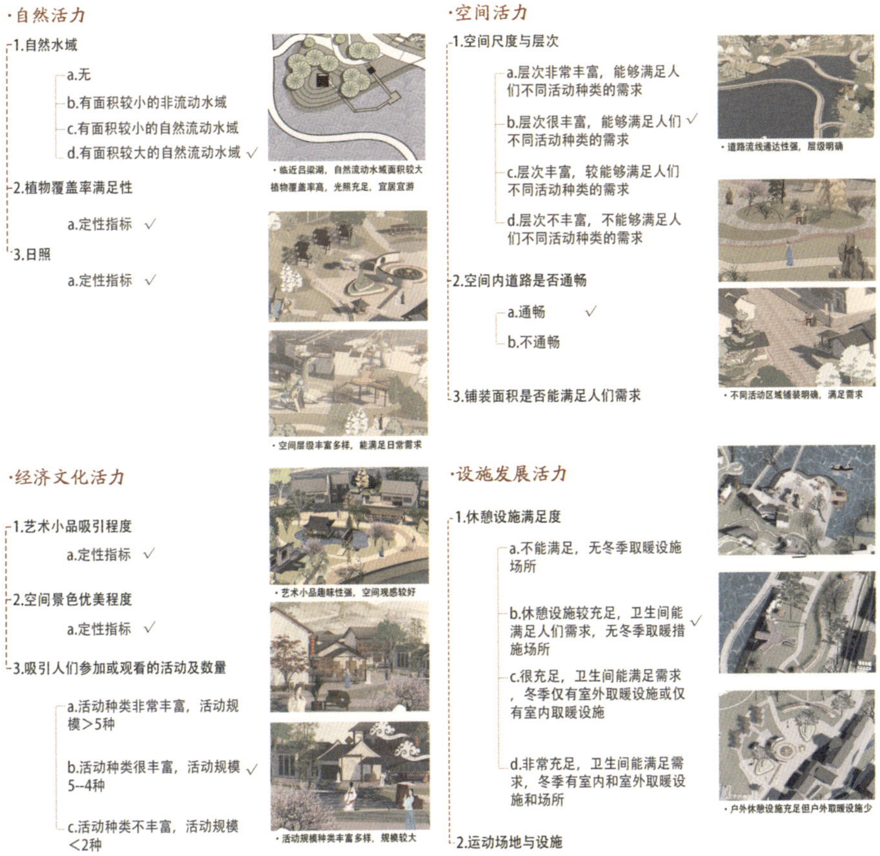

图3　四个维度组成的评价体系

图4　充满活力的村庄空间

图5　马集村美丽乡村规划设计总平面

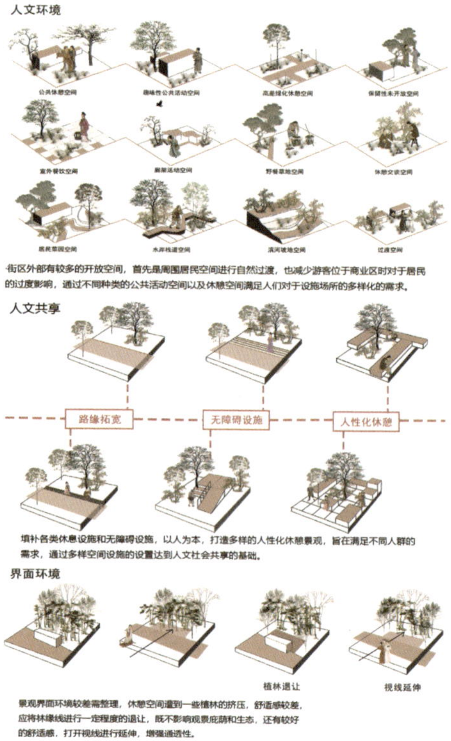

图6　各类过渡空间满足多样化需求

图7　多种手段激活村落空间

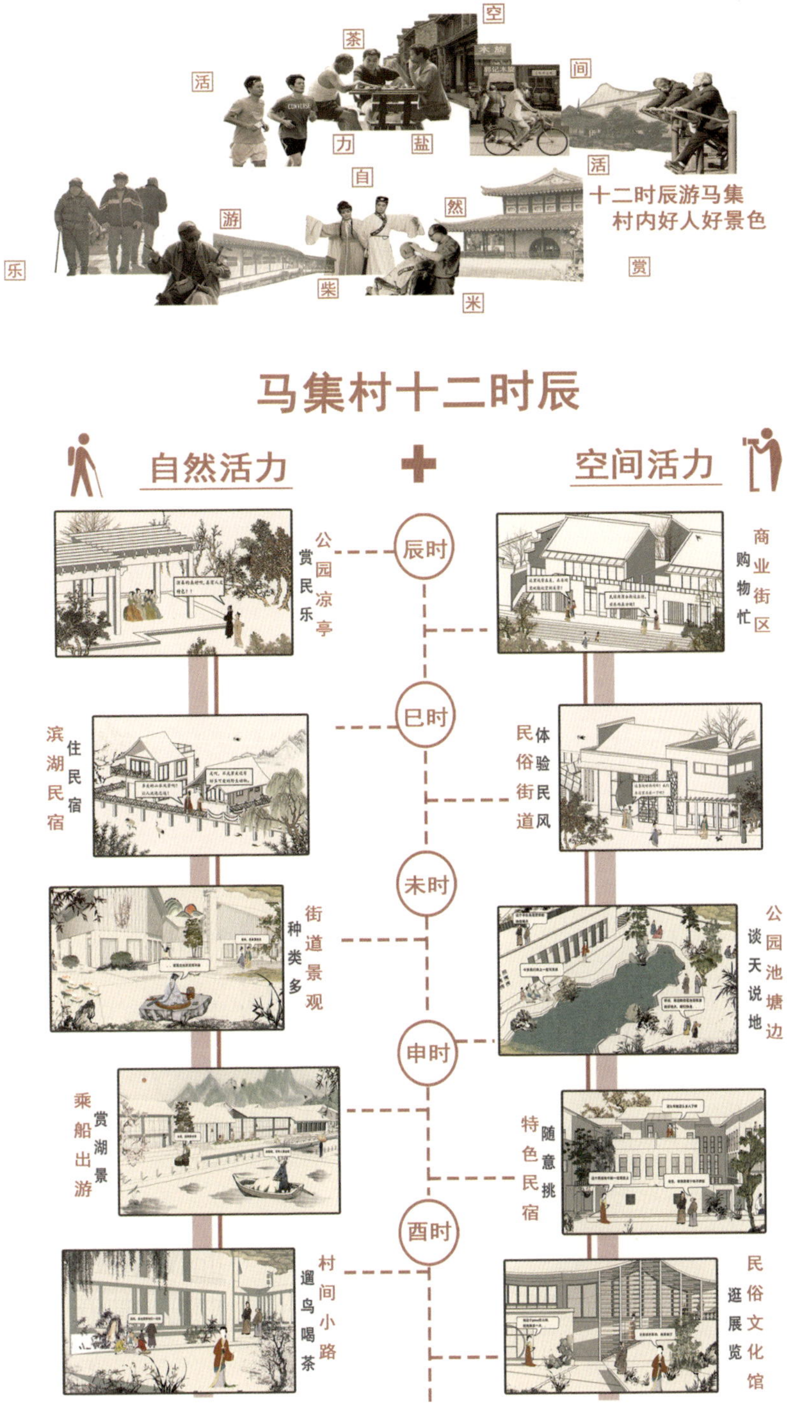

图8　马集村内规划的不同时间段各类活动

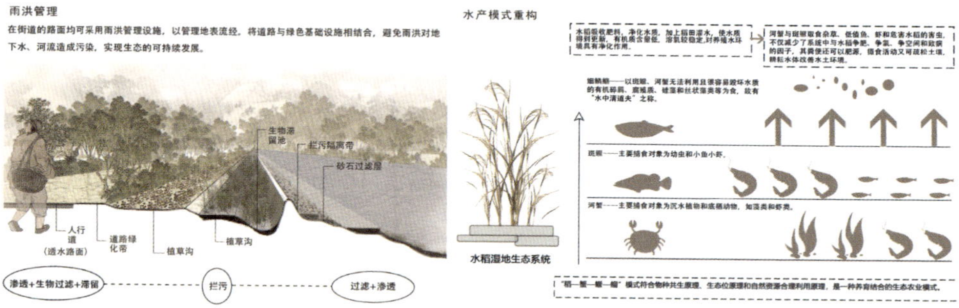

图9　场地生态治理思路

图10　村落经济发展愿景图

图11　场地立面效果图

2021江苏艺术基金
2021 JIANGSU ARTS FUND
江苏历史文化名镇名村
风貌保护传承与创新设计人才培养项目
游·归——马集村美丽乡村规划设计
村落区位
村落概况
村落用地现状分析
居住用地
滨水用地
绿化用地
闲置用地
建筑与基础设施现状
村落风景资源现状
村落内部交通现状
村落结构与产业现状
工业区
房车营地
民居
休闲岛
持续稳定的产业结构
自然环境改造
特色农副产品售卖
调整农业发展模式
旅游观光民宿产业
体育中心
幼儿园
商业街
休闲中心
步行街
旅游资源合理规划
60km旅游资源圈
主入口
School of Design Jiangnan University
小组成员：张超、陈航、徐艺文、司勇、康渊、周永南

图12　设计版面1

2021江苏艺术基金
2021 JIANGSU ARTS FUND
江苏历史文化名镇名村
风貌保护传承与创新设计人才培养项目
游·归——马集村美丽乡村规划设计
设计说明
马集村位于徐州市吕梁山风景区旁，是江苏省政府扶贫办2016年发布的871个"十三五"省定经济薄弱村，也是江苏省2017年规划实施特色田园乡村建设试点村之一。近些年，马集村由于发展旅游业、村内产业经济提升、人口回流等因素，使得空间无序生长，公共基础设施难以满足需求，从而造成了村内空间活力的缺失。本规划以建立高活力度的新农村社区环境为出发点，由前期调查分析，建立评价体系，通过空间活力评价体系指导规划空间布局、风景资源体系、村居生活形态和经济文化发展，同时探索新农村社区公共空间活力的有效营造方式，为我国乡村振兴背景下的新农村社区建设提供参考。
空间活力评价体系
自然活力
1.自然水域
a.无
b.有面积较小的非流动水域
c.有面积较小的自然流动水域
d.有面积较大的自然流动水域 √
2.植物覆盖率满足性
a.定性指标 √
3.目标
a.定性指标 √
空间活力
1.空间尺度与层次
a.层次非常丰富，能够满足人们不同活动种类的需求
b.层次很丰富，能够满足人们不同活动种类的需求 √
c.层次丰富，较能够满足人们不同活动种类的需求
d.层次不丰富，不能够满足人们不同活动种类的需求
2.空间内道路是否通畅
a.通畅 √
b.不通畅
3.铺装面积是否能满足人们需求
a.铺装面积非常能满足所有的活动需求
b.铺装面积能满足所有的活动需求 √
c.铺装面积较能满足所有的活动需求
d.铺装面积不能满足所有的活动需求
经济文化活力
1.艺术小品吸引程度
a.定性指标 √
2.空间景色优美程度
a.定性指标 √
3.吸引人们参加或观看的活动及数量
a.活动种类非常丰富，活动规模>5种
b.活动种类很丰富，活动规模5~4种 √
c.活动种类不丰富，活动规模<2种
设施发展活力
1.休憩设施满足度
a.不能满足，无冬季取暖设施场所
b.休憩设施较充足，卫生间能满足人们需求，无冬季取暖措施场所 √
c.很充足，卫生间能满足需求，冬季仅有室外取暖设施或仅有室内取暖设施
d.非常充足，卫生间能满足需求，冬季有室内和室外取暖设施和场所
2.运动场地与设施
a.无
b.设施单一，无独立场所
c.设施单一，有独立场所
d.设施多样，有独立场所
e.设施多样，场地独立且安全 √
自然活力·有面积较大的自然流动水域
在两侧建筑内部则以院落围合组团的形式居多,形成一种有小到大的放大的效果.
空间结构:历史街区保留了一水穿镇，两岸临屋,三桥横卧的历史空间格局.
空间活力·空间尺度层次丰富道路通畅
在整个基地内,还分布着部分以公共服务,生产办公为主的建筑.
业态分布:商住混合结构是历史街区内建筑功能的主要构成部分，这一功能形成了一种内外的私密分区.
经济文化活力·活动种类丰富空间景色优美
历史建筑内的街区多以坡屋顶为主,存在少量平屋顶内部尚有少量木结构建筑.
建筑营造：建筑在景观中的营造，要做到可观、可居、可游等基本功能，依山而建，尊重原有场地，保留场所精神.
设施发展活力·休憩设施充足运动场地多样
School of Design Jiangnan University
江南大学设计学院
小组成员：张超、陈航、徐艺文、司勇、康渊、周永南

图13 设计版面2

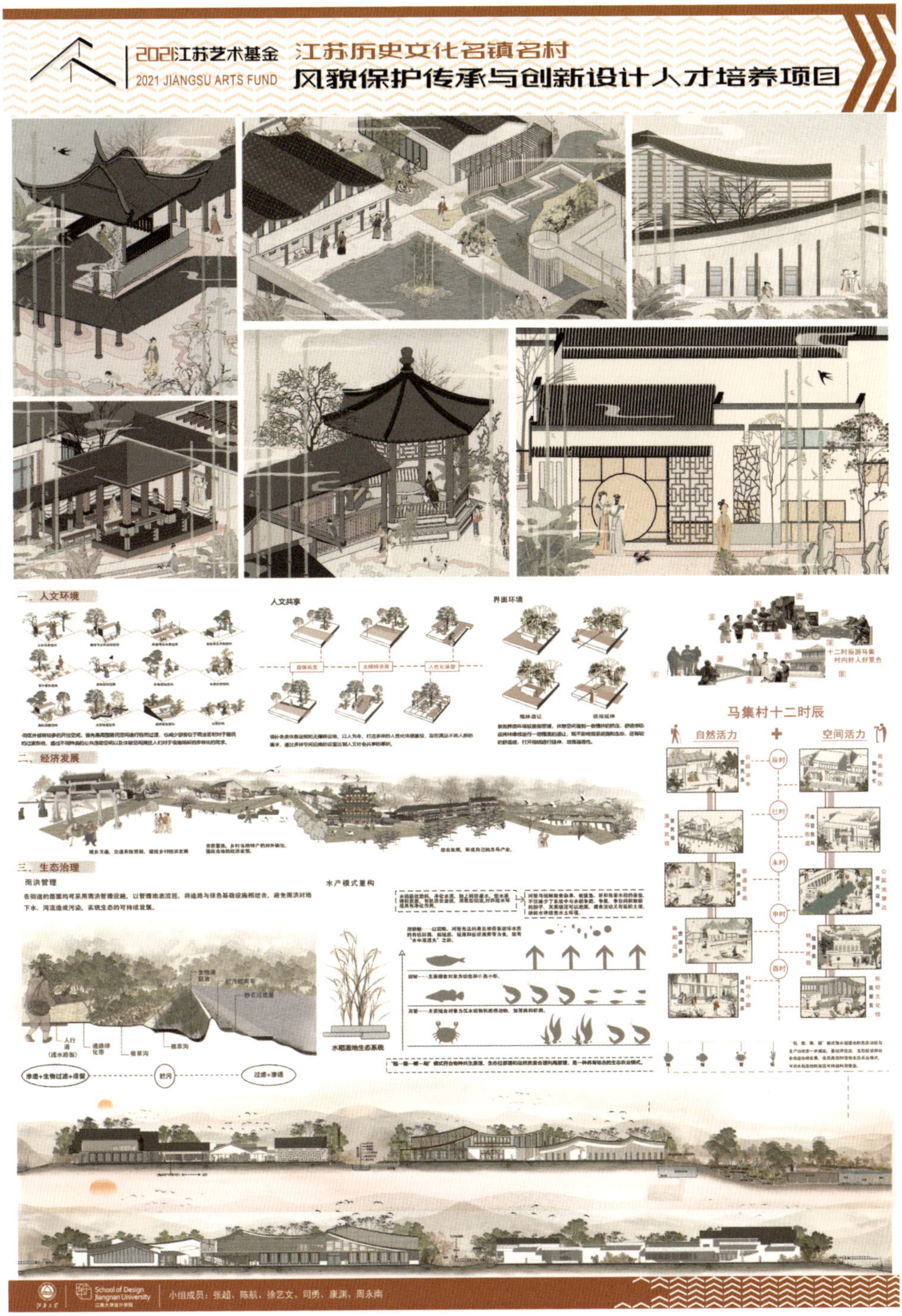
2021江苏艺术基金
2021 JIANGSU ARTS FUND
江苏历史文化名镇名村
风貌保护传承与创新设计人才培养项目
一、人文环境
人文共享
界面环境
马集村十二时辰
自然活力
空间活力
二、经济发展
三、生态治理
雨洪管理
水产模式重构
School of Design Jiangnan University
小组成员：张超、陈航、徐艺文、司勇、康湉、周永南

图14　设计版面3

第三组

设计题目： 护梅山坊——基于生活视角下的黄金井村在地性研究

成　　员： 李莎莎、高原、李文娟、徐月岚、周海军、聂淅

设计概要： “护梅山坊”围绕黄金井村村民生活视角下的在地性环境设计研究，衍生出“护美、户美、互美”三个概念；以“共建、共治、共享”为理念，探索适宜于黄金井村的设计助力乡村振兴的可持续发展模式。

设计说明： 黄金井村位于湖南省邵阳市隆回县，青山绿水，钟灵毓秀，历史上属梅山文化区，古驿道穿境而过，是西往滇黔川茶马古道上一个远近闻名的村落（图1）。黄金井村距离镇中心约3公里，312省道横穿村域，交通便利。

悠悠岁月中的小小村落，沉淀出灿烂的乡村文化，也保存着丰富的自然资源和人文资源。村落整体呈现带状空间结构，山、林、田、居、河、果等资源丰富，建筑以居住功能为主，有村委、祠堂、学校等公共建筑，场地空间利用率不高，省道两侧街巷与村民居住区的联系不足，河流与村落空间稍显分离（图2）。

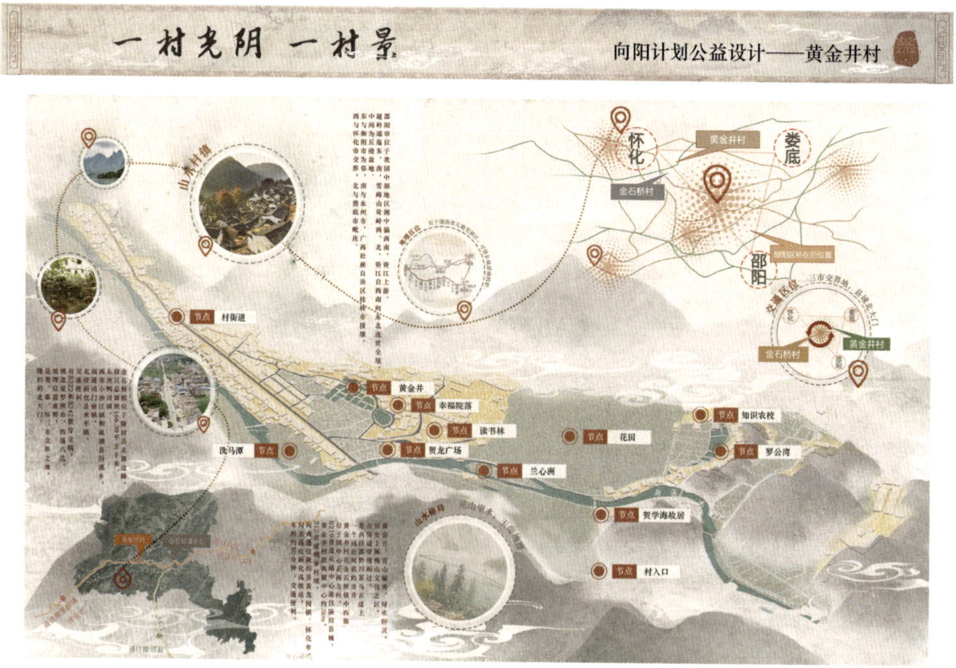

图1　黄金井村区位分析

在乡村振兴战略背景下，黄金井村以红色记忆为支撑、生态为依托、本土文化为引擎，形成区域发展特色；旨在打造“农业、文化、旅游”三位一体的示范性乡村样板。先后成为邵阳市级美丽乡村、省级民主法治示范村、隆回县“美丽家园”示范村，列入省级乡村振兴示范创建村，打造隆回县域副中心（图3）。

产业要素、人力要素和文化要素是乡村发展的三个重要方面。从现状来看，黄金井村以第一产业为主，二、三产业发展薄弱，农民获益较少；村庄人口以老年人和青少年为主，中年人和年轻人大都外出务工；文化要素彰显不足，名人故居未得到妥善修复，红色文化、耕读文化元素有待挖掘，缺少彰显历史文化的村落氛围。文化具有召唤乡愁、建立共同情感的功能，以文化重塑乡村自豪感、构建共同信仰，能让所有人享受参与共建美丽乡村的价值和快乐。因此，乡村建设应该在深挖乡村本土文化基因的基础之上，做到传承与创新。同时，对村民的生活需求进行详细分析，从需求活动、行为空间、人群细分等方面，充分考虑当地村民生活视角下的村庄更新策略（图4）。

基于黄金井村目前基础建设相对落后、交通状况欠佳、产业单一和文化活动缺失等问题，村庄发展应调整定位，思考如何在保护村庄生态环境的同时，实现旅游业的发展，结合农产品销售、住宿餐饮服务、特色研学活动等，以民俗文化和红色文化的传承来建设山水宜居乡景，传承本土文化乡韵（图5）。

设计首先围绕“护山、理水、修田”的思路搭建设计框架。重塑村落宜人质朴的自然人居环境，突出山、水、林、田的自然优势。保留并凸显山体景观，开拓视线廊道，丰富山体植被；保留水系格局，拓宽清理河道，处理污染水系；修葺田

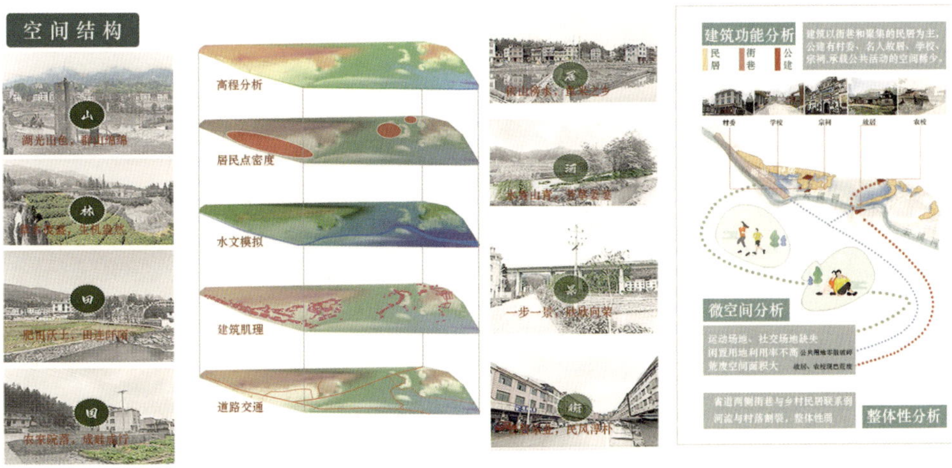

图2 场地分析

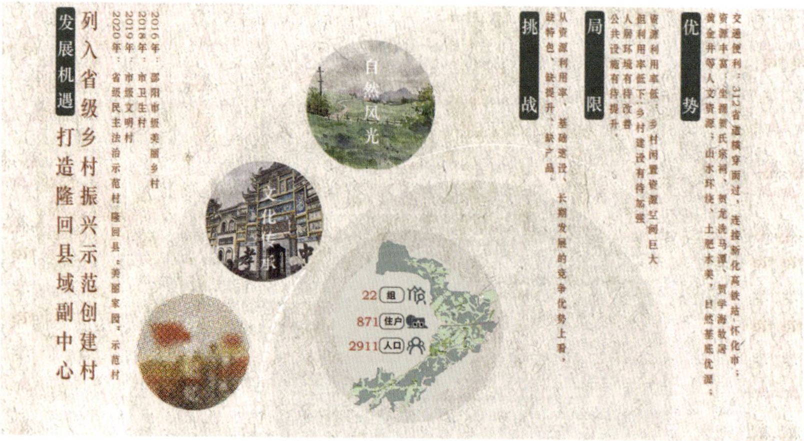

图3 发展前景

图4 发展要素的挖掘与需求活动的类型

图5 黄金井村设计构想

埂，丰富田地种类，整治视觉景观（图6）。

设计从当地历史名人贺学海的故居“护梅山房”引申出设计概念“护梅山坊”。围绕黄金井村村民生活视角下的需求方向，提出三个方向的设计营建导则（图7）：

1. 护美黄金井，完善基建环境。以红色文化、本土特色为主题，围绕人居环境、公共设施、公共空间的需求与治理，重点改善乡村人居环境，来提升乡村生活宜居度。

2. 户美黄金井，注重人文关怀。围绕家庭幸福、家族文化传承、家风建设，来提升村民生活幸福感。

3. 互美黄金井，附加文旅价值。基于黄金井村的在地性资源，如贺氏宗祠、贺龙洗马潭、黄金井等，围绕当地居民日常需求与来访游客的出行需求进行设计，同时借助商业创新、网络传播，提高当地产品的特色，增加附加值，以提升村民的文化自信和经济收入。

以景观串联的方式激活村落公共空间（图8）。以村口为标识，以村委和贺氏宗祠为核心，串联起读书林、学校、幸福院落、黄金井、洗马潭、云溪桥、红色文旅驿站、学海故居、知识农校、油菜花田、兰心洲等建筑景观节点。村口以红五星元素、耐候钢板和镂空砖砌景墙的方式打造入口形象标识，营建贺龙文化广场；修缮学海故居，完善周围水景环境；整理居民院落空间，打造幸福院落；改建农校，完善配套，为周边学校研学、农民农业知识学习提供场所；围绕贺雪海对教育事业的贡献，打造读书林，传承耕读文化，提供休闲空间。

“护梅山坊”项目，在公益设计志愿服务“向阳计划”的支持下，与当地村民一起，已经在当地进行了“读书林”、入口景观等空间的项目落地建设（图9）。该设计是立足于村民需求为主体下的村民与村民、村民与游客等多种情境下的交织、共享、交流、传承的可行性发展思路，以一种“共建、共治、共享”的模式引导村民和社会各界等多方参与到乡村振兴建设的实践。设计希望达到以传承黄金井村本土特色、延续乡村农耕文化、弘扬长征精神为目标，改善人居环境，构建宜居新村建设的目的（图10～图13）。

图6 黄金井村设计框架梳理

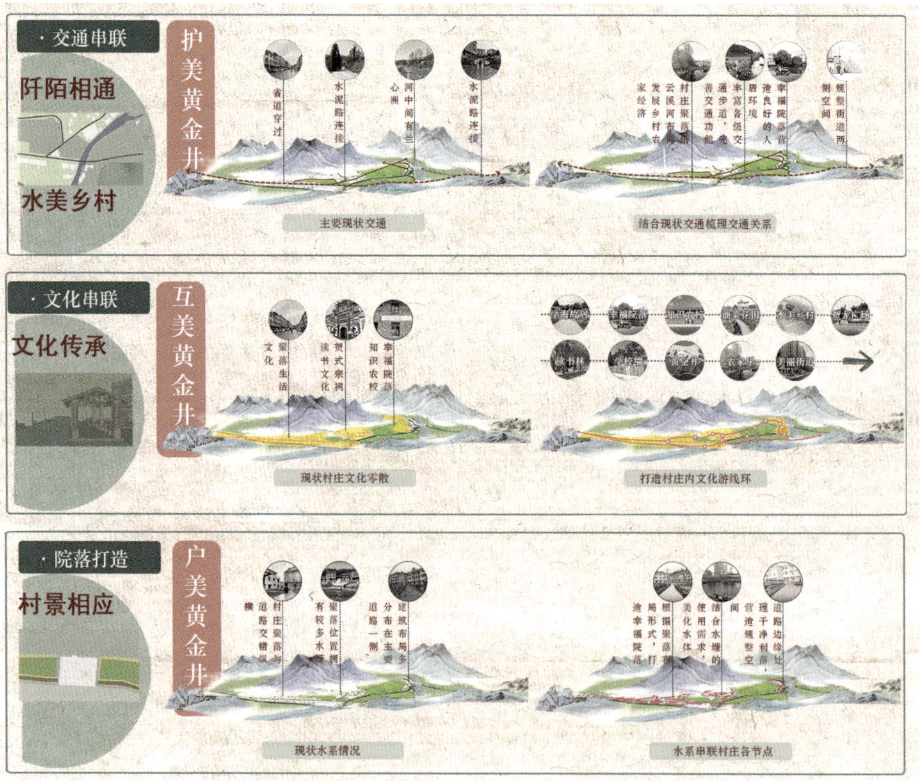

图7 黄金井村营建导则

图8　景观串联

图9　“向阳计划”黄金井村村头形象建设落地

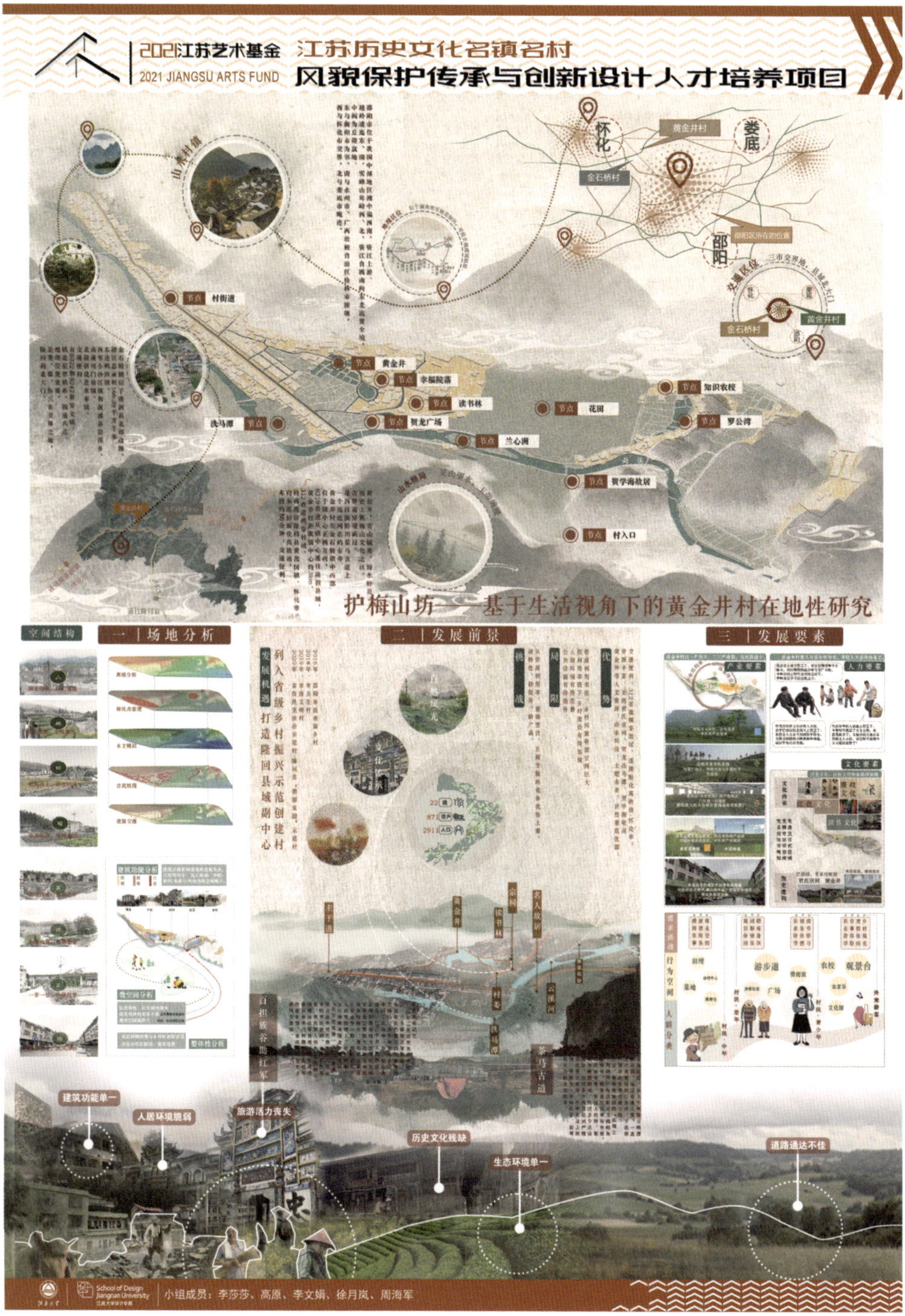
2021江苏艺术基金
2021 JIANGSU ARTS FUND
江苏历史文化名镇名村
风貌保护传承与创新设计人才培养项目
护梅山坊——基于生活视角下的黄金井村在地性研究
一 | 场地分析
二 | 发展前景
三 | 发展要素
建筑功能单一
人居环境脆弱
旅游活力丧失
历史文化残缺
生态环境单一
道路通达不佳
小组成员：李莎莎、高原、李文娟、徐月岚、周海军

图10　设计版面1

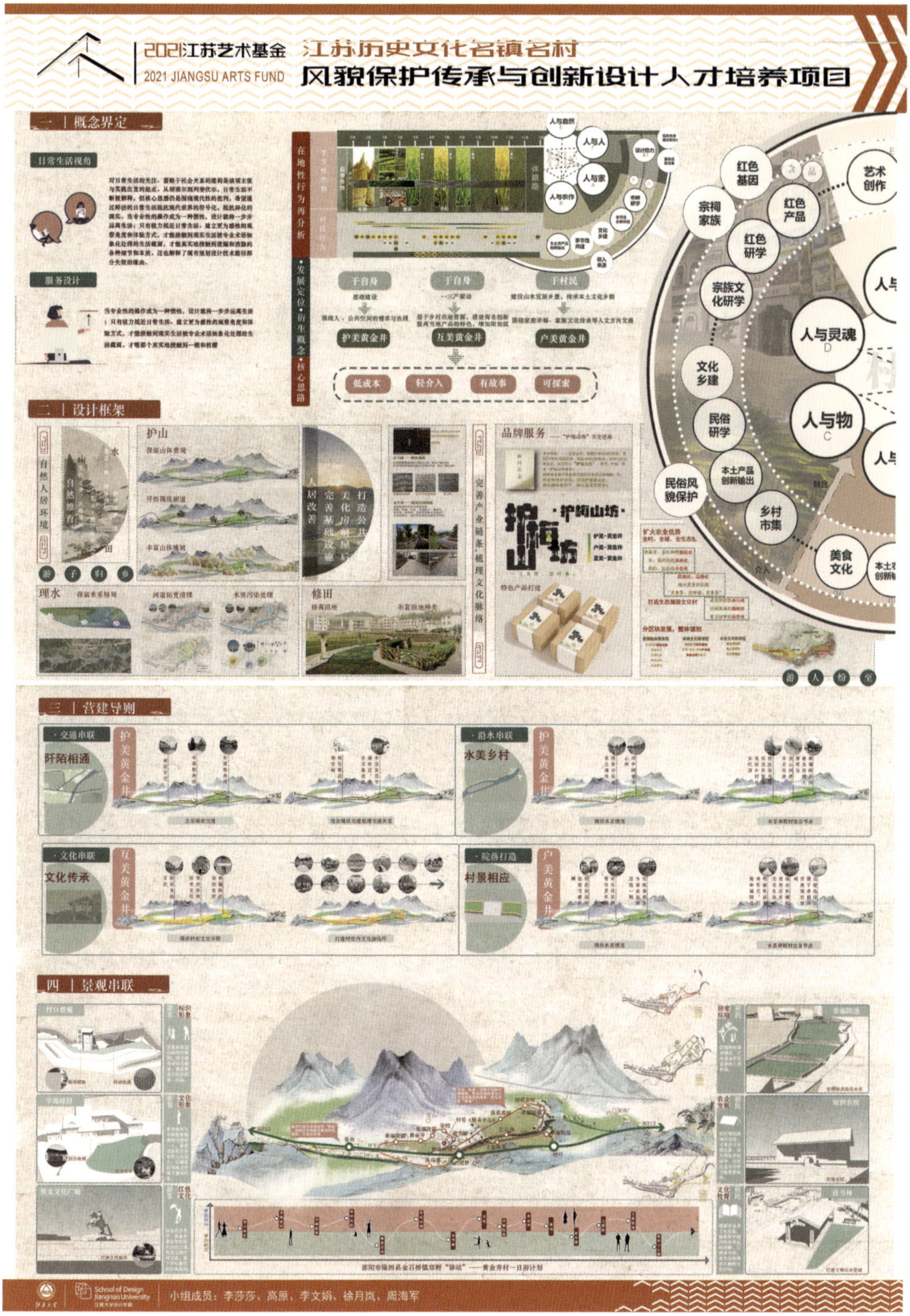
2021江苏艺术基金
2021 JIANGSU ARTS FUND
江苏历史文化名镇名村
风貌保护传承与创新设计人才培养项目
一 | 概念界定
日常生活视角
服务设计
在地性行为再分析
发展定位
衍生概念
核心思路
于自身
于自身
于村民
护美黄金井
互美黄金井
户美黄金井
低成本
轻介入
有故事
可探索
人与自然
人与人
人与家
人与农作
红色基因
红色产品
红色研学
艺术创作
宗祠家族
宗族文化研学
人与灵魂
人与物
文化乡建
民俗研学
民俗风貌保护
本土产品创新输出
乡村市集
美食文化
二 | 设计框架
自然人居环境
护山
人居改善
打造公共美化房屋完善基础设施
完善产业链条梳理文化脉络
品牌服务
护梅山坊
理水
修田
三 | 营建导则
交通串联
阡陌相通
护美黄金井
沿水串联
水美乡村
护美黄金井
文化串联
文化传承
互美黄金井
院落打造
村景相应
户美黄金井
四 | 景观串联
小组成员：李莎莎、高原、李文娟、徐月岚、周海军

图11　设计版面2

2021江苏艺术基金
2021 JIANGSU ARTS FUND
江苏历史文化名镇名村
风貌保护传承与创新设计人才培养项目
N
01 黄金井街道
02 黄金井井口
03 幸福院落
04 校园文化墙
05 读书林
06 贺龙文化广场
07 现状桥梁
08 洗马潭农家乐
09 红色文旅驿站
10 兰心洲
11 黄金井村入口村标
12 贺学海故居
13 现状人行桥
14 油菜花田
15 罗公湾幸福院落
16 黄金井知识农校
05 读书林
效果图
落地实景图
读书林
前后对比
前后对比
05 黄金屋
04 校园文化墙
03 幸福院落
06 贺龙文化广场
08 农家乐
12 贺学海故居
15 罗公湾幸福院落
16 黄金井知识农校
School of Design Jiangnan University
小组成员：李莎莎、高原、李文娟、徐月岚、周海军

图12　设计版面3

2021江苏艺术基金
2021 JIANGSU ARTS FUND
江苏历史文化名镇名村
风貌保护传承与创新设计人才培养项目
N
01 黄金井街道
02 黄金井井口
03 幸福院落
04 校园文化墙
05 读书林
06 贺龙文化广场
07 现状桥梁
08 洗马潭农家乐
09 红色文旅驿站
10 兰心洲
11 黄金井村入口村标
12 贺学海故居
13 现状人行桥
14 油菜花田
15 罗公湾幸福院落
16 黄金井知识农校
黄金井
黄金井村是湖南省美丽乡村，向阳计划·公益设计志愿服务队在该村已经公益设计了"读书林"及周边环境。
这次该村被列入"共建美丽乡村——向阳计划·公益设计志愿服务活动"、乡村共建名单和公益设计师第一期乡村共建名单，获得规划设计等方面的公益支持。
这次该团队与村民共建村入口节点打造，设计和建立了含义深刻的标致性地名石，提升黄金井村的整体形象，将成为网红打卡点。
2022. 8. 25-8. 31 "向阳计划"黄金井村村头形象建设
清理现场
8.25
地面找平
整理砖块
搅拌水泥
开槽施工
8.26
村民共建
项目总结
村民活动
公益活动
联谊晚会
8.30晚
School of Design
Jiangnan University
小组成员：李莎莎、高原、李文娟、徐月岚、周海军

图13　设计版面4

第四组

设计题目：窑火匠心·陶然古今——展现当代窑村田园诗歌的景观规划设计

成　　员：朱子砚、杨柳、荣侠、王辉、刘梓颖

设计概要：以宜兴市三洞桥村鲜明的“窑文化”为核心，古今对话，以低介入、微更新的方式复兴传统龙窑文化，提供汇聚、交流、创新的场所，碰撞悠久历史与现代文化，将人文与创新传承融合焕发新生，打造龙窑精神与稻田文化融合的当代新陶村。

设计说明：江苏省宜兴市三洞桥村地理环境优越，风景秀丽，有着丰富的自然资源与厚重的龙窑文化积淀，其所在行政区丁蜀镇是中国陶文化发源地、中国著名陶都，盛产紫砂壶，村内现代农业发达，制陶氛围浓厚。周边聚集了各种各样的紫砂等陶瓷制品销售店，以及散点式博物馆、展陈式的文化场所（图1）。但宜兴并没有大型的承载集中展销与旅游研学的场所，地域名片不够响亮。三洞桥片区历史人

图1　周边同类文化资源

文资源与自然生态基地俱佳，空间类型丰富多样，拥有许多闲置的空间，可以多样化整合性开发，成为陶都的一张新名片。

但通过实地调研，发现三洞桥村区域缺少紫砂工艺品对外展示、交流的大型综合文化空间，缺少当代互联网展销的综合性窗口。在产业问题方面，未能充分利用当地特色龙窑文化，陶器销售渠道有限，未形成全产业链，莲花荡现代农业观光旅游的模式未能融入当地村民生活。在空间问题方面，莲花荡与古龙窑空间串联融合度不足，村内生产与居住空间分区混乱零散，生活与生产流线混杂，河岸两侧破损杂乱，河道生态贫瘠。村内许多闲置空间无法匹配村民需求，建筑破损老旧，基础设施不完备，而且缺少标志性主导空间（图2）。

设计针对以上问题，将三洞桥村鲜明的“窑文化”地域特征凸显放大，引入新业态，结合莲花荡现代农业观光旅游模式，打造龙窑精神与稻田文化融合的当代新窑村（图3）。

设计远期策略上，以芳溪河为线索，梳理场地文脉传承，宏观上自北至南，以“窑火匠心·陶然古今”为主题，展现三洞桥村从古龙窑火、稻香农场、莲花水荡再到陶村新居、陶艺众创、潮玩市集的多元生活图景。以运河为媒，打造“自然田园

图2　场地现状

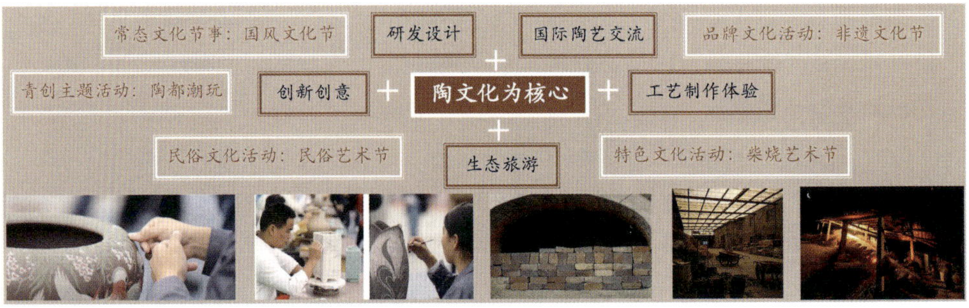

图3 场地新的文化业态

风光游线”与“市集游览与制作体验游线”的水陆双游线（图4）。

设计近期策略上，则选取三洞桥的虞墅地块作为设计示范区（图5），从空间和文化上打造“窑风古道”“陶都窑情”“陶艺窑魂”三条商业、生活轴线与一条“陶波碧摇”生态景观绿带。制定“驳岸”“商业”“家庭作坊”等区域的建设导则（图6），引导村民自主参与，根据各自组团的功能和民房的实际现状进行乡村营建。

设计手法上，首先，通过梳理并规划村内外空间肌理，改善河道生态；其次，将村内自主营业的家庭手工陶瓷工坊整合对外，打造制陶生活街区；再者，结合古码头、古龙窑遗址，将深厚的制陶底蕴融入日常村民生活场景；最后，促进当地产业结构升级，增加销售渠道，拉动旅游业。通过上述对地块“农、林、水、田、桥、房”进行重构，营造三条特色游览动线，分别重塑陶工制陶生活、窑户宅院生活、田园稻香生活的窑村图景，通过丰富窑文化业态，引入健康可持续的商业模式，营造新窑村商住一体的陶源牧歌图景（图7～图14）。

设计以运河为线索，串联南北区域，将生态与活力融入河岸与村巷，打造运河陶都城市名片。形成良好的古今对话关系，在整体系统更新控制的基础上，以低介入、微更新的方式复兴传统龙窑文化，提供汇聚、交流、创新的场所。悠久的地域文明与现代文化在这里交融碰撞，将自然与人文传承创新融合焕新。

记忆展厅
龙窑遗址
大师工作室
龙窑码头
陶都之窗
艺术广场
科创码头
集散中心
文创小铺
陶都小吃
窑村酒家
水岸客栈
窑户宅院
龙窑码头
创客空间
众创空间
陶乡剧场
陶艺课堂
紫砂商铺
乡村课堂
莲花水荡
稻田餐厅
水生小站
夏荷湿地
休闲露营

图4　场地游线组织

图5　三洞桥虞墅地块鸟瞰图

图6　空间建设导则示意图

图7　窑风古道——竹木手工体验馆

图8　陶都窑情——手工制陶区域图景

图9　陶波碧摇——水岸生活图景

图10　陶波碧摇——水岸生活空间

图11　陶波碧摇——水岸生活步道

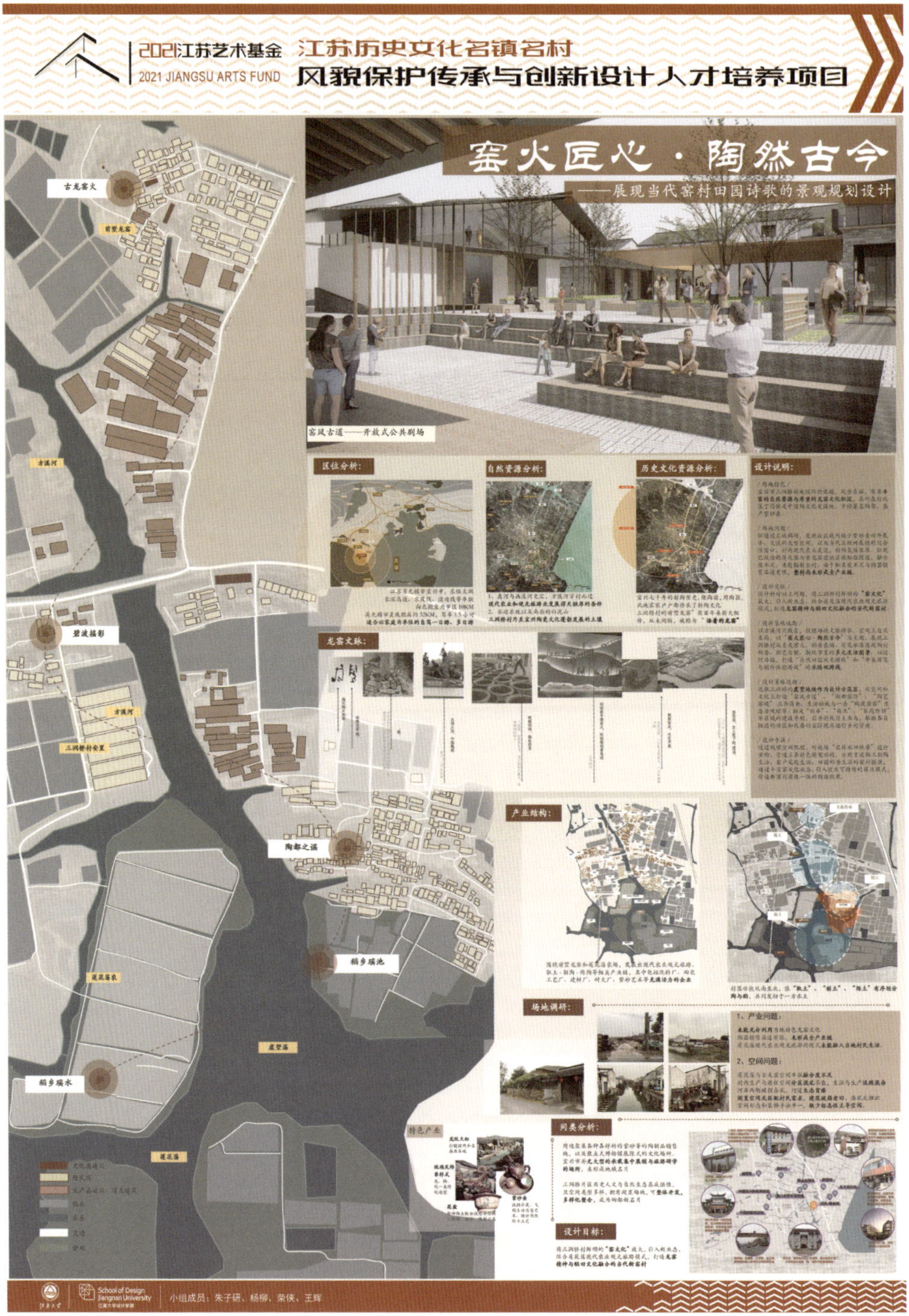
2021江苏艺术基金
2021 JIANGSU ARTS FUND
江苏历史文化名镇名村
风貌保护传承与创新设计人才培养项目
窑火匠心·陶然古今
——展现当代窑村田园诗歌的景观规划设计
窑风古道——开放式公共剧场
区位分析：
自然资源分析：
历史文化资源分析：
设计说明：
龙窑文脉：
产业结构：
场地调研：
1、产业问题：
2、空间问题：
同类分析：
设计目标：
特色产业
古龙窑火
前墅龙窑
碧波摇影
三洞桥村安置
陶都之涵
稻乡瑞池
稻乡瑞水
小组成员：朱子研、杨柳、荣侠、王辉
School of Design
Jiangnan University

图12 设计版面1

2021江苏艺术基金
2021 JIANGSU ARTS FUND
江苏历史文化名镇名村
风貌保护传承与创新设计人才培养项目
设计亮点：展现时代场所精神
· 以运河为线索，串联南北区域，将生态与活力融入河岸与村巷，打造运河陶都城市名片
· 梳理场地特色文脉与风貌，活态保护，提炼特色打造水、陆多元游览线路
· 古今对话，以低介入、微更新的方式复兴传统龙窑文化，提供汇聚、交流、创新的场所，碰撞悠久历史与现代文化，将人文与创新传承融合焕发新生
常态文化节事：国风文化节
研发设计
国际陶艺交流
品牌文化活动：非遗文化节
青创主题活动：陶都潮玩
创新创意
陶文化为核心
工艺制作体验
民俗文化活动：民俗艺术节
生态旅游
特色文化活动：柴烧艺术节
窑
古龙窑火
创
陶艺科创
市
潮玩市集
居
陶村新居
制
陶艺众创
河
稻
稻香农坊
荡
莲花水荡
运河水路
主干道
一级道路
二级道路
School of Design Jiangnan University
小组成员：朱子研、杨柳、荣侠、王辉

图13 设计版面2

陶都之滨——总平面图
2021江苏艺术基金
2021 JIANGSU ARTS FUND
江苏历史文化名镇名村
风貌保护传承与创新设计人才培养项目
窑风古道——竹木手工体验馆
陶都窑情——手工制陶区域图景
陶波碧稿——水岸生活图景
设计亮点
设计手法
陶艺窑魂——水岸生活图景鸟瞰
空间建设导则
School of Design
Jiangnan University
小组成员：朱子研、杨柳、荣侠、王辉

图14 设计版面3

第五组

设计题目：古今两相望——南通寺街历史文化街区公共空间更新设计

成　　员：许可、马磊、韦峰、王锦

设计概要：项目选址于江苏南通崇川区寺街历史文化街区，主题为“古今两相望”，意在打造现代和传统的共存共融的公共空间。通过梳理、串联、修补、经营四大策略，旨在提升街区人居环境，活化文化街区，丰富街区业态并延续历史文脉。

设计说明：江苏省南通市是中国历史文化名城，也被誉为“中国近代第一城”。崇川区的寺街历史文化街区是南通市区现存最古老、历史文化积淀最为深厚的区域，街区内共有国家级文物保护单位1处、省级文物保护单位2处、市级文物保护单位5处，一般不可移动文物点180处，是南通城市发展的重要历史见证。寺街内目前已完成九轮腾迁工作，腾退总面积约8万平方米，现剩余两成居民还生活在街区内，其中以老年人为主。寺街现存问题在于历史变迁及擅自加建导致街区传统肌理难以凸显，历史建筑遗存缺乏分类与归纳，街区内缺少基本的公共空间，集中表现为街区失活，业态匮乏，街区环境提升与激活迫在眉睫。

本次设计范围南起人民中路，北至环城北路，设计面积约14.28公顷。场地保留有完好的历史文化街区、建筑遗存、名人故居、历史院落，以及南通特色的非物质文化遗产，为该街区更新设计奠定了良好的人文资源基础（图1）。

设计主题为“古今两相望”，意在表达现代和传统的共存共融，表达传统历史文化在新时代的延续和发展。通过方案的设计，将蕴含着不同历史时期的街区建筑和空间文化彰显出来，游走在设计更新后的历史街区中，使现代人能够回望历史、感知文化（图2）。

设计愿景包括四个方面：第一，人居环境的提升，设计方案针对原居民和新居民的居住环境进行提升设计，具体体现在街巷的界面修整、街区标识的设计、公共卫生间的更新、街区公共服务空间的布局；第二，文化街区的活化，游览线路的梳理、规划，历史文化院落的整理归纳，公共空间节点的布局，街区活力源的打造；第三，丰富街区业态，引入多元业态，吸引人流，做到真正激活历史街区；第四，传承历史文脉，延续南通历史文化，保留寺街居民及南通人的集体记忆。

设计策略具体包括四个方面：首先，梳理街区肌理演变，延续街区历史文脉。梳理寺街历史街区从明、清到新中国成立后的肌理演变过程，拆除违章搭建的房屋，以新中国成立初期街区肌理为依据，指导后续的保护更新，恢复西北角的仓

河。其次，串联街区建筑遗产，对寺街历史街区现存的建筑遗产进行评估、梳理、归纳，综合考虑其质量、风貌、功能以及保护级别，在此基础上按照主题进行分类，用四条路线串联起四个主题的主要建筑遗产（图3）。四条路线分别是红色革命遗迹主题路线、名人故居主题路线、实业救国主题路线以及传统建筑主题路线。再次，经营业态分类布局，补充街区业态需求。业态策划吸收先进地区经验，迎合产业发展大趋势，引入多元业态。为寺街各区域设定主题特色，打造“一街一环”的业态分布格局，以餐饮、文创、休闲、零售、教育为主要业态，并结合全域全季活动策划，活化老城空间。最后，基于寺街历史街区的现状问题，修补、营造公共空间（图4～图19）。整理街区空间，恢复街巷肌理，结合街区居民需求和未来旅游发展需求，重点打造具有历史意义的主要空间节点，并在主路交界处设置公共活动空间，做到“以点串线，以线带面”地激活并织补历史街区空间。在南北两个主入口节点之间、育婴堂与天宁寺节点之间，思古望今，呼应主题“古今两相望”。育婴堂节点改造为社区中心，集聚养老、教育、娱乐、集散等多元功能于一体。设计延续原有建筑群的中轴线布局和建筑语言，通过屋顶平台营造观景视角，使历史建筑焕发生命力。

图1　场地现状

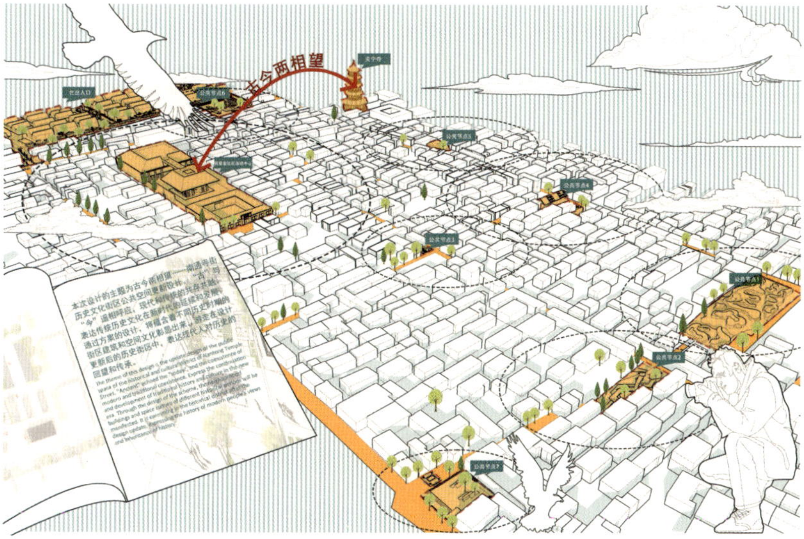

图2　设计鸟瞰图

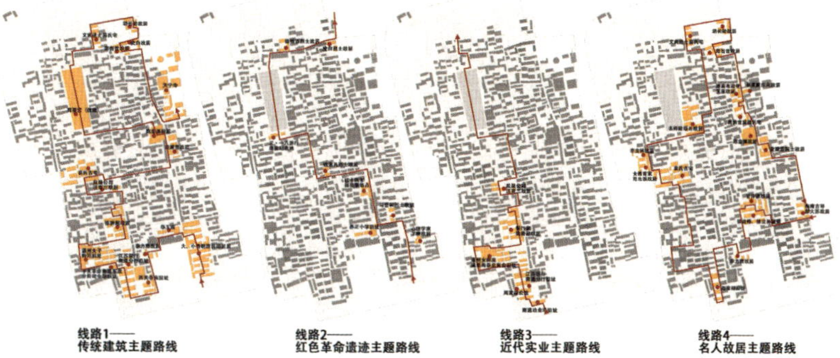

图3　串联建筑遗产的四条游线

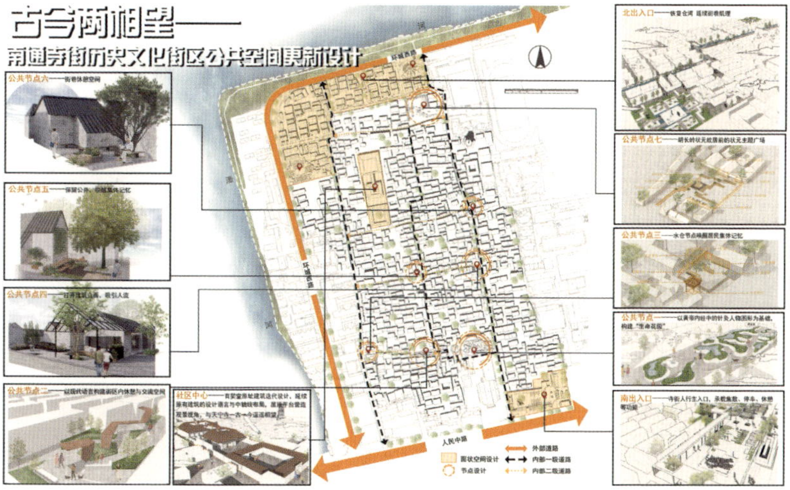

图4　公共空间更新节点示意图

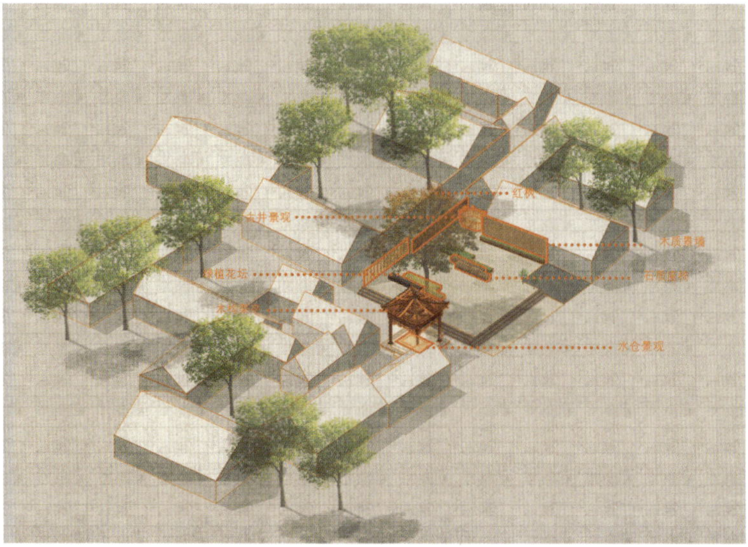

图5 公共节点三：水仓节点鸟瞰图

图6 公共节点三：水仓节点效果图1

图7 公共节点三：水仓节点效果图2

图8　公共节点四：微空间更新

图9　公共节点五：保留公井，唤醒集体记忆

图10　公共节点六：街巷休憩微空间

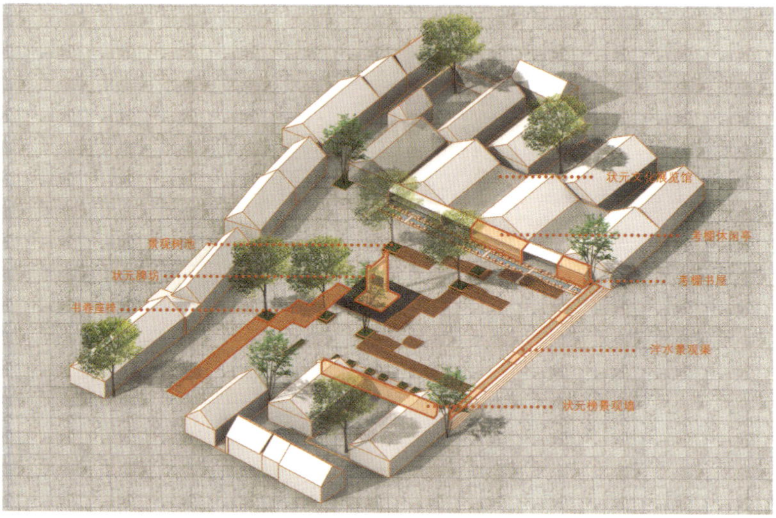

图11 公共节点七：状元主题广场鸟瞰图

图12 公共节点七：状元主题广场效果图

图13 北入口口袋公园效果图

图14 北入口景观效果图

图15 南出入口效果图1

图16 南出入口效果图2

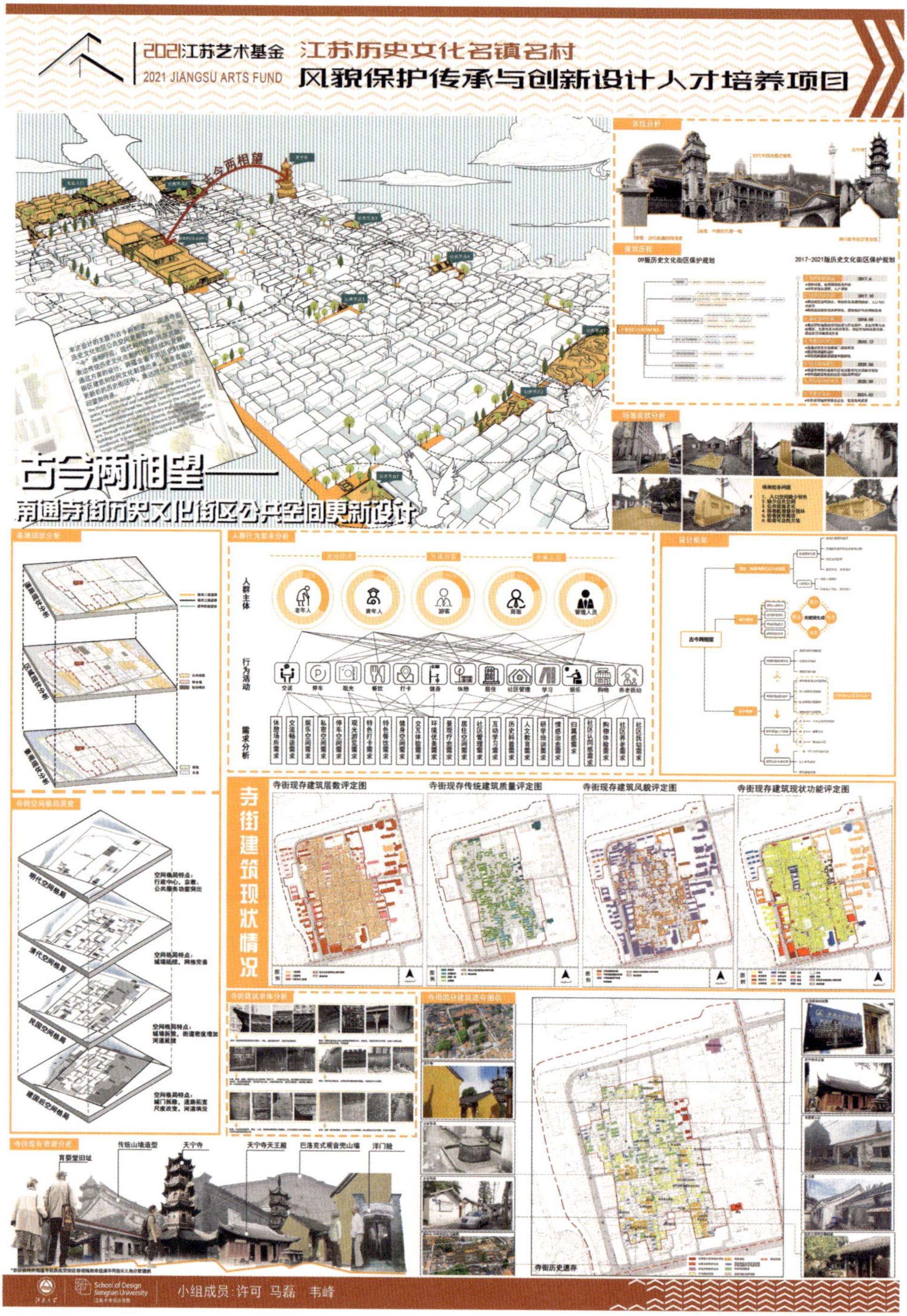
2021江苏艺术基金
2021 JIANGSU ARTS FUND
江苏历史文化名镇名村
风貌保护传承与创新设计人才培养项目
古今两相望
古今两相望——
南通寺街历史文化街区公共空间更新设计
区位分析
规划历程
场地现状分析
基地现状分析
人群行为需求分析
设计框架
寺街建筑现状情况
寺街现存建筑层数评定图
寺街现存传统建筑质量评定图
寺街现存建筑风貌评定图
寺街现存建筑现状功能评定图
寺街空间格局演变
明代空间格局
清代空间格局
民国空间格局
建国后空间格局
寺街建筑单体分析
寺街部分建筑遗存图示
寺街历史遗存
寺街历有资源分析
育婴堂旧址
传统山墙造型
天宁寺
天宁寺天王殿
巴洛克式观音兜山墙
洋门脸
School of Design
Jiangnan University
小组成员：许可 马磊 韦峰
图17 设计版面1

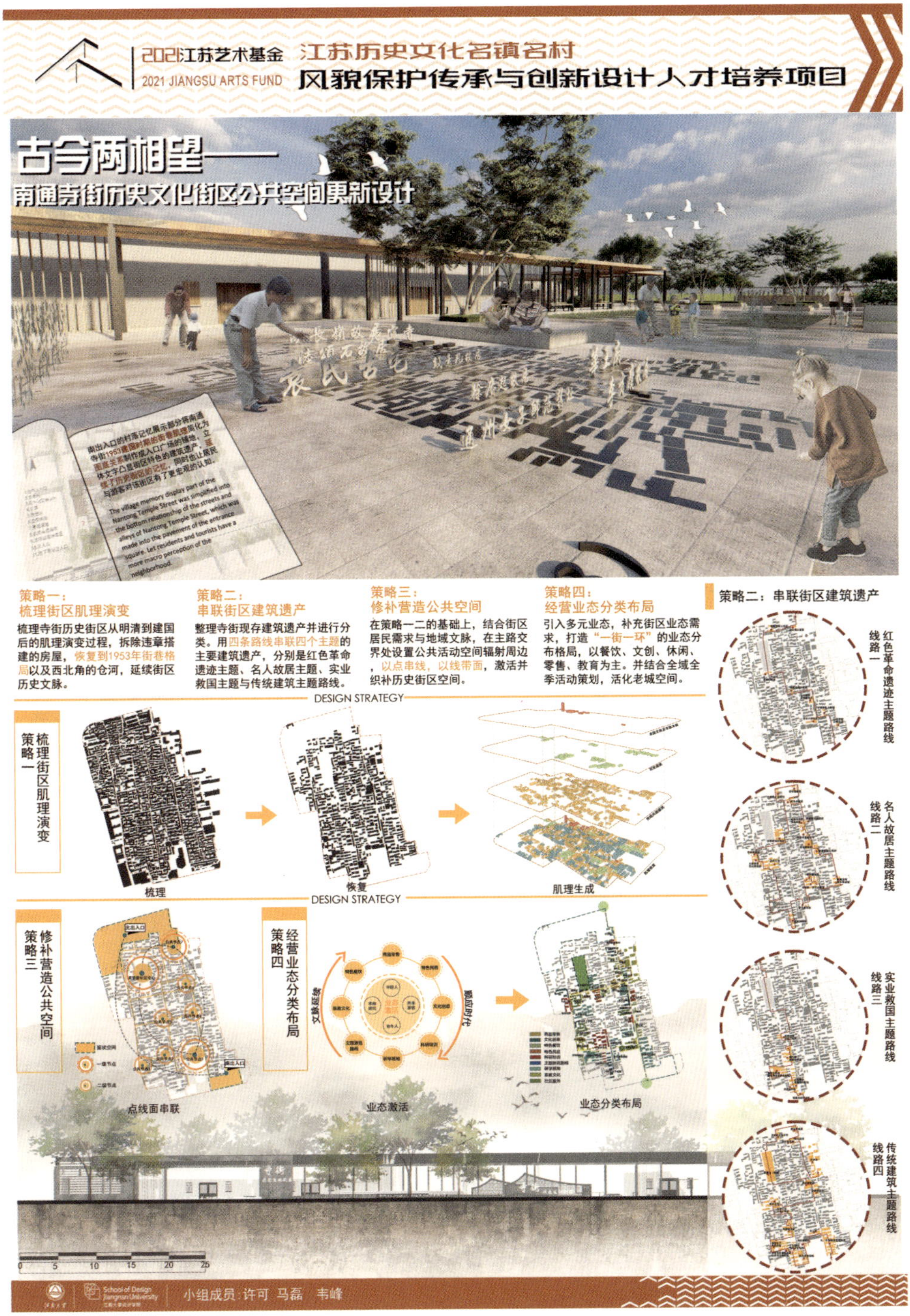

2021江苏艺术基金
2021 JIANGSU ARTS FUND
江苏历史文化名镇名村
风貌保护传承与创新设计人才培养项目
古今两相望——
南通寺街历史文化街区公共空间更新设计
南出入口的村落记忆展示部分将南通寺街1953建国时期的街巷肌理抽象化为图底关系制作成入口广场的铺地，立体文字凸显街区特色的建筑遗产，延续了历史街区的记忆，同时也让居民与游客对该街区有了更宏观的认知。
The village memory display part of the Nantong Temple Street was simplified into the bottom relationship of the streets and alleys of Nantong Temple Street, which was made into the pavement of the entrance square. Let residents and tourists have a more macro perception of the neighborhood.
策略一：
梳理街区肌理演变
梳理寺街历史街区从明清到建国后的肌理演变过程，拆除违章搭建的房屋，恢复到1953年街巷格局以及西北角的仓河，延续街区历史文脉。
策略二：
串联街区建筑遗产
整理寺街现存建筑遗产并进行分类。用四条路线串联四个主题的主要建筑遗产，分别是红色革命遗迹主题、名人故居主题、实业救国主题与传统建筑主题路线。
策略三：
修补营造公共空间
在策略一二的基础上，结合街区居民需求与地域文脉，在主路交界处设置公共活动空间辐射周边，以点串线，以线带面，激活并织补历史街区空间。
策略四：
经营业态分类布局
引入多元业态，补充街区业态需求，打造“一街一环”的业态分布格局，以餐饮、文创、休闲、零售、教育为主。并结合全域全季活动策划，活化老城空间。
策略二：串联街区建筑遗产
线路一 红色革命遗迹主题路线
线路二 名人故居主题路线
线路三 实业救国主题路线
线路四 传统建筑主题路线
DESIGN STRATEGY
策略一 梳理街区肌理演变
梳理
恢复
肌理生成
DESIGN STRATEGY
策略三 修补营造公共空间
北出入口
南出入口
点线面串联
策略四 经营业态分类布局
业态激活
业态分类布局
0 5 10 15 20 25
School of Design Jiangnan University
小组成员：许可 马磊 韦峰

图18 设计版面2

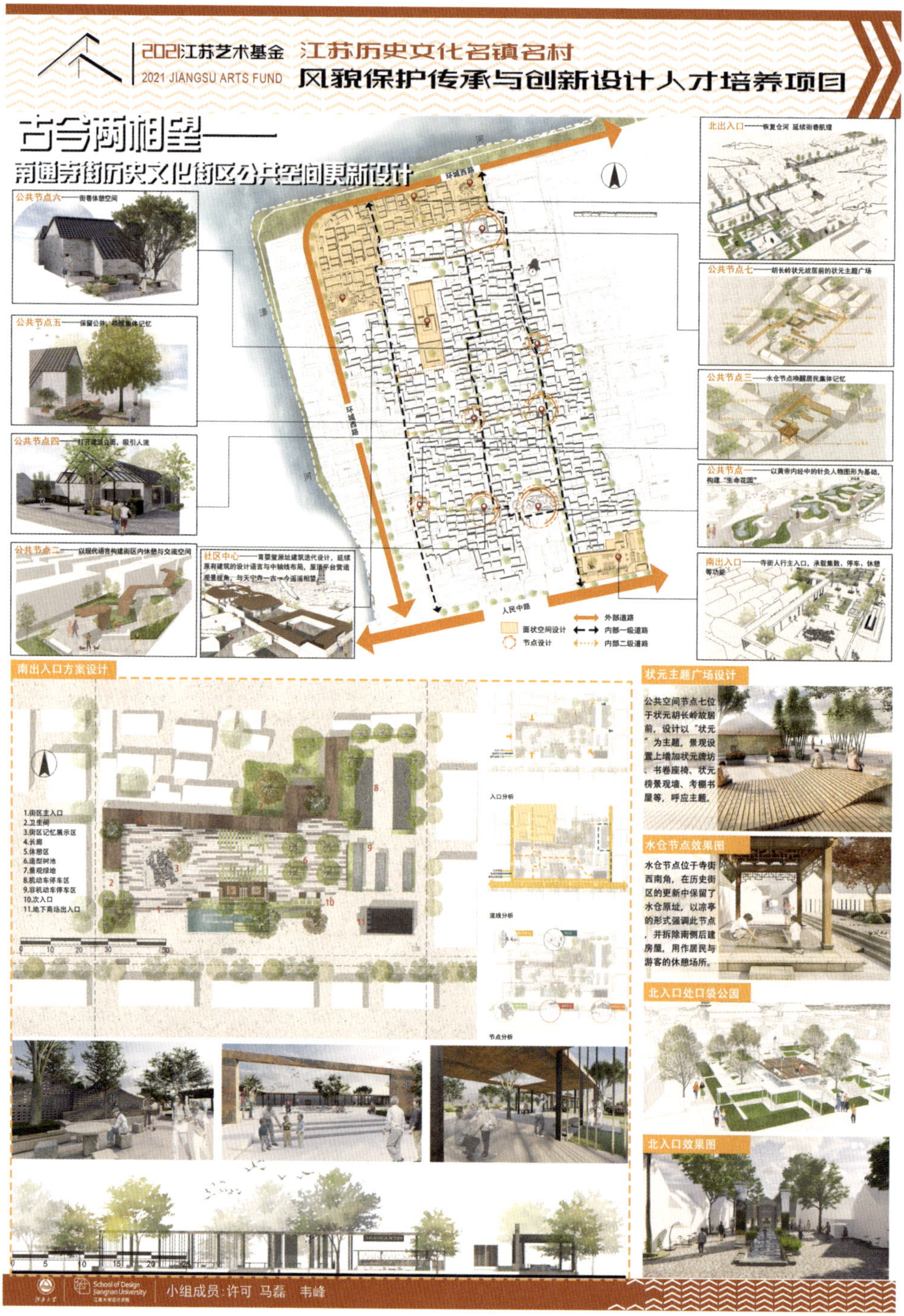
2021江苏艺术基金
2021 JIANGSU ARTS FUND
江苏历史文化名镇名村
风貌保护传承与创新设计人才培养项目
古今两相望——
南通寺街历史文化街区公共空间更新设计
公共节点六——街巷休憩空间
公共节点五——保留公井，唤醒集体记忆
公共节点四——打开建筑立面，吸引人流
公共节点二——以现代语言构建街区内休憩与交流空间
社区中心——育婴堂原址建筑迭代设计，延续原有建筑的设计语言与中轴线布局，屋顶平台营造观景视角，与天宁寺一古一今遥遥相望
北出入口——恢复仓河 延续街巷肌理
公共节点七——胡长岭状元故居前的状元主题广场
公共节点三——水仓节点唤醒居民集体记忆
公共节点一——以黄帝内经中的针灸人物图形为基础，构建"生命花园"
南出入口——寺街人行主入口，承载集散、停车、休憩等功能
环城西路
人民中路
面状空间设计
节点设计
外部道路
内部一级道路
内部二级道路
南出入口方案设计
1.街区主入口
2.卫生间
3.街区记忆展示区
4.长廊
5.休憩区
6.造型树池
7.景观绿地
8.机动车停车区
9.非机动车停车区
10.次入口
11.地下商场出入口
入口分析
流线分析
节点分析
状元主题广场设计
公共空间节点七位于状元胡长岭故居前，设计以"状元"为主题，景观设置上增加状元牌坊、书卷座椅、状元榜景观墙、考棚书屋等，呼应主题。
水仓节点效果图
水仓节点位于寺街西南角，在历史街区的更新中保留了水仓原址，以凉亭的形式强调此节点，并拆除南侧后建房屋，用作居民与游客的休憩场所。
北入口处口袋公园
北入口效果图
School of Design Jiangnan University
小组成员：许可 马磊 韦峰

图19 设计版面3

第六组

设计题目： 南京市江宁区淳化街道碧水秀园·茶岗未来社区规划设计

成　　员： 曹磊、王义军、傅伟伦、刘力维、李青青

设计概要： 本设计从生态环境的整治、土地资源的整理、原乡景观的修复、基础设施的完善、传统农业的焕新、产业导入的创新六个角度切入公共空间的改造，激活历史街区，实现街区的可持续发展。

设计说明： 项目位于江苏省南京市江宁区淳化街道茶岗社区，占地面积约848万平方米，西依清风大道（337省道），南靠梅龙路（104国道），周边交通便利，可达性高，距离南京主城区约22公里，距离镇江市句容市区直线距离10公里，处在宁镇扬城市一体化发展的重要连接点（图1）。

项目基地整体呈东低西高、南低北高的趋势，场地北侧地形具有山岗丘陵的地形特点，向东南延伸，场地地势较为平坦，场地最南侧地形高差较小，片状水塘分布于场地内，地表径流汇向最低处的水库。河渠是基地主要排水通道，为场地排水提供了天然的蓄水模块，有利于蓄滞洪水，缓解基地洪涝风险。如何结合场地竖向，利用湿地景观，是本次项目设计的要点（图2）。

设计总体构思为，充分挖掘基地资源，打造项目引爆点；围绕基地生产功能，提高展示核心价值；引领行业，打造集生态、智慧于一体的新型种植精品庄园标杆；结合实地景观，形成功能复合组团。

设计从六个策略出发：第一，制定生态保护原则，整治生态环境，划定生态保护红线，发展绿色生态农业；第二，合理规划利用土地资源，提高利用率；第三，结合节气主题和生态技术，修复原乡生态景观体系；第四，完善基础设施和公共服务设施建设，加强内外道路动线组织；第五，通过土壤改良技术应用、高标准农田建设、产业融合等手段焕新传统农业；第六，以特色产业为引导，以休闲农旅为提升，多元产业复合发展。打造集智慧农业、生态人居、文化创意和水木四季的“四位一体”未来乡村发展示范样板（图3）。

主要节点的空间上，采用“一轴四区”的布局。“一轴”为茶岗社区的主干道，该干道是整个社区的重要纽带，是茶岗社区的主要交通路线，因此将其设计为景观的主要轴线。“四区”包含森林瑜伽区、活动广场区、滨水休闲区和苗木林区，四块不同的功能分区各有特点，分别将茶岗社区的土地资源充分利用起来，同时也能更好地展现乡村本身的特色文化（图4）。

图1 设计总平面图

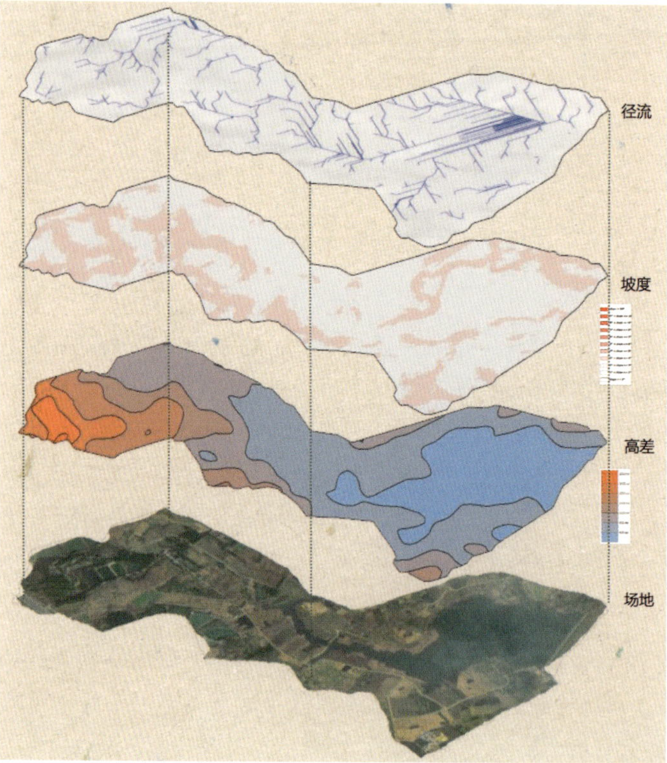

图2 场地景观基础条件

图3 “四位一体”发展构想

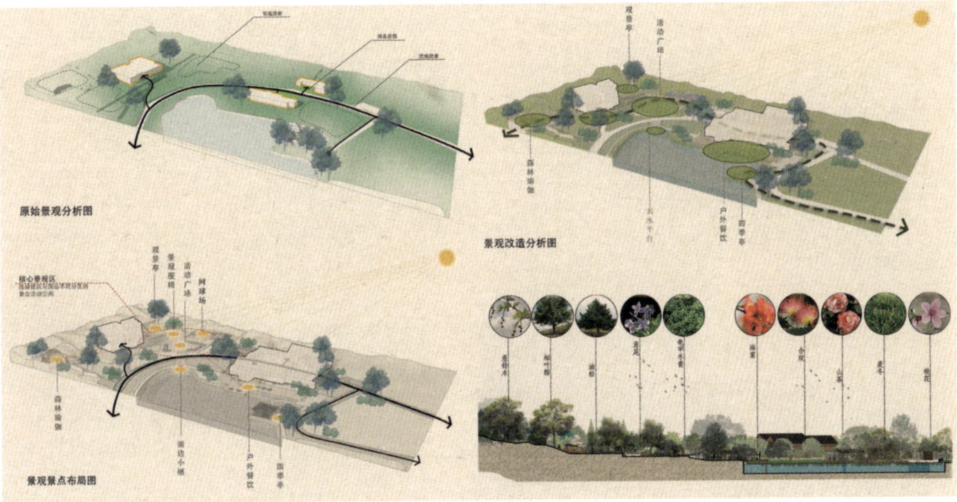

图4 主要景观节点空间布局图

设计希望从乡村文化的角度，重塑新的建筑空间形态和外部形象，来适应乡村新的形势和发展需要。因此，在主要建筑的改造设计上，充分体现“水木四季”的主题。原始主次两栋建筑空间皆为餐饮功能，为了突出乡村文化主题，结合实际需求将主建筑改建为展示空间，次建筑改建为餐饮空间，用廊道将两个空间结合以加强联系（图5～图9）。

另外，使用环境艺术与公共艺术结合的手法进行系列空间设计。霜降时节山林、高山空气新鲜，当地有登高远眺的习俗，人们登至高处极目远眺，心旷神怡。

因此，提取山脉元素，设计“霜降”田园艺术装置。装置由不同体量的三角形山体造型连续变形构成，山体的形态各异并相似重复，形成了场地新的记忆点，形态序列化的同时又形成了整体的一致性（图10）。

“寒露”田园艺术装置为可攀登进入的体验式塔台。“寒露时节人人忙，种麦摘花打豆场”，寒露是二十四节气之第十七个节气，秋季的第五个节气。寒露这天的民间习俗主要有：登高、喝菊花酒、赏红叶等。登高台伴随着螺旋步道徐徐向上延伸，创造了一种拾级而上的浪漫感受，让人们从另一个角度体验整个场地的景色；登高台的底部逐渐增大，使其更加具有稳定性；人可以在登高台的底部自由穿梭，也可在内部空间席地而坐，亦可在静谧的夜晚仰望星空（图11）。

立足二十四节气中谷雨的意象，设计了“谷雨”田园艺术装置。通过对雨水元素进行分析，得到设计的第一重形态。谷雨节也叫渔民出海捕鱼的“壮行节”，所以选取渔舟撒网意象，从渔网和渔舟结构中寻求架构关系，通过对两者的形体解构，得到设计的第二重形态，最后将两者整合，构建出田园艺术装置（图12）。

总体来看，设计从生态环境的整治、土地资源的整理、原乡景观的修复、基础设施的完善、传统农业的焕新、产业导入的创新六个角度对南京市江宁区淳化街道茶岗社区的环境及文化展开了提升重塑（图13～图15）。

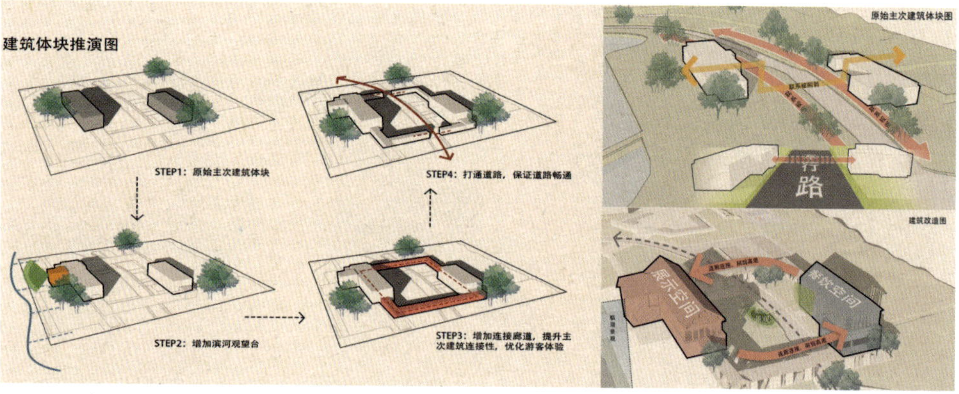

图5 建筑体块推演图

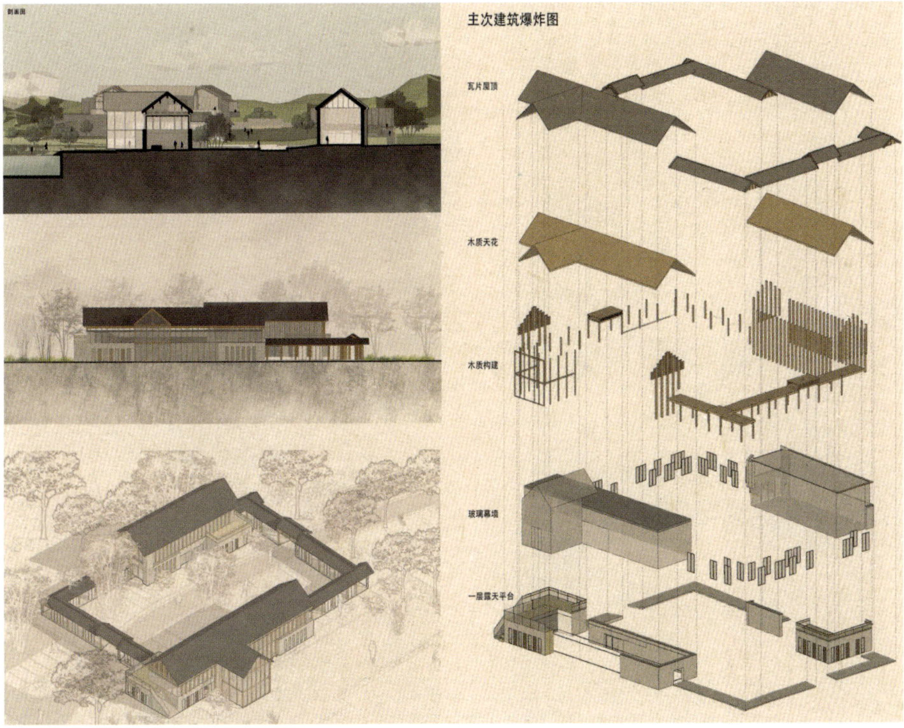

图6　建筑立面图及爆炸图

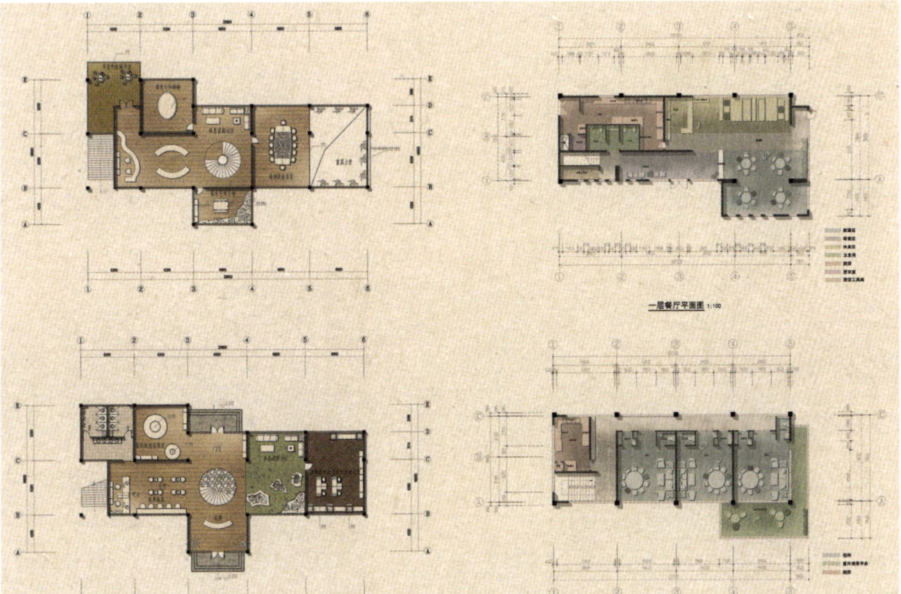

图7　建筑室内布局图

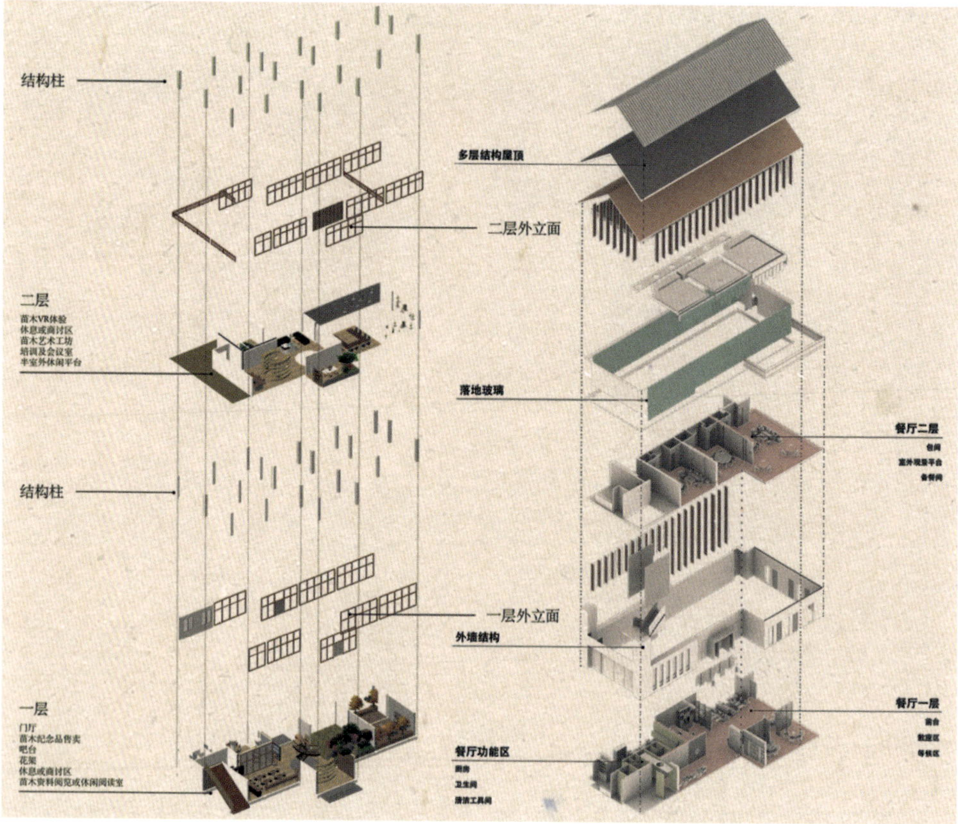

图8 建筑结构爆炸图

图9 室外效果图

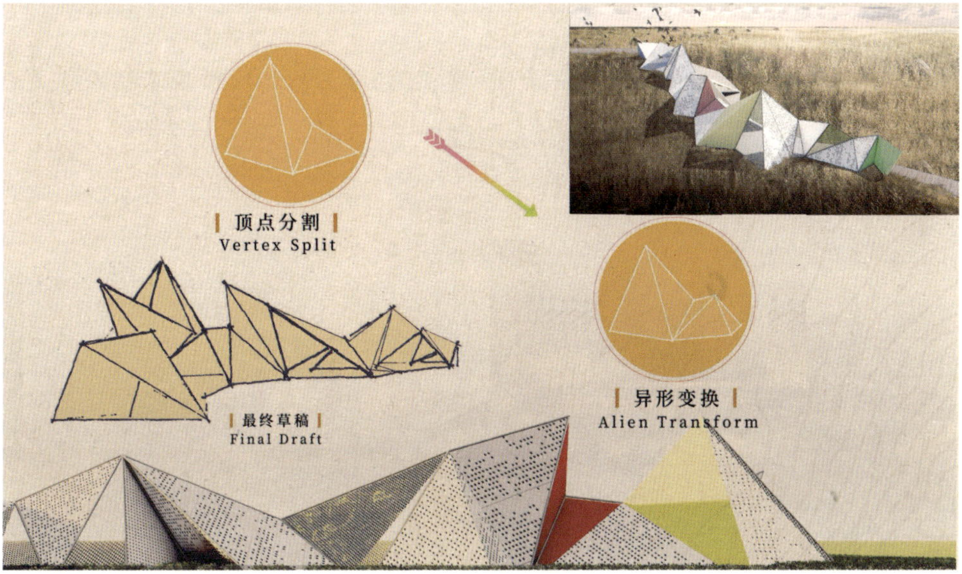

图10　“霜降”田园艺术装置

图11　“寒露”田园艺术装置

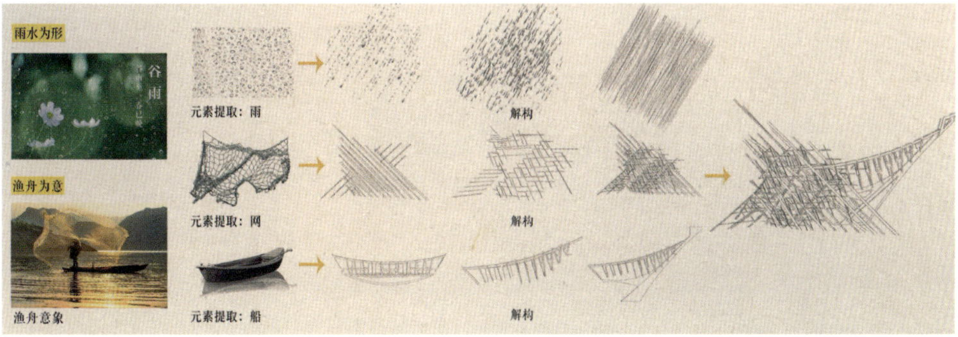

图12　“谷雨”田园艺术装置

2021江苏艺术基金
2021 JIANGSU ARTS FUND
江苏历史文化名镇名村
风貌保护传承与创新设计人才培养项目
田园之诗
Rural Poetry
碧水秀园
碧水秀园&茶岗未来社区规划设计
南京市江宁区淳化街道
小组成员
李青青
刘力维
傅伟伦
王宜军
曹磊（组长）
1 展示接待中心
Reception center
2 四季合院
Characteristic B & B
3 专类观赏园
Special ornamental garden
4 办公实训
Office training
5 开心农场
Happy farm
6 花田阡陌
Flower Sea
7 水上驿站
Water station
8 彩林木屋
Colorwood Chalet
9 智慧大棚
Smart greenhouse
10 智慧农业试验田
Smart Agriculture Test Field
项目区位
项目位于南京市江宁区淳化街道茶岗社区，占地面积约848万平方米，约1273亩。场地基地西依济风大道（337省道），南靠梅龙路（104国道），周边交通便利，可达性高。距离南京主城区约22公里、南侧南京江宁大学城11公里、北侧汤山风景区11公里、距离镇江市句容市区直线距离10公里。基地处在宁镇扬城市一体化发展的重要连接点。
设计构思
设计策略
生态环境的整治
土地资源的整理
原乡景观的修复
基础设施的完善
传统农业的焕新
产业导入的创新
智慧农业
生态人居
文化创意
水木四季
“四位一体”
现状景观要素
项目基址整体呈东低西高、南低北高的趋势，场地北侧呈现山岗丘陵地形特点，向东南延伸，场地地势约为平坦，在场地最径流南侧地形高差较小，片状水塘分布场地，地表径流汇向最低处的水库。河渠是基地主要排水通道，为场地排水提供了天然的蓄水模块，有利于蓄滞洪，缓解基地洪涝风险。如何结合场地竖向，利用湿地景观，是本次项目设计的其中重要的亮点。
径流
坡度
高差
场地
School of Design Jiangnan University
小组成员：曹磊、王宜军、傅伟伦、刘力维、李青青

图13 设计版面1

2021江苏艺术基金
2021 JIANGSU ARTS FUND
江苏历史文化名镇名村
风貌保护传承与创新设计人才培养项目
鸟瞰图
Aerial view
立面图
Elevation
局部效果
Local render
环境分析
Environmental Analysis
一轴为茶岗社区的主干道；茶岗社区主干道是整个社区的重要纽带，是茶岗社区的主要交通路线，因此将其设计为景观的主要轴线。
四分区包含森林瑜伽区、活动广场区、滨水休闲区和苗木林区；再根据道路划分出四块不同的功能分区，各有其特点，分别将茶岗社区的土地利用起来同时也能更好的展现本身的特色文化。
建筑设计
Architecture Design
本次设计主题围绕“水木四季”，最终的目标是从乡村文化背景角度下设计重塑出新的空间形态和外部形象，来适应新的形势和需要，所以，设计主题的体现尤为重要。原始主次建筑空间皆为餐饮空间，为了突出乡村文化主题，将主建筑改建为展示空间，次建筑改建为餐饮空间，用廊道将两者结合到一起，加强联系。
建筑体块推演图
室内设计
Interior Design
Landscape Design
Architecture Design
Interior Design
School of Design
Jiangnan University
小组成员：曹磊、王宜军、傅伟伦、刘力维、李 青

图14　设计版面2

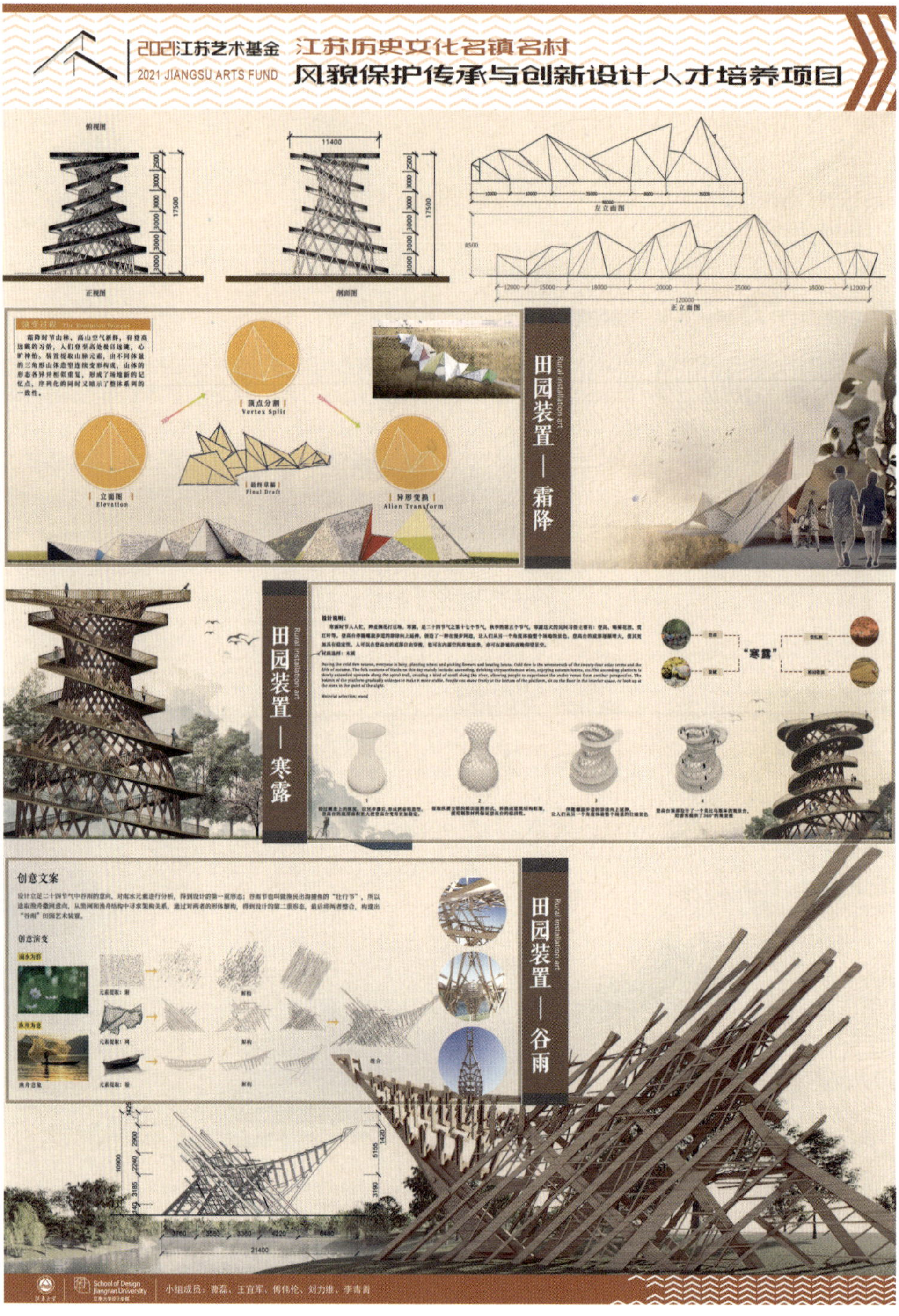
2021江苏艺术基金
2021 JIANGSU ARTS FUND
江苏历史文化名镇名村
风貌保护传承与创新设计人才培养项目
田园装置——霜降
Rural installation art
顶点分割
Vertex Split
立面图
Elevation
最终草稿
Final Draft
异形变换
Alien Transform
田园装置——寒露
Rural installation art
"寒露"
田园装置——谷雨
Rural installation art
创意文案
创意演变
小组成员：曹磊、王宜军、傅伟伦、刘力维、李青青

图15 设计版面3

第七组

设计题目：叙旧重“园”——严家桥村环境更新设计

成　　员：李贵华、武传奇、李鑫、刘乐陶、刘博轩、蔡荣标、罗升满

设计概要：课题针对严家桥村核心空间现状和问题展开村落空间更新和活化设计。一方面，延续场地肌理，串联创建复合功能空间，重塑严家桥街区风貌；另一方面，以文化脉络为依托，提出“品牌赋值，IP挖掘”的策略。通过米、布、医、书等文化挖掘，植入轻食、科技、康养、慢行、文创和研学等功能，复兴传统文化，重塑生活图景，振兴地方产业，达到村庄自我造血、活力复兴的目的。

设计说明：无锡市锡山区羊尖镇严家桥村为江苏省历史文化名村、江苏省传统村落。严家桥村地处无锡、江阴、常熟三地交界，永兴河穿境而过，水陆交通便利。严家桥村距今已有700多年历史，拥有深厚的历史文化底蕴，是20世纪二三十年代无锡著名的米码头、布码头、书码头和医药码头，是锡剧的发源地、无锡望族唐氏发迹之地，名人众多（图1）。

严家桥村因河而市，由市而镇。村庄呈现“一河、四桥、六街”的空间格局，永兴河线性连接两侧建筑，街区肌理清晰完整。课题针对严家桥村南街、中街、北街三个核心街道进行空间更新与活化设计。场地内有革命纪念馆、潘家商楼、德润堂、朱氏商业楼、敬业堂等众多历史建筑。场地功能目前以居住功能为主，主要人群有本地居民、外地租客、外来游客、村庄管理人员等。

梳理场地存在的主要问题为（图2、图3）：

1. 文化品牌不够响亮，文化旅游特色不足。严家桥村有着丰厚的历史文化资源，目前虽然参观游客众多，但仅停留于简单参观，游客的黏性不足，难以形成空间游览的深刻印象。

2. 空间功能较为单一，缺乏公共活动空间。街区形态依河而走，老街与河道并行，但无论是街区内还是河道旁，都无法形成供人停留、驻足、观赏、消费的空间。老街与河道的空间与视觉沟通也不足。

3. 商业业态缺乏，规划运营不足。场地内除了少数展示参观性质的展馆外，缺少能带动旅游发展的多元商业形式，缺乏街区整体的规划运营。

4. 街区生态环境与空间品质亟待提升。街区空间视觉单一，缺少软质景观，绿化杂乱，缺少重要景观节点的视觉导视。

针对以上问题，设计提出了场地更新的针对性、适应性设计策略。设计以“米

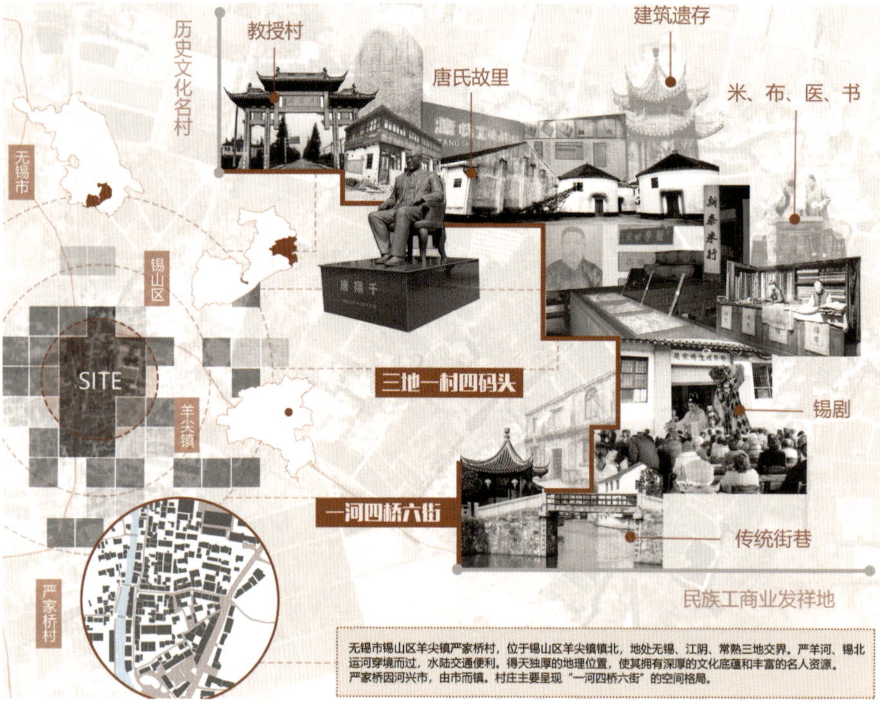

图1　场地现有资源

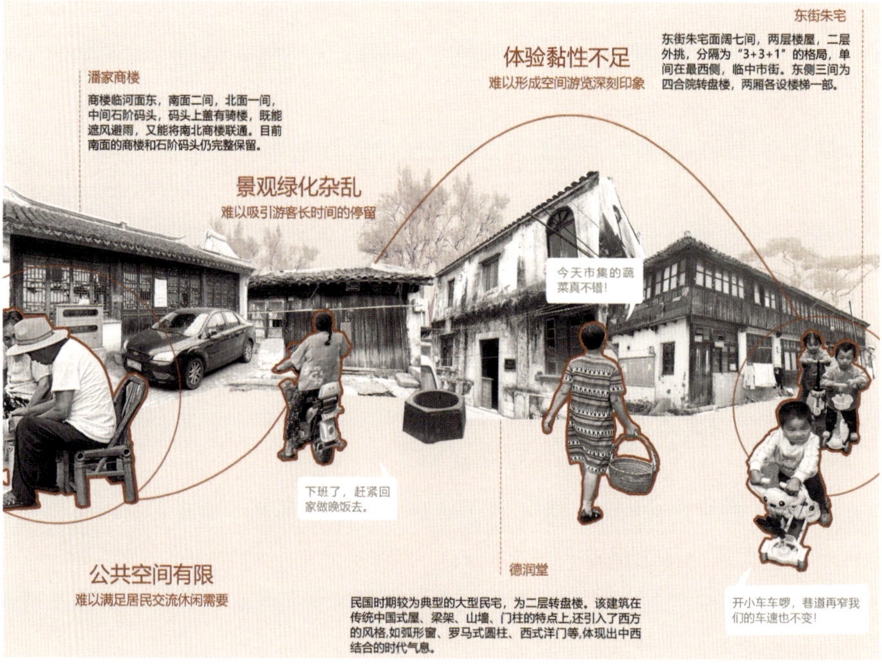

图2　场地空间及景观体验性不足

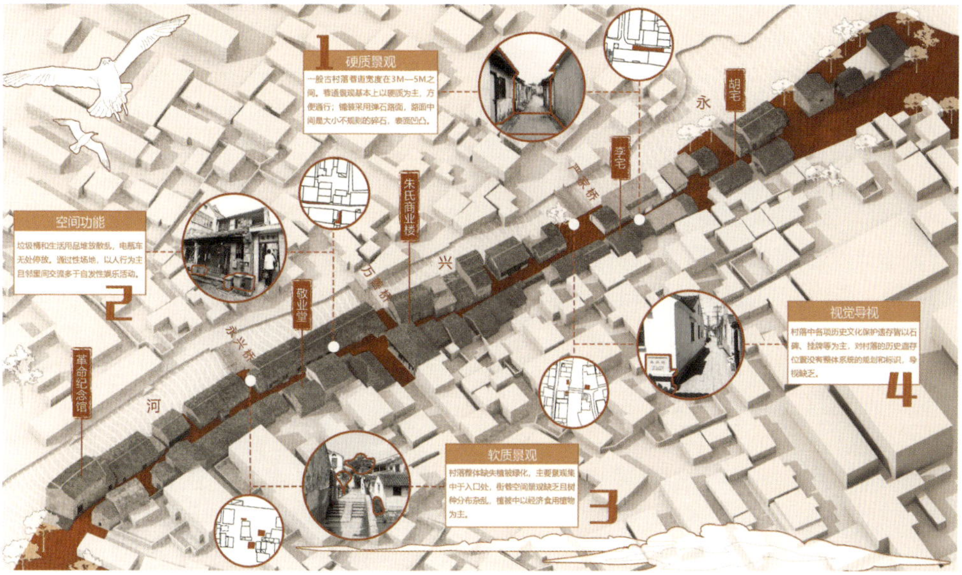

图3 空间、景观及视觉导视的现状问题

文化”作为主线，“布、医、书”作为节点，将“米、布、医、书”传统文化与社区生活进行品牌赋值和IP挖掘。打造以米浆、米酒、米糕为主要内容的轻食品牌；通过新材料、新装置和网红打卡等手段彰显布码头文化；挖掘养生、禅修、医药产业，打造康养文化；通过锡剧、评书等展演手段彰显慢生活态度；引入文创、研学、多功能展示等功能，从文化复兴的角度来促进地方产业，促进当地品牌推广（图4）。

具体空间设计上，在景区入口广场处设计观景临水长廊，游客可以在长廊中观看河道上的锡剧表演，广场中心设有标志物文化柱，增强整体空间视觉导向。在景区南街对保护建筑进行功能置换，让游客可以在景区内品尝以米文化打造的美食街，驻足消费，欣赏水景。在中街设计了具有科普与体验性质的布文化科技馆，展现布材料演变史、现代新材料与新工艺等，游客可参与制作体验；设置养生馆、中药研学展示馆、瑜伽馆等与康养有关的休闲空间；将中街路口的历史建筑朱宅改造为说书空间，让游客在景区中感受严家桥历史与慢行生活。在北街规划有文创、研学、展示的建筑综合体（图5～图18）。

设计通过复兴传统文化、重塑生活图景、振兴地方产业等手法实现严家桥品牌植入、自我造血与活力复兴的目的。

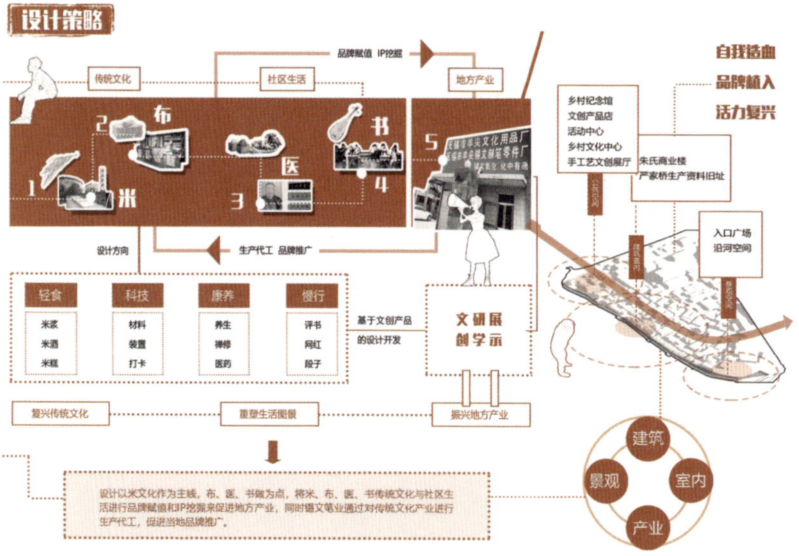

图4　设计策略

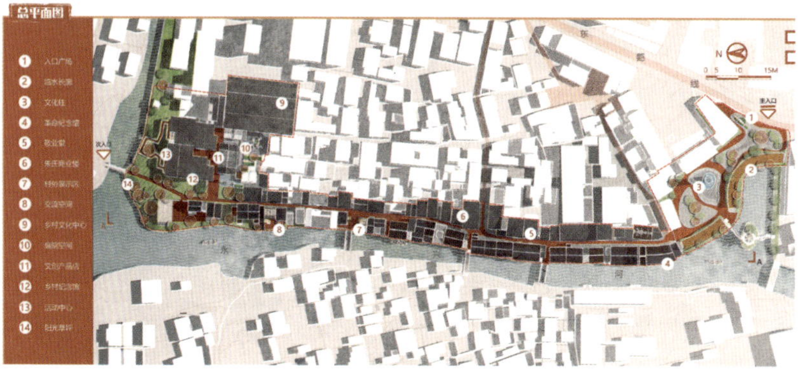

图5　设计总平面图

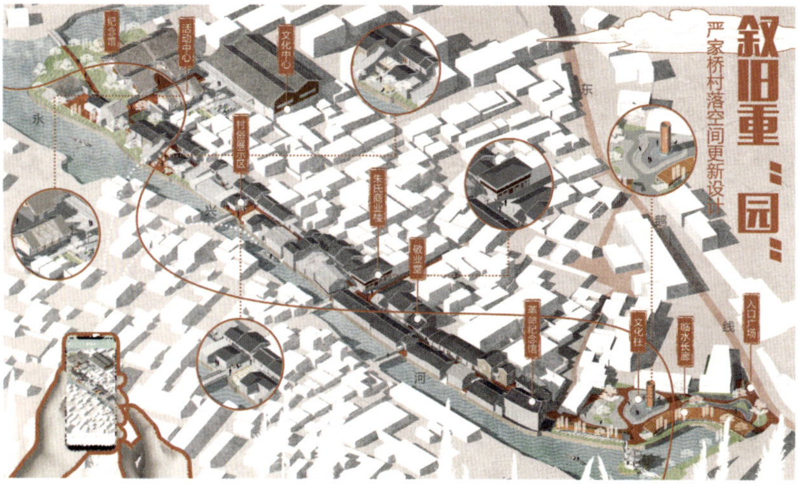

图6　设计轴测图

图7　北街活动中心效果图

图8　文创中心效果图

图9　研学阅读空间效果图

图10　布文化体验空间效果图

图11　朱氏商业楼更新

图12　空置建筑更新置换

图13　沿河码头效果图

图14　入口广场效果图

图15　文化柱效果图

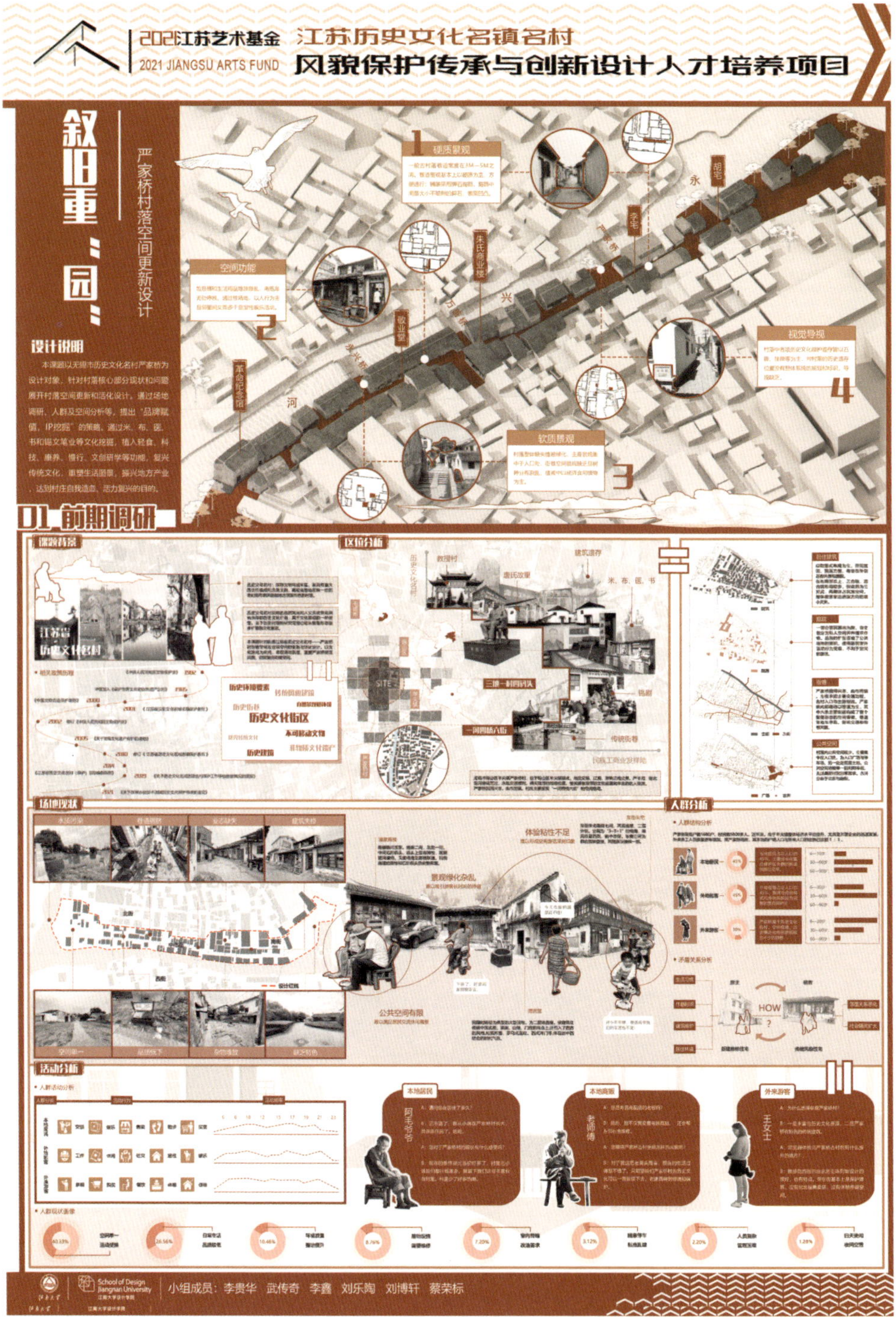
2021江苏艺术基金
2021 JIANGSU ARTS FUND
江苏历史文化名镇名村
风貌保护传承与创新设计人才培养项目
叙旧重“园”
严家桥村落空间更新设计
设计说明
本课题以无锡市历史文化名村严家桥为设计对象，针对村落核心部分现状和问题展开村落空间更新和活化设计。通过场地调研、人群及空间分析等，提出“品牌赋值，IP挖掘”的策略。通过米、布、匾、书和锻文篆业等文化挖掘，植入轻食、科技、康养、慢行、文创研学等功能，复兴传统文化，重塑生活图景，振兴地方产业，达到村庄自我造血、活力复兴的目的。
01 前期调研
硬质景观
空间功能
视觉导视
软质景观
课题背景
区位分析
场地现状
人群分析
活动分析
小组成员：李贵华 武传奇 李鑫 刘乐陶 刘博轩 蔡荣标

图16 设计版面1

2021江苏艺术基金
2021 JIANGSU ARTS FUND
江苏历史文化名镇名村
风貌保护传承与创新设计人才培养项目
场地生成
叙旧重"园"
严家桥村落空间更新设计
纪念馆
活动中心
文化中心
村前展示区
朱氏商业楼
敬业堂
革命纪念馆
文化柱
临水长廊
入口广场
02 设计方案
需求分析
问题导向
设计策略
文创展销学品
总平面图
剖立面图
乡村文化中心
活动中心
文创产品店
村前展示区
朱氏商业楼
小组成员：李贵华　武传奇　李鑫　刘乐陶　刘博轩　蔡荣标

图17　设计版面2

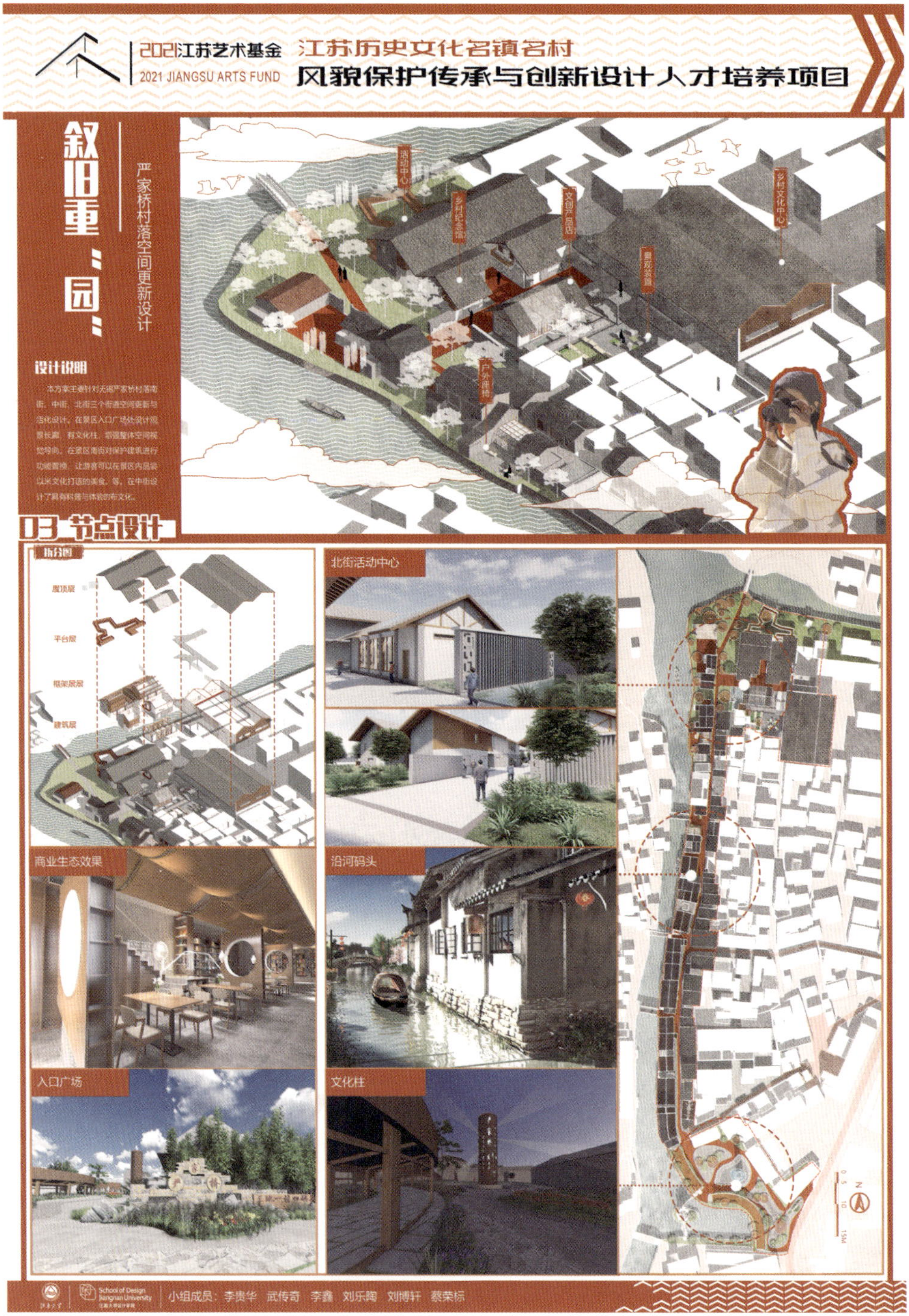
2021江苏艺术基金
2021 JIANGSU ARTS FUND
江苏历史文化名镇名村
风貌保护传承与创新设计人才培养项目
叙旧重园
严家桥村落空间更新设计
设计说明
活动中心
乡村纪念馆
文创产品店
乡村文化中心
户外座椅
03 节点设计
拆分图
北街活动中心
商业生态效果
沿河码头
入口广场
文化柱
小组成员：李贵华 武传奇 李鑫 刘乐陶 刘博轩 蔡荣标

图18 设计版面3

后　记

“江苏历史文化名镇名村风貌保护传承与创新设计人才培养”项目在得到江苏艺术基金资助立项之后，从策划、招生、组织团队、筛选学员、成立专家授课组、确定选题到设计课表，持续半年有余，在2022年夏天于江苏无锡正式开班。在34天的集中培训与采风调研过程中，全体学员热情投入，积极主动，交流分享，收获颇丰，充分展现出了当代中青年从业者的责任心与使命感。2022年9月，在无锡荣巷历史街区成功举办设计成果展，面向大众开放，得到了良好的社会反响。由于设计时间较短，设计方案本身还有不少需要改进提升的地方，但它们是这些中青年设计师和研究者致力于地域性、创新性人居环境研究的重要阶段性设计成果，也是未来设计研究和设计创造的新起点。其中，许多设计方案在后期仍有继续深入和推广的可能性，也有学员已经将学习设计成果带到实际乡村建造中去，真正体现了设计服务社会发展、设计改善人居环境、设计连接历史与未来的设计价值。

本书的正式出版要感谢江苏艺术基金管理中心的各位领导、工作人员给予项目的悉心指导、监督和帮助；感谢江南大学社科处的各位领导，设计学院魏洁院长、邱建平书记、过伟敏教授等给予的信任、关心和鼓励；感谢南京艺术学院张凌浩教授、苏州科技大学郭晓阳教授、云南艺术学院邹洲教授等各位授课专家的鼎力支持与倾囊相授；感谢浙江理工大学丁继军教授、杨小军教授所带领的研究团队为课程悉心准备、精心筹划；感谢各位参与授课的企业家、设计师与设计管理者们，他们饱满的热情、精益求精的工匠精神、有担当的社会责任心深深地激励着我们。

感谢朝夕相处一月有余的各位学员，他们来自江苏各地，均具有相当的专业素养，这充分体现了江苏艺术基金高层次、小批量的组织原则。他们或为高校教师，或为设计行业骨干，或从事与历史保护相关的政府管理工作，大家为了共同的理想相聚于此，共克时艰，共同交流创作，建立起深厚的友谊与持久的联系。

感谢江南大学设计学院王锦、罗升满、聂浙、曹潇丹、刘梓颖、刘倩英、袁霖、邢兆连、周仁同学在项目开展过程中的辛苦付出。

当然，书中也一定存在不足之处，望大家能给予指正。

刘　佳

癸卯年夏